ZUM VERSTÄNDNIS DER CHEMISCHEN THERMODYNAMIK

ZUM VERSTÄNDNIS DER CHEMISCHEN THERMODYNAMIK

Eine Einführung in ihre Denkweise

von

GEORGE C. PIMENTEL
University of California, Berkeley

RICHARD D. SPRATLEY
University of British Columbia

Autorisierte Übersetzung von

DR. GÖTZ ECKOLD
Technische Hochschule Aachen und Kernforschungsanlage Jülich

Mit 79 Abbildungen und 27 Tabellen

SPRINGER-VERLAG BERLIN HEIDELBERG GMBH
1979

Titel der amerikanischen Originalausgabe

Understanding chemical thermodynamics

by

GEORGE C. PIMENTEL
University of California, Berkeley

RICHARD D. SPRATLEY
University of British Columbia

Ursprünglich erschienen bei Holden-Day, Inc., San Francisco 1969

CIP-Kurztitelaufnahme der Deutschen Bibliothek

Pimentel, George C.:
Zum Verständnis der chemischen Thermodynamik : e.
Einf. in ihre Denkweise / von George C. Pimentel
Richard D. Spratley. Autoris. Übers. von Götz
Eckold.
Einheitssacht.: Understanding chemical thermodynamics ‹dt.›
ISBN 978-3-7985-0556-8 ISBN 978-3-662-13470-2 (eBook)
DOI 10.1007/978-3-662-13470-2

NE: Spratley, Richard P.:

Gesamtherstellung: Konrad Triltsch, Graphischer Betrieb, Würzburg

Vorwort

Vorlesungen zur Einführung in die Chemie haben sich in letzter Zeit deutlich gewandelt. Die Grundlage bilden heute im allgemeinen umfassende Prinzipien, wie etwa die der chemischen Thermodynamik. Diese Entwicklung ist zwar einerseits sehr zu begrüßen, sie bringt aber andererseits auch eine Reihe pädagogischer Schwierigkeiten mit sich. Früher wandten sich Thermodynamik-Vorlesungen fast ausschließlich an Studenten höherer Semester, bei denen ein gewisses mathematisches Grundwissen vorausgesetzt werden durfte. Ähnlich, wenn auch auf entsprechend niedrigerem Niveau, sind kürzlich erschienene Begleittexte zu Schnellkursen für Studienanfänger der Chemie aufgebaut. Diese Monographien und Lehrbücher sind sicherlich gut geeignet für speziell geschulte Studenten, die nebenbei Mathematikvorlesungen besuchen.

Mit der vorliegenden Monographie wenden wir uns an eine größere und vielleicht auch wichtigere Gruppe – nämlich an jene Studenten, die eine einführende Chemievorlesung hören, sich aber nicht notwendigerweise weiterhin mit Naturwissenschaften beschäftigen wollen. Auch dieser Gruppe müssen die übergeordneten Zusammenhänge der Chemie verdeutlicht werden, das Zusammenspiel zwischen experimentellen Ergebnissen und theoretischen Überlegungen. Die Thermodynamik bietet dazu Gelegenheit. Das Hauptinteresse dieser Gruppe liegt jedoch nicht in erster Linie darin zu lernen, wie man auf einfache Weise mit thermodynamischen Gleichungen umgeht, sondern vielmehr darin zu verstehen, was die thermodynamischen Grundsätze eigentlich aussagen und welche Folgerungen man daraus ziehen kann. Diesem Gesichtspunkt wollen wir besondere Beachtung schenken.

Die Thermodynamik beschäftigt sich mit Energieumwandlungen und der Rolle, die der Zufall bei Zustandsänderungen spielt. Angewandt auf die Chemie macht der Erste Hauptsatz der Thermodynamik Aussagen über energetische Effekte, die chemische Reaktionen begleiten. Der Zweite Hauptsatz der Thermodynamik macht Aussagen darüber, welche Reaktionen tatsächlich ablaufen können. Der letztere stellt den wichtigeren Grundpfeiler der chemischen Thermodynamik dar – erlaubt er es doch, die Ursachen für die Triebkraft einer chemischen Umwandlung zu verstehen. Er ist aber auch weit schwieriger zu erläutern, wenn man sich nicht hinter dem mathematischen Formalismus und dem abstrakten Entropiebegriff verstecken will. Daher haben wir unser Hauptaugenmerk darauf gerichtet, die Bedeutung des Zweiten Hauptsatzes ausgehend von einer einfachen (aber dennoch richtigen) Behandlung seiner statistisch mechanischen Grundlagen zu erklären. Wir tun das in der Überzeugung, daß der Entropiebegriff ebenso leicht zu verstehen ist wie der Energiebegriff, wenn das mathematische Beiwerk erst einmal entfernt ist.

Das Material für das vorliegende Buch sammelten die Autoren während der vergangenen fünf Jahre bei den Lehrveranstaltungen des Schnellkurses für Studienanfänger der Chemie in Berkeley. Es wurde mit Erfolg als Grundlage der Anfängervorlesung für allgemeine Chemie an der University of California im akademischen Jahr 1967/68 verwendet. Da ein gewisses chemisches Grundwissen vorausgesetzt wird, wurde dieser Themenkreis in der Mitte des akademischen Jahres behandelt. Dadurch war es möglich, abschließend wieder zur beschreibenden Chemie zurückzukehren und dabei die thermodynamischen Vorstellungen anzuwenden und ihre Wirksamkeit zu demonstrieren.

Dank schulden wir wie immer unseren Kollegen, deren Denkanstöße und Kritik von unschätzbarem Wert waren. Auch unsere Studenten haben durch gewissenhafte Arbeit mehr beigetragen, als sie selbst wissen konnten, während wir unsere Erfahrungen sammelten. Schließlich danken wir Miss *Susan Arbuckle* herzlich für ihre unermüdliche Hilfbereitschaft, ihre ausgezeichnete Schreibarbeit, ihre hervorragenden Bonbons und ihre stets gute Laune.

Februar 1969

George C. Pimentel
Richard D. Spratley

Inhalt

Prolog

Wärme hat die Menschheit beschäftigt, seitdem sie zum ersten Mal mit der Sorge um das Überleben konfrontiert wurde. Unzählige Menschen schauderten vor ihren Feuern, überwältigt vom Tanz der Flammen, fasziniert davon, daß der Ast eines toten Baumes dieses wunderbare Schauspiel mit seiner lebenserhaltenden Wärme hervorrufen konnte. In den allerersten Versuchen der Alchimisten, ihre Erfahrungen mit chemischen Umwandlungen zu ordnen und anzuwenden, wurde dem Feuer eine grundlegende Bedeutung beigemessen. Bis hinein in das sechzehnte Jahrhundert hielten sie an der 300 v. Chr.
Lehre der alten Griechen fest, wonach Materie aus den vier Elementen – Erde, Luft, Feuer und Wasser – besteht!

Während dieser 2000jährigen Periode war die gesamte Wissenschaft gleichsam wie in einer Knospe eingeschlossen und wartete auf einen geistigen Frühling, um sich entfalten zu können. Nur die Sonne der Experimentierkunst konnte das Ende dieses langen Winters bringen. Die durch Beobachtungen gewonnenen Kenntnisse mußten zu neuen Ideen führen, und Laborversuche mußten diese in Frage stellen und überprüfen. Dieses günstige Klima entwickelte sich vor etwa 250 Jahren, und erst zu dieser Zeit wurde die Thermodynamik, *die Lehre von der Wärme und ihren Umwandlungen*, als systematischer Zweig der Wissenschaft geboren.

Die Rolle der Thermodynamik innerhalb der Physik

Caloricum: Eines der vier Elemente

Aristoteles prägte 350 v. Chr. die pseudowissenschaftliche Vorstellung von der Wärme – eine Vorstellung, die sehr viele Jahrhunder- 350 v. Chr.
te hindurch unverändert blieb. Luft, so sagte er, bestehe aus Caloricum (Wärme) plus der Feuchte, während Feuer aus Caloricum und dem Trockenen zusammengesetzt sei. So wurde die Wärme als Stoff angesehen, bis sich *Sir Humphrey Davy* zu Beginn des neunzehnten Jahrhunderts mit einem Experiment beschäftigte, bei dem

er das Schmelzen des Eises aufgrund der Reibungsbewegung eines Uhrwerkes im Vakuum untersuchte.

„Wärme, die durch Reibung erzeugt wird, kann nicht aus den miteinander in Kontakt stehenden Körpern herausgezogen werden. ... Das Experiment ... hat bewiesen, daß der Temperaturanstieg, der der Reibungsbewegung folgt, nicht aufgrund einer Volumenverminderung oder einer Oxidation zustande kommt. ... Da sie ... auf keine dieser Arten erzeugt wird, kann Wärme nicht als Stoff angesehen werden. Damit ist also experimentell gezeigt, daß Caloricum, oder der Wärmestoff, nicht existiert." * Dieser kühne Widerspruch gegen das vorherrschende Dogma wurde 1799 veröffentlicht, gleichzeitig mit den heute besser bekannten Untersuchungen von *Count Rumford* über die Erzeugung von Wärme beim Ausbohren eines Kanonenrohres. Mit erstaunlichem Weitblick sagte er schon in jenem vor-atomistischen Zeitalter:

1800 „Man braucht kaum hinzuzufügen, daß es unmöglich eine materielle Substanz sein kann, was unbeschränkt von einem *von der Außenwelt abgeschlossenen* Körper oder einem System von Körpern erzeugt werden kann. Mir erscheint es darüberhinaus äußerst schwierig, wenn nicht sogar völlig unmöglich, sich unter dem, was in gleicher Weise erzeugt und übertragen werden kann wie die Wärme in diesen Experimenten, etwas anderes vorzustellen als BEWEGUNG." **

Vis Viva: Eine Erhaltungsgröße

Aus der Verknüpfung von Beobachtungen an bewegten Körpern mit anschaulichen Vorstellungen über Kraft und träge Masse entstanden während des achtzehnten Jahrhunderts quantitative Bewegungsgesetze. Als diese Gesetze Gestalt annahmen, enthüllten sie einen wichtigen Aspekt einfacher Stoßprozesse: Die Summe der Größen $\frac{1}{2}mv^2$ der Stoßpartner hatte vor und nach dem Stoß den-
1750 selben Wert! Hier trat eine Größe auf, die während des Stoßes konstant blieb – eine Größe also, die eine Basis für Voraussagen schaffte. Gerade darin liegt die Aufgabe der Wissenschaft:

- Beobachtungen zu ordnen
- Übergeordnete Prinzipien zu finden
- Diese Grundsätze zu benutzen, um Voraussagen zu treffen.

** *W. F. Magie,* A Source Book in Physics, S.164, Harvard University Press, Cambridge, 1963.

* ibid. S. 161

Die konstante Größe wurde mit einem eigenen Namen bezeichnet: *vis viva.* Sobald sie wegen ihrer Nützlichkeit einen festen Platz im menschlichen Denken eingenommen hatte, bekam die *vis viva* auch eine anschauliche Bedeutung. Statt sie als „Konstante der Bewegung“ zu bezeichnen, führten die Wissenschaftler die Sprechweise „Sie bleibt erhalten“ ein. Der Name *vis viva* wurde nach und nach von der modernen Bezeichnung *Energie* verdrängt.

Wärme und Energie werden gleichgesetzt

Unglücklicherweise wurde die Schönheit der astronomischen Mechanik, die sich nachts am Himmel offenbarte, von der menschlichen Erfahrung im Labor getrübt. Genaueste Experimente zeigten immer wieder, daß *vis viva* in Wirklichkeit nicht konstant war. Dieser Widerspruch kam anscheinend durch das Auftreten von Reibung zustande, das stets mit einer Wärmeentwicklung verbunden war. Obwohl damit die logische Grundlage für den Glauben an die Konstanz der *vis viva* zerstört war, erschien den Wissenschaftlern die Vorstellung von der Erhaltungsgröße so unumstößlich, daß auch Wärme als Erscheinungsform der *vis viva* angesehen wurde. 1845 gelang es *James Prescott Joule* durch eine Reihe von Experimenten, bei denen Arbeit geleistet wurde, nur um die Temperatur zu erhöhen, diese Beziehung auch quantitativ zu erfassen. Sein berühmter Schaufelrad-Versuch war nur eines seiner vielen Experimente:

„Die Schaufel bewegte sich unter großem Widerstand im Wasserbehälter, so daß die Gewichte ... mit der geringen Geschwindigkeit von etwa einem Fuß in der Sekunde hinabsanken. ... Als
die Gewichte hinuntergefallen waren, ... mußten sie wieder her- 1850
aufgezogen werden, um die Bewegung der Rolle von neuem in Gang zu setzen. Nachdem dieser Vorgang sechzehn Mal wiederholt worden war, wurde die Temperatur des Wasserbades mit einem sehr empfindlichen und genauen Thermometer ermittelt. ... Es ergab sich, daß pro Grad durch Reibung im Wasser erzeugte Erwärmung gerade soviel mechanische Arbeit geleistet worden war, wie notwendig ist, um ein Gewicht von 890 Pfund einen Fuß hoch zu heben.“ *

---

* ibid. S. 206

Außerdem: Potentielle Energie

Auf diese Weise wurde *die Energieerhaltung* zu einem brauchbaren Grundsatz. Die weiteren Entwicklungen kann man vorhersehen. Ein Gewicht wird auf einen Tisch gehoben. Dabei wird zwar Arbeit geleistet aber offenbar keine Wärme erzeugt. Wo ist die Energie geblieben? Keine Sorge – wir sagen einfach, sie ist im Gewicht „gespeichert". Schließlich lehrt die Erfahrung, daß die Arbeit jederzeit einfach dadurch zurückgewonnen werden kann, daß man das Gewicht vom Tisch hinabfallen läßt. Das emporgehobene Gewicht hat also die Fähigkeit (*Potentialität*), uns diejenige Energie zurückzugeben, die wir aufgewendet haben. Die Energie bleibt also immer noch erhalten, da das Gewicht „potentielle Energie" besitzt. Aber wie viel? Nun, gerade so viel, wie übrig bleibt, wenn wir die gesamte eventuell erzeugte Reibungswärme von der geleisteten Arbeit abziehen.

Damit haben wir uns nun schon recht weit von der dynamischen Eigenschaft der *vis viva* entfernt; denn den Anstoß zu diesem Konzept lieferte letztendlich eine bestimmte Eigenschaft bewegter Körper, nämlich die Konstanz der Summe aller $\frac{1}{2}mv^2$. Ein auf einem Tisch ruhendes Gewicht besitzt also Energie, und zwar genau so viel, wie nach Berücksichtigung der Wärme noch notwendig ist, damit die *vis viva* stets konstant bleibt.

Und jetzt ist alles Energie

So entwickelte sich nach und nach das Energiekonzept zur allgemeinen Grundlage. Heute sprechen wir von Translationsenergie, Rotationsenergie, Schwingungsenergie, chemischer Energie, magnetischer Energie, elektrostatischer Energie, Kernenergie, Gravitationsenergie – im englichen Sprachgebrauch sogar von „nervous energy".

Als Untersuchungen des β-Zerfalls von Atomkernen ergaben, daß die ausgesandten Elektronen nicht die gesamte verfügbare Energie besitzen, waren die Physiker schnell bereit, die Existenz des Neutrinos zu postulieren, eines unsichtbaren Teilchens ohne Ladung und ohne nachweisbare Masse, das die übrige Energie aufnimmt und damit den Energieerhaltungssatz rettet (man schreibt inzwischen das Jahr 1933 und die Energieerhaltung ist nun ein Naturgesetz!). Ist nicht die gegenwärtige Verwirrung über die große Zahl bis jetzt bekannter Elementarteilchen nur die Folge davon, daß wir auf diesem (oder einem anderen) Erhaltungssatz beharren?

Aber eine wesentliche Verallgemeinerung haben wir noch nicht erwähnt. 1911 machte sich *Einstein* von neuem Gedanken über die 1911
Bedeutung der Relativbewegung, nachdem das *Michelson-Morley* Experiment fehlgeschlagen war, das die Existenz des Aethers nachweisen sollte. Er kam zu dem Schluß, daß auch Masse eine Erscheinungsform der Energie ist – $E=mc^2$! Alles ist Energie! Damit schließt sich der Kreis. Aristoteles' verschlungene Gedankengänge waren richtig: CALORICUM ist nach allem, was gesagt wurde, tatsächlich eine Substanz! Und Luft ist tatsächlich Wärme und Feuchte! Das Energiekonzept ist demnach so allumfassend, daß die Feststellung „Energie bleibt erhalten" kaum noch bedeutsam erscheint. Offenbar bleibt sie erhalten, nur weil wir es so wollen!

Aber so ist der Weg der Wissenschaft. Vorstellungen werden nicht etwa deshalb aufrechterhalten, weil sie ohne jeden Fehler, in jeder Weise zuverlässig oder streng logisch sind. Nein, *an Theorien wird festgehalten, weil sie nützlich sind,* weil sie uns helfen, wenn wir versuchen, unsere Beobachtungen zu verstehen, und wenn wir uns bemühen, zuverlässige Voraussagen für die Zukunft zu treffen.

Es ist merkwürdig, daß gerade auf diesem sandigen Fundament die Thermodynamik gegründet ist – die zuverlässigste Quelle für wissenschaftliche Vorhersagen, die uns zur Verfügung steht! Der Grund für diese Zuverlässigkeit liegt darin, daß die Thermodynamik in Wirklichkeit auf empirischen Säulen ruht, die durch den Sandboden unserer Theorien hindurch bis zum felsigen Untergrund reichen, den die Erfahrung aus vielen Beobachtungen bildet. Die Thermodynamik enthält den Energieerhaltungssatz als unzweifelhafte Tatsache, nicht wegen der Eleganz der mathematischen Beschreibung der *vis viva,* sondern weil viele tausend Menschen versucht haben, ein *perpetuum mobile* zu konstruieren, und weil alle Versuche mißlungen sind. Man war schließlich zu dem Schluß gezwungen, daß niemand *jemals* eine Maschine erfinden werde, die Arbeit leistet (Energie erzeugt), ohne Brennstoff zu verbrauchen. Diese geballte Ansammlung von Erfahrungstatsachen ist die wirkliche Grundlage unserer Überzeugung, daß Energie erhalten bleiben muß. Dieses empirische Fundament ist statistisch genauso gesichert wie die stets gewinnbringende Existenz des Spielkasinos von Monte Carlo. Man braucht keine Theorie des Roulettes um einzusehen, daß die Spielbank immer gewinnt. Die Statistik führt uns nun zu einem anderen Begriff der Thermodynamik, der Entropie.

Dampfmaschinen und Wirkungsgrad

Nicolas Carnot war 28 Jahre alt und Ingenieur im Militärdienst, als er seine klassische Arbeit über den Wirkungsgrad von Dampfmaschinen veröffentlichte. Noch im Jahre 1824 hatte er die Vorstellung, daß Caloricum ein Stoff sei. Sein Interesse galt der Art und Weise, in der der Dampf in einer periodisch arbeitenden Wärmekraftmaschine einem Dampfkessel immer wieder Wärme entzieht,
1820 einen Kolben verdrängt, so daß dieser Arbeit leistet, Wärme an ein kälteres Reservoir abgibt, wobei gleichzeitig der Kolben wieder zurückgedrückt wird, so daß der Zyklus schließlich von neuem beginnen kann. Er bemerkte, daß während eines solchen Kreisprozesses nur die Umgebung eine Veränderung erfährt – der effektive Prozeß besteht darin, Caloricum (Wärme) vom Dampfkessel in das kalte Reservoir zu transportieren und dabei Arbeit zu leisten. Er betrachtete die Umkehrung der Wärmekraftmaschine, die von einer weiteren Maschine angetrieben wird, die zwischen denselben beiden Wärmebädern arbeitet. Daraus zog er den Schluß, daß der maximale Wirkungsgrad irgendeiner Wärmekraftmaschine unabhängig vom Arbeitsmedium (Dampf, Luft, Alkoholdampf etc.) sein muß, es sei denn, es wäre eine neue Art eines perpetuum mobile möglich:

„... wenn es möglich wäre, daß Caloricum durch welchen Prozeß auch immer, mehr Antriebsenergie erzeugen könnte als bei den zuerst beschriebenen Arbeitsvorgängen, dann könnte man auch ein Zurückfließen von Caloricum ... aus dem Kältebad in die Wärmequelle (Dampfkessel) bewirken und damit alle beteiligten Stoffe in ihren Ausgangszustand überführen. ... Auf diese Art ergäbe sich nicht nur ein perpetuum mobile, sondern außerdem eine unendliche Erzeugung von mechanischer Energie ohne Verbrauch von Caloricum oder irgendeines anderen Treibmittels. Eine derartige Energieproduktion steht völlig im Widerspruch zu den heute üblichen Vorstellungen. Sie ist verboten." *

Etwa vierzig Jahre später erkannte *Rudolph Clausius* die tiefe Bedeutung von *Carnots* Arbeiten. Dabei kam ihm zugute, daß er Wärme als Energie der ungeordneten Bewegung der atomaren Teilchen der Materie ansah, deren Existenz inzwischen allgemein anerkannt war. Er führte *Carnots* Betrachtungen über die bei einem mit maximalem Wirkungsgrad ablaufenden Kreisprozeß übertragene Wärmemenge q weiter und kam zu dem Schluß, daß dem Quotien-

---

* ibid. S. 244

ten q/T aus dieser Wärmemenge q und der Temperatur T des Wärmebades besondere Bedeutung zukommt. Er war derart von der Wichtigkeit dieser Größe überzeugt, daß er ihr einen eigenen Namen gab: *Entropie.* Dieser Name wurde absichtlich so gewählt, daß er ähnlich wie *Energie* klingt, damit die vergleichbare Bedeutung beider Größen zum Ausdruck gebracht wird. Schließlich schlug *Clausius* einen Zusatz zum Energieerhaltungssatz vor – ein Zusatz, der inzwischen unter dem Namen Zweiter Hauptsatz der Thermodynamik bekannt ist.

Erster Hauptsatz der Thermodynamik:
Die Energie des Weltalls ist konstant

Zweiter Hauptsatz der Thermodynamik:
Die Entropie des Weltalls strebt einem Maximum zu.

Wir sehen, daß die Entropie einen Wegweiser darstellt, der die Richtung anzeigt, in welcher Zustandsänderungen ablaufen. Was ist aber Entropie? *Ludwig Boltzmann* gab 1877 die Antwort auf diese Frage.

Entropie und Wahrscheinlichkeit

Boltzmann beschäftigte sich mit der kinetischen Gastheorie. Er fand heraus, daß er Vorgänge in Gasen und ihre Gleichgewichtszustände mit einem statistischen Modell erklären konnte. In einem Artikel mit dem länglichen Titel „Über die Beziehungen zwischen dem Zweiten Hauptsatz der mechanischen Wärmetheorie und der Wahrscheinlichkeitsrechnung, respective den Sätzen über das Wärmegleichgewicht“, gab er die Deutung des Entropie-Begriffes.

„Es ist also damit ausgesprochen, daß man *den Zustand des Wär-* 1877
megleichgewichtes dadurch berechnen kann, *daß man die Wahrscheinlichkeit der verschiedenen möglichen Zustände des Systems aufsucht.* Der Anfangszustand wird in den meisten Fällen ein sehr unwahrscheinlicher sein, von ihm wird das System immer wahrscheinlicheren Zuständen zueilen, bis es endlich den wahrscheinlichsten, d. h. den des Wärmegleichgewichtes, erreicht hat. Wenden wir dies auf den Zweiten Hauptsatz an, so können wir *diejenige Größe, welche man gewöhnlich als die Entropie zu bezeichnen pflegt, mit der Wahrscheinlichkeit des betreffenden Zustandes identifizieren.*“*

Damit war die Grundlage der chemischen Thermodynamik geschaffen.

---

* Wien. Ber. **76,** 373 (1877)

Thermodynamik innerhalb der Chemie

Das zentrale Problem der Chemie besteht darin, chemische Umwandlungen zu kontrollieren und zu verstehen. Einige der Schlüsselfragen, die dazu beantwortet werden müssen, sind die folgenden:

- Wenn zwei Substanzen vermischt werden, reagieren sie dann miteinander?
- Falls eine Reaktion stattfindet, wird dann dabei Wärme frei?
- Falls eine Reaktion beginnt, bei welcher Zusammensetzung des Gemisches von Ausgangsstoffen und Reaktionsprodukten hört sie auf und stellt sich Gleichgewicht ein?
- Falls eine Reaktion ablaufen kann, wie schnell wird sie dann fortschreiten?

Die chemische Thermodynamik beschäftigt sich mit den ersten drei Fragen. Auf die vierte Frage gibt sie keine Antwort. Sie kann die Geschwindigkeit einer Reaktion weder erklären noch vorhersagen. Sie vermittelt uns jedoch Verständnis für diejenigen Triebkräfte, die bestimmen, ob eine vorgegebene Mischung von Substanzen zur spontanen (schnellen oder langsamen) Umwandlung in andere Stoffe neigt. Sie macht Aussagen über die Bedingungen, die dann herrschen, wenn keine chemischen Veränderungen mehr auftreten und der Gleichgewichtszustand erreicht ist. Grundlage dafür sind Überlegungen über Wärmeeffekte bei Reaktionen. Wieder einmal ist unser Ausgangspunkt das Studium von CALORICUM.

Der Hesssche Satz und Wärmetönungen chemischer Reaktionen

Wie schon im ersten Satz dieses Prologs angedeutet, haben thermische Effekte den Menschen schon seit jeher beschäftigt. Folglich stand auch die Chemie der Verbrennungen mit an erster Stelle im Interesse des Chemikers. In der Tat fand auch die industrielle Revolution unter Verwendung chemischer Treibstoffe als Hauptenergiequelle statt. So war es kein Wunder, daß eine der ersten Fragen, die im Laboratorium geklärt werden sollten, die Messung von Wärmetönungen war, die chemische Umwandlungen begleiten. *Germaine Henri Hess* gab diesem Forschungsgebiet durch seine genauen Bestimmungen vieler Reaktionswärmen den Anfangsimpuls. Sein Meßprogramm schloß eine Zahl von Reaktionen ein, die als Folgereaktionen hintereinander ausgeführt eine Gesamtumwandlung ergaben, die auch direkt untersucht werden konnte. Er verallgemeinerte das Ergebnis dieser Untersuchungen und veröffentlichte seine Folgerung im Jahre 1840:

„Bei Bildung einer neuen Verbindung ist die dabei freigesetzte Wärme stets konstant, unabhängig davon ob diese Verbindung direkt oder indirekt in verschiedenen Reaktionsschritten gebildet wurde." * 1840

Dieses Gesetz, das ursprünglich als „*Hess*sches Gesetz der konstanten Wärme-Summe" bezeichnet wurde, sinnvoller aber „Gesetz der Additivität von Reaktionswärmen" genannt wird, ist nichts anderes als eine speziell auf reagierende chemische Systeme zugeschnittene Formulierung des Ersten Hauptsatzes der Thermodynamik. Es bringt einzig und allein zum Ausdruck, daß der Energieunterschied zwischen Reaktanden und Reaktionsprodukten stets derselbe ist, unabhängig davon ob die Reaktion direkt abläuft oder ob die Produkte durch eine Reihe von Folgereaktionen gebildet werden. Schon an dieser Stelle wird die Rolle der Thermodynamik deutlich sichtbar.

Die Suche nach der Ursache spontaner Umwandlungen

Marcellin Berthelot und *Julius Thomsen* waren zwei Wissenschaftler, die unabhängig voneinander exakte Messungen von Reaktionswärmen, insbesondere Verbrennungswärmen, ausführten. *Berthelot* führte die Bezeichnung *exotherm* für Reaktionen, bei denen Wärme frei wird, und *endotherm* für solche, bei denen Wärme zugeführt werden muß, ein. Beide, *Thomsen* wie *Berthelot,* stellten aufgrund ihrer Beschäftigung mit Wärmetönungen die These auf, daß die Richtung einer freiwillig ablaufenden Reaktion durch die dabei freigesetzte Wärme bestimmt wird. *Berthelot,* ein ausgezeichneter Wissenschaftler, schlug im Jahre 1860 folgende Formulierung vor:

„*Prinzip der maximalen Arbeit.* Alle chemischen Umwandlungen, die ohne Zufuhr äußerer Energie stattfinden, führen zur Erzeugung von Körpern oder eines Systems von Körpern, das noch mehr Wärme freisetzt." 1860

Der Irrtum, auf dem dieses Prinzip beruht, war bereits offenkundig, als es vorgeschlagen wurde. Anderenfalls hätte *Berthelot* den Begriff „endotherm" gar nicht zu definieren brauchen. Viele Prozesse waren zu jener Zeit bekannt, die freiwillig unter Wärmeauf-

---

* *H. M. Leicester* und *H. S. Klickstein,* A Source Book in Chemistry, S. 331, McGraw Hill, New York, 1952

nahme (und nicht Wärmeabgabe) ablaufen. Schon die Erfahrung im Haushalt zeigte, daß sich beim Auflösen von Salz in Wasser die Lösung abkühlt. Nichtsdestoweniger bestand anscheinend eine Beziehung zwischen dem spontanen Ablauf vieler chemischer Reaktionen und der dabei auftretenden Wärmeentwicklung; daher wurde dieses an sich unzulängliche Prinzip dennoch bis zu einem gewissen Grade anerkannt.

Dann kam Gibbs

In seiner um 1875 veröffentlichten berühmten Arbeit schuf *J. Willard Gibbs* die solide Grundlage der gesamten chemischen Thermodynamik. Als sich das mikroskopische Teilchenbild der Materie durchsetzte, erkannte *Gibbs* die Anwendungsmöglichkeiten der leistungsfähigen Methoden der statistischen Mechanik. Er vermochte die Bedeutung der Aussagen *Boltzmanns* über Wahrscheinlichkeit
1875 und Umwandlung richtig einzuschätzen. Er führte diese Ideen weiter bis hin zu einem Formalismus, der bestechend in seiner Abstraktion aber fürchterlich kompliziert in seinen Feinheiten war. Die verschiedenartigsten physikalisch-chemischen Erscheinungen ließen sich erklären, wenn man verschiedene, mit der Energie verknüpfte Größen betrachtete, die er mit den griechischen Buchstaben ε, χ, ζ und ψ bezeichnete. Zwanglos ergaben sich dabei auch diejenigen Faktoren, die für spontane Umwandlungen verantwortlich sind. Seine Arbeiten blieben aber ein Vierteljahrhundert lang für nahezu alle Chemiker „Böhmische Dörfer“.

Nernst und ein weiterer Hauptsatz der Thermodynamik

Die Suche nach den Ursachen spontaner Umwandlungen aber ging weiter, so gut wie unbeeinflußt von der esoterischen Arbeit von *Gibbs*. *W. Nernst* war einer derjenigen, die dazu am meisten beigetragen haben. Er vermochte auch *Boltzmanns* Aussagen über Gleichgewicht und den wahrscheinlichsten Zustand richtig zu deuten. Daher war er in der Lage, 1906 die Bedeutung der Ergebnisse der Untersuchungen von *T. W. Richards* über die Temperaturabhängigkeit von elektrischen Spannungen und Wärmemengen, wel-
1900 che in elektrochemischen Zellen erzeugt werden, richtig einzuschätzen. Seine Überlegungen führten *Nernst* zu der Annahme, daß die Entropie jedes Stoffes am absoluten Temperaturnullpunkt verschwindet. Diese Aussage ist als *Dritter Hauptsatz der Thermodynamik* bekannt. Er hat zur Folge, daß jeder Stoff bei einer beliebigen

anderen Temperatur eine positive Entropie besitzt, also eine auf diesen absoluten Nullpunkt bezogene *absolute* Entropie.

Lewis und die Ausbreitung der chemischen Thermodynamik

Es blieb *Gilbert N. Lewis*, der an der University of California in Berkeley tätig war, vorbehalten, die chemische Thermodynamik in die alltägliche Denkweise jedes Chemikers einzuführen. Mehr als jeder andere Wissenschaftler, wiesen er und seine vielen Studenten den Weg, wie man Thermodynamik auf chemische Prozesse an-
wendet. Insbesondere förderte *Lewis* die Anwendung des Begriffes 1920
der *Gibbs*-Funktion * als Mittel nicht nur zur Vorhersage der Richtung einer spontan ablaufenden Umwandlung sondern auch als quantitatives Maß zur Beschreibung des Gleichgewichtszustandes. Er bezeichnete die *Gibbs*-Funktion mit *F* und identifizierte sie mit der *Gibbs*schen Größe ζ(Zeta) **. Sein weitreichender Einfluß auf die Chemie wurde 1923 durch die Veröffentlichung des Lehrbuches „*Thermodynamics*" von *G. N. Lewis* und *M. Randall* begründet. Darin wurden der wissenschaftlichen Welt alle in Berkeley angesammelten Erkenntnisse mitgeteilt.

Es gibt wohl keinen überzeugenderen Beweis für die Tragweite der chemischen Thermodynamik als den, daß sie zum Grundstein der Chemie-Anfängervorlesung geworden ist.

Das Ziel dieser Monographie

Die qualitativen Vorstellungen der chemischen Thermodynamik liefern den Rahmen, innerhalb dessen sich die Chemie heute bewegt. Auch ohne die bedeutsamen mathematischen Beziehungen der Thermodynamik läßt sich die Vielzahl von bekannten chemi-

---

* *Lewis* nannte diese Größe „free energy" (freie Energie) – eine Bezeichnung, die international jedoch nicht einheitlich angewendet wurde. Im Rahmen der Vereinheitlichung der Nomenklatur setzt sich heute die Bezeichnung „*Gibbs*-Funktion" durch. (Anm. d. Übers.)

** In merkwürdiger Respektlosigkeit benutzen viele Chemiker weder das *Gibbs*sche Symbol ζ noch *Lewis'* Bezeichnung *F*, sondern bezeichnen die *Gibbs*-Funktion oder freie Enthalpie, wie sie auch genannt wird, mit dem Symbol *G*.

Note added in proof:
Ein qualifizierter Kritiker hat diese Fußnote als „Nichtachtung langjähriger Verhandlungen auf internationaler Ebene" bezeichnet. Zu dieser Anklage bekennen sich die Autoren schuldig. In für Berkeley untypischer Unterwürfigkeit werden wir das Symbol *G* für die *Gibbs*-Funktion in dieser gesamten Monographie verwenden.

schen Fakten mit Hilfe der Grundvorstellungen in einem zusammenhängenden Bild sinnvoll einreihen. Wir haben nicht die Absicht, alle Feinheiten der Thermodynamik, oder auch nur einen großen Teil davon, vorzuführen. Vielmehr wollen wir versuchen, die *Bedeutung* der thermodynamischen Prinzipien verständlich darzustellen. Insbesondere möchten wir dem Leser helfen, mit der Größe *Entropie* vertraut zu werden. Ebenso wie *Clausius* sind auch wir der Meinung, daß das Entropiekonzept in jeder seiner Einzelheiten genauso grundlegend ist wie das Energiekonzept. Wir hoffen, daß diese Darstellung verständlich machen kann, auf welche Weise die Entropie den Weg für spontane Umwandlungen weist.
1969 Wir hoffen, daß dieses Buch eine Hilfe ist für diejenigen, die sich wie in einem fremden Land vorkommen, wenn die Sprache des abstrakten Formalismus angewendet wird, und auch für jene, die die anschauliche Bedeutung vermissen, wenn das verzweigte mathematische Gerüst in all seinem Glanz dargestellt wird.

Um dieses Ziel zu erreichen, haben wir ein bedeutendes Opfer gebracht. An vielen Stellen haben wir zur Veranschaulichung mikroskopische Bilder verwendet (was machen die Moleküle?). Dabei wird jedoch gerade eine der Stärken der Thermodynamik außer acht gelassen. Da die Thermodynamik nämlich auf empirischen Beobachtungen makroskopischer Verhaltensweisen begründet ist, *verlangt* sie nicht nach einem mikroskopischen Modell zum Beweis ihrer Aussagen und ihrer Leistungsfähigkeit. Das ist auch der Grund dafür, daß es *Carnot* gelang, die Grundlage des Zweiten Hauptsatzes der Thermodynamik zu schaffen, zu einer Zeit als er Caloricum noch als Stoff ansah. Wir glauben aber, daß dieses Opfer dann mehr als gerechtfertigt ist, wenn dadurch eine neue Generation von Chemikern von Beginn an daran gewöhnt wird, anschauliche Vorstellungen zu entwickeln in Übereinstimmung mit den gesicherten Leitlinien, die uns die Thermodynamik gibt.

1. Der Gleichgewichtszustand im mikroskopischen Bild

Eine der Hauptstärken der Thermodynamik ist, daß sie sich ausschließlich auf die empirischen Beobachtungen auf makroskopischer * Ebene stützt. Ihre Schlüsse und ihre Voraussagen sind unabhängig von jedem mikroskopischen (molekularen) Bild des zu untersuchenden Prozesses gültig. Eine sichere Methode, diese Aussage zu begründen, besteht darin, die thermodynamische Denkweise darzustellen und anzuwenden, ohne je Bezug zu nehmen auf die Existenz einzelner Moleküle und ihr unterschiedliches Verhalten. Die meisten Thermodynamik-Bücher schlagen diesen Weg ein.

Wir haben uns bewußt dafür entschieden, diese Methode nicht anzuwenden und statt dessen die thermodynamische Schlußweise parallel zur Vorstellung des Chemikers über mikroskopische Vorgänge darzustellen. Unser Hauptziel ist dabei, den uns interessierenden Prinzipien eine anschauliche Bedeutung zu geben. Und am besten beruft man sich dabei auf unsere weit entwickelten Vorstellungen von der Verhaltensweise der Moleküle und deren Bewegungsvorgängen.

Dieses erste Kapitel ist demjenigen thermodynamischen Begriff gewidmet, dem die größte Bedeutung zukommt – dem Begriff des Gleichgewichtszustandes. Aber wir werden ihn zunächst rein mechanistisch und nicht thermodynamisch behandeln. Diese Betrachtung dessen, „was im Gleichgewicht vor sich geht", wird eine wertvolle anschauliche Grundlage für die folgenden Kapitel liefern, die sich mit der thermodynamischen Beschreibung des Gleichgewichts beschäftigen.

---

* Im gesamten Buch wollen wir das Wort „mikroskopisch" verwenden, um Ereignisse zu beschreiben, bei denen es auf das Verhalten einzelner Atome oder Moleküle ankommt. Das Wort „makroskopisch" bezieht sich auf Vorgänge, bei denen eine große Zahl von Atomen oder Molekülen zusammenwirken. Ein Reaktionsgemisch, an dem ein Mol Gas beteiligt ist, müßte also als makroskopisches System bezeichnet werden.

1.1. Der Gleichgewichtszustand

In der Mechanik wird der Gleichgewichtszustand dadurch charakterisiert, daß sich einander entgegenwirkende Kräfte gerade gegenseitig aufheben. Man erkennt ihn am Zustand der Ruhe – nichts ändert sich mehr, wenn die Zeit fortschreitet. Wir wollen sehen, wie weit wir diese Charakterisierung auch auf chemische Systeme übertragen können.

a) Einige chemische Systeme: Welche von ihnen befinden sich im Gleichgewicht?

Abb. 1.1 zeigt drei Systeme, bei denen eine Reihe von Beobachtungen auf zeitunabhängige Eigenschaften hindeuten. Das erste ist die Flamme eines Bunsenbrenners. In einem geräuschlosen Raum, ohne jede Luftbewegung, erscheint die Flamme völlig regungslos; ein Thermoelement an irgendeiner Stelle innerhalb oder in der Nähe der Flamme zeigt eine konstante Temperatur an. Und doch sieht jeder ein, daß die Flamme eines Bunsenbrenners kein Gleichgewichtssystem darstellt. Der Grund liegt darin, daß Gas und Luft der Flamme am Sockel des Brenners stetig zugeführt werden und heißes Kohlendioxid und Wasser an der Spitze der Flamme ausströmen. *Gleichgewicht kann nur in einem abgeschlossenen System herrschen:* In einem System also, dem weder Energie noch Materie kontinuierlich zugeführt oder entzogen wird. Wegen der stetigen Zufuhr von Reaktanden und des Entzuges sowohl von Reaktionsprodukten als auch von Wärme stellt die Flamme offenbar kein abgeschlossenes System dar.

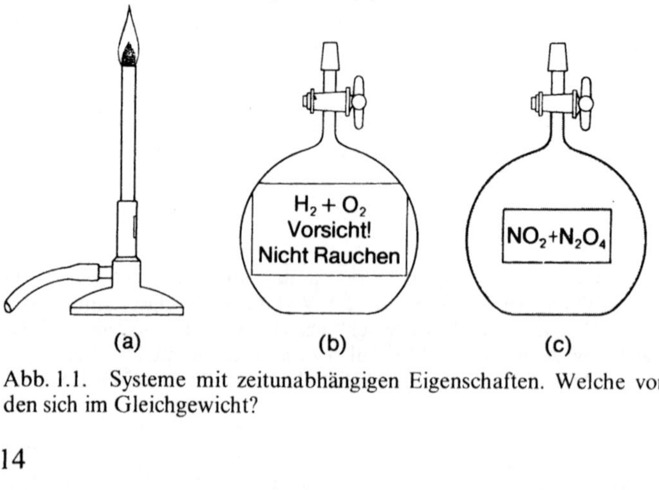

Abb. 1.1. Systeme mit zeitunabhängigen Eigenschaften. Welche von ihnen befinden sich im Gleichgewicht?

Folglich befindet es sich nicht im Gleichgewicht. Man sagt, ein System, das auf derartige Weise seine Eigenschaften konstant hält, befindet sich in einem *stationären Zustand.*

Das zweite System in Abb. 1.1 ist ein Kolben, der eine Mischung aus Wasserstoff und Sauerstoff enthält. Wieder zeigt das Allgemeinwissen, daß eine solche Mischung explosiv ist; schon der kleinste Funke reicht aus, um auf heftige Weise zu demonstrieren, daß sich dieses System in chemischem Sinne nicht im Gleichgewicht befindet. Der Grund dafür, daß mit der Mischung nichts passiert, daß sie harmlos aussieht, liegt darin, daß die Explosionsreaktion $2H_2+O_2 \rightarrow 2H_2O$ unter normalen Bedingungen von Temperatur und Druck extrem langsam abläuft. Wenn aber die Reaktion einmal begonnen hat, dann wissen die Wasserstoff- und Sauerstoffmoleküle genau, wie sie sich zu verhalten haben! Nichtsdestoweniger finden wir durch diese Überlegung einen zweiten Einwand gegen die Aussage, daß ein Gleichgewichtszustand durch zeitunabhängige Eigenschaften charakterisiert wird. *Jede denkbare Umwandlung muß mit merklicher Geschwindigkeit ablaufen; erst dann* ist die Konstanz der Eigenschaften eine notwendige Bedingung für Gleichgewicht.

Das dritte System in Abb. 1.1 ist ein Kolben, der eine Mischung aus NO_2 und N_2O_4 enthält. Der Kolben zeigt eine Orange-Färbung, weil eines der Bestandteile, nämlich NO_2, gefärbt ist. Dieses System *befindet sich im Gleichgewicht* in bezug auf die Reaktion

$$2NO_2(g) \rightleftarrows N_2O_4(g)^*. \qquad [1.1]$$

Woher wissen wir das? Aus drei einfachen Versuchen: *Erstens,* wir überzeugen uns davon, daß es sich um ein abgeschlossenes System handelt. Das ist der Fall: Der Kolben ist dicht verschlossen, und es soll kein Wärmeaustausch mit der Umgebung stattfinden. *Zweitens,* wir bestimmen Eigenschaften, die von der Lage des Gleichgewichtszustandes abhängen und sehen, daß sie sich nicht mit der Zeit ändern. Falls die Reaktion [1.1] z. B. nach rechts fortschreiten würde, dann müßte der Druck fallen (aus zwei Molekülen NO_2 entsteht nur ein Molekül N_2O_4) und die Intensität der Orange-Färbung des NO_2 abnehmen. Es ändert sich aber weder Druck noch Farbe. *Drittens,* wir ändern irgendeine äußere Bedingung geringfügig und kurzzeitig, von der wir wissen, daß sie die betreffende Re-

* Der Zusatz (g) kennzeichnet den gasförmigen Zustand; entsprechend steht (fl) für den flüssigen und (f) für den festen Aggregatzustand.

aktion beeinflußt. Z. B. könnten wir zunächst die Temperatur um ein paar Grad erniedrigen und dann wieder auf ihren ursprünglichen Wert bringen. Wir würden dann sofort eine geringe Schwächung der Orange-Färbung beobachten und schließlich die Wiedereinstellung der Ausgangsfarbe. Bei niedrigerer Temperatur läuft die Reaktion ein wenig mehr nach rechts ab, so daß mehr N_2O_4 erzeugt und ein bißchen NO_2 verbraucht wird, und bei wiederansteigender Temperatur stellt sich die ursprüngliche Konzentration wieder ein. *Damit ist gezeigt, daß die untersuchte Reaktion unter unseren Versuchsbedingungen schnell und reversibel (umkehrbar) abläuft.* Es liegt also ein Gleichgewichtssystem vor, und wir haben gezeigt, wie man es als solches erkennt.

Ein System befindet sich im Gleichgewicht,

- **wenn** *weder Energie noch Materie zugeführt oder entzogen wird (wenn es ein abgeschlossenes System ist),*
- **wenn** *sich meßbare Stoffeigenschaften des Systems nicht mit der Zeit ändern,*
- **wenn** *mögliche Umwandlungen mit meßbarer Geschwindigkeit ablaufen. Das zeigt sich an der Antwort des Systems auf eine kleine Störung, die bewirkt, daß sich eine beobachtbare Eigenschaft ändert und ihren Ausgangswert dann wieder annimmt, wenn die Störung aufgehoben ist.*

b) Eine genauere Betrachtung des Gleichgewichts

Obwohl chemische Systeme im Gleichgewicht im allgemeinen den Anschein völliger Ruhe erwecken, sind die Wissenschaftler davon überzeugt, daß die Verhältnisse auf atomarer Ebene ganz anders liegen. Tatsächlich ist auch experimentell nachgewiesen worden, daß die Atome oder Moleküle andauernd in Bewegung sind. In der Gasphase stoßen Moleküle gegeneinander und prallen gegen die Behälterwände. Moleküle in Flüssigkeiten und Festkörpern sind

Abb. 1.2. Der dynamische Charakter des Gleichgewichts

a) Beide Kolben enthalten H_2O, dem rechten Kolben ist etwas radioaktives HTO zugesetzt ($T \equiv {}^3_1H$).

b) Wenn der Hahn geöffnet wird, mischen sich die Dampfphasen; obwohl der Druck konstant bleibt, gelangt gasförmiges HTO in den linken Kolben.

c) Wenn man nach einiger Zeit etwas Flüssigkeit aus dem linken Kolben entnimmt, wird man auch darin radioaktive Teilchen nachweisen; obwohl wiederum der Druck konstant bleibt, kondensiert HTO.

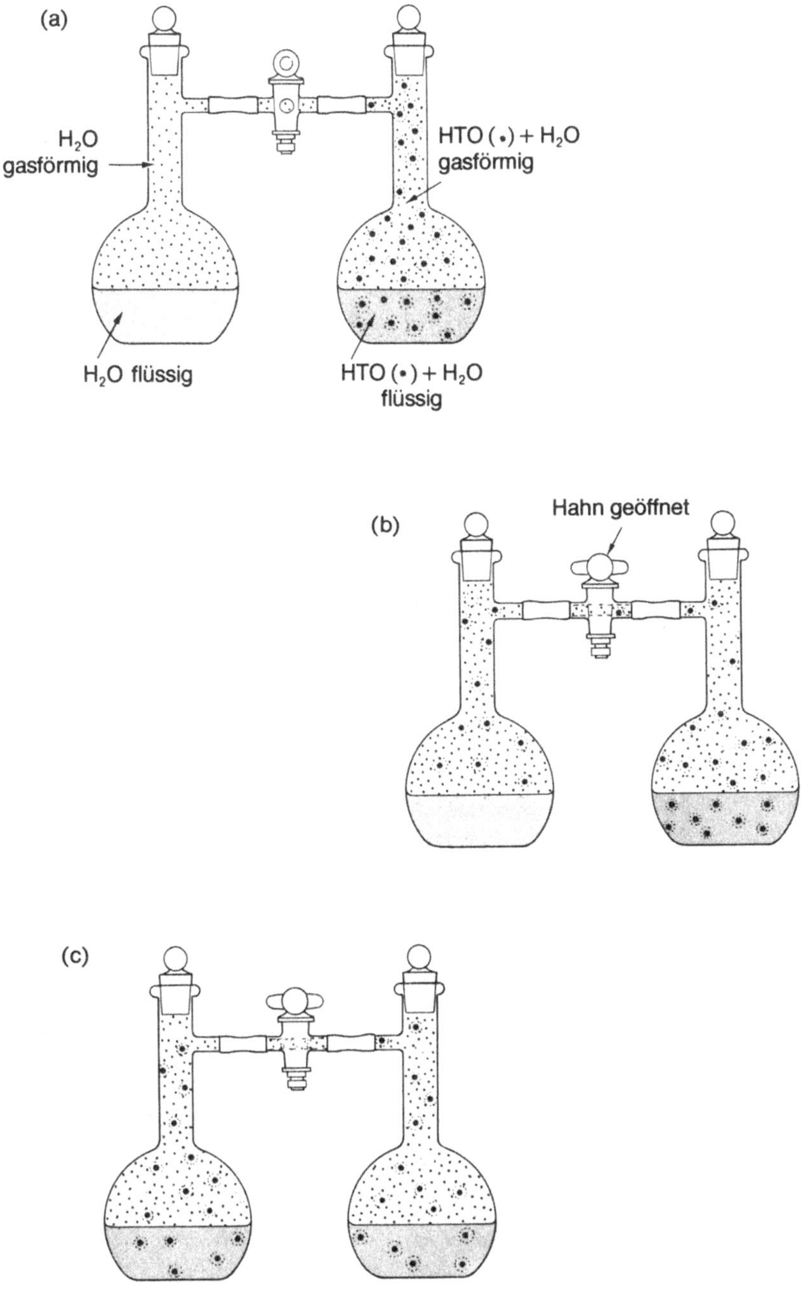
(a)
H_2O gasförmig
HTO (•) + H_2O gasförmig
H_2O flüssig
HTO (•) + H_2O flüssig
(b)
Hahn geöffnet
(c)

zwar nicht genauso beweglich, trotzdem rütteln und schwingen sie andauernd hin und her. Unter Berücksichtigung dieser charakteristischen Eigenschaften wollen wir ein sehr einfaches System betrachten – ein geschlossenes Gefäß mit etwas Wasser. Wir wollen beobachten, wie es seinen Gleichgewichtszustand erreicht.

Wenn sich das System im Gleichgewicht befindet, wird neben dem flüssigen Wasser auch etwas Wasserdampf vorhanden sein; die genaue Menge hängt nur von der Temperatur ab. Die Moleküle der Gasphase werden umhergestoßen und treffen dabei auf alle Seiten des Glaskolbens *und* auch auf die Oberfläche der Flüssigkeit. Besteht nun die Möglichkeit, daß sie dabei in der Flüssigkeit stecken bleiben, oder wird die Gruppe der Moleküle, die ursprünglich verdampft waren, stets in der Gasphase bleiben, solange die äußeren Bedingungen unverändert sind? Diese Frage kann ganz einfach mit Hilfe einer Apparatur untersucht werden, die in Abb. 1.2 dargestellt ist. Sie besteht aus zwei identischen Glaskolben, die über einen Absperrhahn miteinander verbunden sind. Beide Kolben enthalten flüssiges Wasser, wobei jedoch im rechten etwas radioaktives Wasser HTO zugesetzt ist (der Buchstabe T symbolisiert Tritium, das Wasserstoffisotop mit der Massenzahl drei ^3_1H). In beiden Kolben herrscht dieselbe Temperatur und derselbe Wasserdampf-

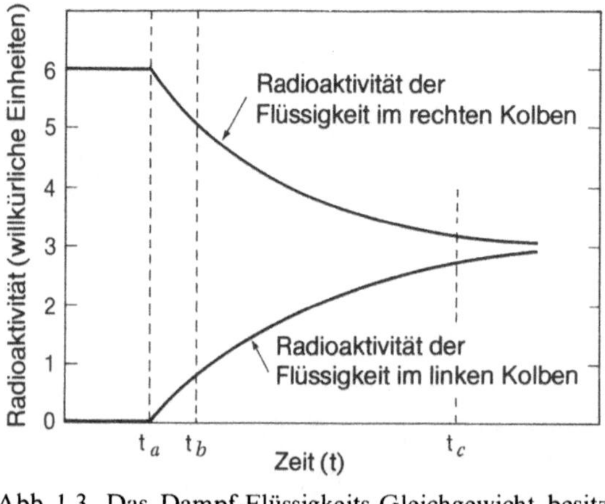

Abb. 1.3. Das Dampf-Flüssigkeits-Gleichgewicht besitzt einen dynamischen Charakter. Wenn der Hahn zur Zeit t_a geöffnet wird, befinden sich noch alle radioaktiven HTO-Moleküle im rechten Kolben. Einen Moment später, zur Zeit t_b, läßt sich schon HTO im linken Kolben nachweisen, obwohl der Dampfdruck konstant bleibt. Viel später, zur Zeit t_c, ist HTO beinahe gleichmäßig auf die Flüssigkeiten in beiden Kolben verteilt, obwohl sich der Dampfdruck während der ganzen Zeit nicht verändert hat.

druck. Wenn der Verbindungshahn geöffnet wird, mischen sich die Dampfphasen, und nach kurzer Zeit sind gleiche Mengen radioaktiver Moleküle in jedem der beiden Gefäße vorhanden. Was passiert aber mit der Flüssigkeit im linken Kolben? Wenn man nach einiger Zeit eine kleine Probe entnimmt und mit einem Geiger-Zähler untersucht, so wird man feststellen, daß auch dieser Kolben etwas radioaktives flüssiges Wasser enthält.

Wenn man die Radioaktivität der flüssigen Phasen beider Gefäße gegen die Zeit aufträgt, so erhält man eine Darstellung wie in Abb. 1.3. Daraus müssen wir schließen, daß andauernd Moleküle in die Flüssigkeitsoberfläche eintreten und andere aus ihr verdampfen. Gleichgewicht ist also kein statischer Zustand sondern ein dynamischer Prozeß.

In unserem Flüssigkeit $\rightleftarrows$ Dampf Gleichgewicht muß die Bedingung

Verdampfungsgeschwindigkeit = Kondensationsgeschwindigkeit

oder

$$\begin{bmatrix}\text{Zahl der Moleküle, die}\\ \text{pro Sekunde aus der}\\ \text{Flüssigkeitsoberfläche}\\ \text{austreten}\end{bmatrix} = \begin{bmatrix}\text{Zahl der Moleküle, die}\\ \text{pro Sekunde in die}\\ \text{Flüssigkeitsoberfläche}\\ \text{eintreten}\end{bmatrix}$$

erfüllt sein. Eine einfache Rechnung zeigt, daß bei Zimmertemperatur etwa 10^{22} Moleküle in der Sekunde aus einer Wasseroberfläche von einem Quadratzentimeter verdampfen. Damit der Dampfdruck konstant bleibt, muß dieselbe riesige Zahl von H_2O-Molekülen pro Sekunde auf derselben Oberfläche kondensieren. Wir sehen daran, daß die Konstanz von makroskopischen Eigenschaften in Wirklichkeit durch eine Vielzahl von Vorgängen auf molekularer Ebene zustande kommt. **Gleichgewicht herrscht** nicht etwa dann, wenn alle Vorgänge aufhören, sondern **wenn die Geschwindigkeiten einander entgegengesetzter Prozesse denselben Wert annehmen.**

c) Die Gleichgewichtskonstante einer speziellen Reaktion

Ein Chemiker stellt eine gasförmige Mischung aus Wasserstoff und Jod bei 700 K her. An der Intensitätsabnahme der vom Jod hervorgerufenen violetten Färbung erkennt man, daß eine Reaktion stattfindet. Jodwasserstoff wird gebildet.

$$H_2(g) + I_2(g) \rightarrow 2\,HI(g) \qquad [1.2]$$

Nach einer gewissen Zeit nimmt die Jod-Färbung nicht mehr weiter ab – das Gleichgewicht hat sich eingestellt. Die restliche Färbung zeigt, daß ein Teil der Reaktanden nicht verbraucht wurde. Eine der Kernfragen, die sich dem Chemiker bei der Untersuchung dieses Systems stellt, ist: Wie weit ist die Reaktion abgelaufen? Ist der Hauptteil der Reaktanden verbraucht, so daß der Glaskolben jetzt hauptsächlich HI enthält? Oder wurde nur ein geringer Prozentsatz des Jods umgewandelt?

Zur Beantwortung dieser Frage kann man beispielsweise folgendes Verhältnis bestimmen:

$$\frac{\text{Konzentration der Reaktionsprodukte im Gleichgewicht}}{\text{Konzentration der Reaktanden im Gleichgewicht}} \qquad [1.3]$$

Dieser Quotient wäre dann groß, wenn die Reaktion [1.2] beinahe vollständig abliefe, und klein, wenn sie fast überhaupt nicht in Gang käme. Wir können uns dieses Verhältnis für verschiedene Mischungen anschauen und untersuchen, auf welche Weise es von den relativen Konzentrationen abhängt. Dazu könnten wir z. B. den folgenden Quotienten betrachten

$$\frac{(\text{Konz. HI})}{(\text{Konz. } H_2)\cdot(\text{Konz. } I_2)} \qquad [1.4]$$

In der vierten Spalte von Tab. 1.1 ist die Größe des Quotienten [1.4] für fünf verschiedene Gleichgewichtsmischungen aufgeführt. Wir sehen, daß der Zahlenwert groß ist (die Bildung von HI ist bevorzugt) und von der Zusammensetzung der Mischung abhängt.

Tab. 1.1. Konzentrationsverhältnisse für H_2-I_2-Mischungen im Gleichgewicht bei T = 698,6 K.

Experimentelle Ergebnisse			Berechnete Verhältnisse	
$[H_2]$ mol l^{-1}	$[I_2]$ mol l^{-1}	$[HI]$ mol l^{-1}	$\frac{[HI]}{[H_2][I_2]}$	$\frac{[HI]^2}{[H_2][I_2]}$
$1{,}8313\times10^{-3}$	$3{,}1292\times10^{-3}$	$17{,}671\times10^{-3}$	$3{,}08\times10^{-3}$	54,5
2,9070	1,7069	16,482	3,32	54,6
4,5647	0,7378	13,544	4,02	54,4
0,4789	0,4789	3,531	15,4	54,4
1,1409	1,1409	8,410	6,47	54,4

Vor einigen Jahrzehnten fanden Chemiker auf empirische Weise heraus, daß der Gleichgewichtszustand einer Reaktion vom Typ [1.2] am besten charakterisiert wird, wenn man das Verhältnis [1.3] modifiziert, indem man die Konzentrationen eines Reaktionspartners quadriert, der in der Reaktionsgleichung mit einem Koeffizienten 2 auftritt, die Konzentration eines Reaktionspartners mit dem Koeffizienten 3 zur dritten Potenz erhebt, und so weiter. Daher sollte unser Quotient [1.4] besser ersetzt werden durch

$$\frac{(\text{Konz. HI})^2}{(\text{Konz. H}_2)\cdot(\text{Konz. I}_2)} \qquad [1.5]$$

In der letzten Spalte von Tab. 1.1 sind die Werte dieses Quotienten für dieselben Gleichgewichtskonzentrationen aufgeführt. Jetzt ist das Konzentrationsverhältnis stets dasselbe! Offenbar haben wir damit eine Konstante gefunden, die das Gleichgewicht bei der betreffenden Temperatur charakterisiert. Diese Größe wird als Gleichgewichtskonstante K bezeichnet:

$$K = \frac{(\text{Konz. HI})^2}{(\text{Konz. H}_2)\cdot(\text{Konz. I}_2)}$$

Da die Konzentrationen normalerweise durch eckige Klammern dargestellt werden, können wir dafür auch schreiben:

$$K = \frac{[\text{HI}]^2}{[\text{H}_2]\,[\text{I}_2]} \qquad [1.6]$$

d) Die Gleichgewichtskonstante einer beliebigen Reaktion

Im letzten Abschnitt haben wir anhand eines speziellen Beispiels an die empirische Entdeckung des Massenwirkungsgesetzes erinnert. Für eine allgemeine Reaktion, bei der sich die Ausgangsstoffe A, B, ... in die Endprodukte C, D, ... umwandeln, würde die Reaktionsgleichung lauten:

$$wA + xB + \ldots \rightleftarrows yC + zD + \ldots \qquad [1.7]$$

und der allgemeine Zusammenhang zwischen den Konzentrationen hätte die Form

$$K = \frac{[C]^y\,[D]^z \ldots}{[A]^w\,[B]^x \ldots} \quad \textbf{Massenwirkungsgesetz} \qquad [1.8]$$

Experimentell findet man, daß das Konzentrationsverhältnis [1.8] (unter Berücksichtigung der ganzzahligen Exponenten w, x, y und z) bei gegebener Temperatur eine Konstante ist. Diese Konstante wird durch den Buchstaben K symbolisiert und als Gleichgewichtskonstante bezeichnet. Wenn wir ihren Zahlenwert einmal (experimentell) bestimmt haben, können wir für beliebige Anfangsbedingungen das Endergebnis, d. h. die Zusammensetzung des Systems im Gleichgewichtszustand, berechnen. Offensichtlich ist K eine wichtige und nützliche Größe; eine Größe, deren Bedeutung wir verstehen müssen. Wir werden später sehen, daß man die Bedeutung der Gleichgewichtskonstanten K anhand von thermodynamischen Überlegungen erklären kann. In diesem Kapitel wollen wir sie im mechanistischen Bild untersuchen.

1.2. Gleichgewicht und Reaktionsgeschwindigkeit

Das Massenwirkungsgesetz für eine gegebene Reaktion kann auch abgeleitet werden, wenn man einfach die Geschwindigkeiten von Reaktionen und Rückreaktionen einander gleichsetzt. Obwohl diese Ableitung einfach ist, haben Wissenschaftler, die strenge Maßstäbe anlegen, Einwände dagegen. Sowohl die Beweisführung als auch die Gegenargumentation beruhen auf pädagogischen Überlegungen. Daher wollen wir beide Betrachtungsweisen anhand der konkreten Reaktion [1.2] besprechen.

a) Die Geschwindigkeit für die Bildung der Reaktionsprodukte

Wir wollen zunächst mit einer Mischung aus H_2 und I_2 anfangen und die Bildung von HI betrachten. Wenn wir versuchen, die Vorgänge, die zur Bildung von HI führen, im mikroskopischen Bild zu beschreiben, gehen wir von der anschaulichen Vorstellung aus, daß ein Wasserstoffmolekül mit einem Jodmolekül zusammenstößt und daß dabei Atome ausgetauscht und zwei HI-Moleküle gebildet werden (siehe Abb. 1.4). Einige der Faktoren, die die Geschwindigkeit dieses Prozesses (bzw. die Menge der pro Zeiteinheit gebildeten HI-Moleküle) bestimmen, liegen auf der Hand. Wenn unser Bild richtig ist, dann hängt diese Geschwindigkeit zweifellos von der Zahl der Stöße zwischen H_2- und I_2-Molekülen ab. Also ist die Geschwindigkeit der Hinreaktion proportional zur Konzentration jedes Stoßpartners. Die Konzentrationen werden wiederum durch die Drücke p_{H_2} und p_{I_2} bestimmt.

$$H_2 + I_2 \xrightarrow{(\text{Geschwindigkeit})_R} \text{Produkte} \qquad [1.9]$$

$$(\text{Geschwindigkeit})_R \text{ ist proportional zu } (p_{H_2}) \times (p_{I_2}) \qquad [1.10]$$

Da HI den Stoßprozeß [1.9] weder unterstützt noch behindert, beeinflußt sein Partialdruck die $(\text{Geschwindigkeit})_R$ nicht und erscheint nicht in [1.10]. Die Proportionalitätskonstante k_R für die Beziehung [1.10] beinhaltet viele Informationen, die die Chemiker gern entschlüsseln möchten. Sie sagt uns, welcher Bruchteil aller H_2-I_2-Stöße wirksam ist, welche Bedeutung die relative Orientierung beider Moleküle direkt beim Zusammentreffen hat und welchen Einfluß Rotations- und Schwingungsanregung auf die Umordnung der Atome haben. Außerdem enthält sie die Temperaturabhängigkeit des Prozesses, der in Abb. 1.4 dargestellt ist. Ohne auf alle diese Einzelheiten einzugehen, schreiben wir kurz:

$$(\text{Geschwindigkeit})_R = k_R (p_{H_2}) (p_{I_2}) \qquad [1.11]$$

b) Die Geschwindigkeit für die Bildung der Reaktanden

Mit dem Fortschreiten der Reaktion [1.2] wird mehr und mehr Jodwasserstoff gebildet. Gelegentlich werden dann auch zwei Jodwasserstoffmoleküle zusammenstoßen. Ein Bruchteil dieser Zusammenstöße wird zur Spaltung der HI-Moleküle und zur Bildung von H_2 und I_2 führen. Die Geschwindigkeit dieser Rückreaktion (bzw. die Menge der pro Zeiteinheit verbrauchten HI-Moleküle) wird durch die Häufigkeit der HI-HI-Stöße bestimmt, wie in Abb. 1.5 veranschaulicht:

$$\text{Reaktanden} \xleftarrow{(\text{Geschwindigkeit})_L} \text{HI} + \text{HI} \qquad [1.12]$$

Dadurch daß zwei HI-Moleküle am Stoß beteiligt sind, ist eine Erhöhung des HI-Partialdruckes doppelt wirksam: Es sind dann nicht nur mehr stoßende HI-Moleküle vorhanden, sondern auch mehr Moleküle, mit denen sie zusammenstoßen können.

Die Geschwindigkeit der Rückreaktion ist deshalb dem Quadrat des HI-Partialdruckes proportional:

$$(\text{Geschwindigkeit})_L \text{ ist proportional zu } (p_{HI})^2 \qquad [1.13]$$

Wieder finden wir eine überaus interessante Proportionalitätskonstante, die Informationen über Einzelheiten der Dynamik von Stößen, wie sie in Abb. 1.5 veranschaulicht sind, enthält. Da wir nur wenig über die dynamischen Vorgänge wissen, schreiben wir kurz:

$$(\text{Geschwindigkeit})_L = k_L (p_{HI})^2 \qquad [1.14]$$

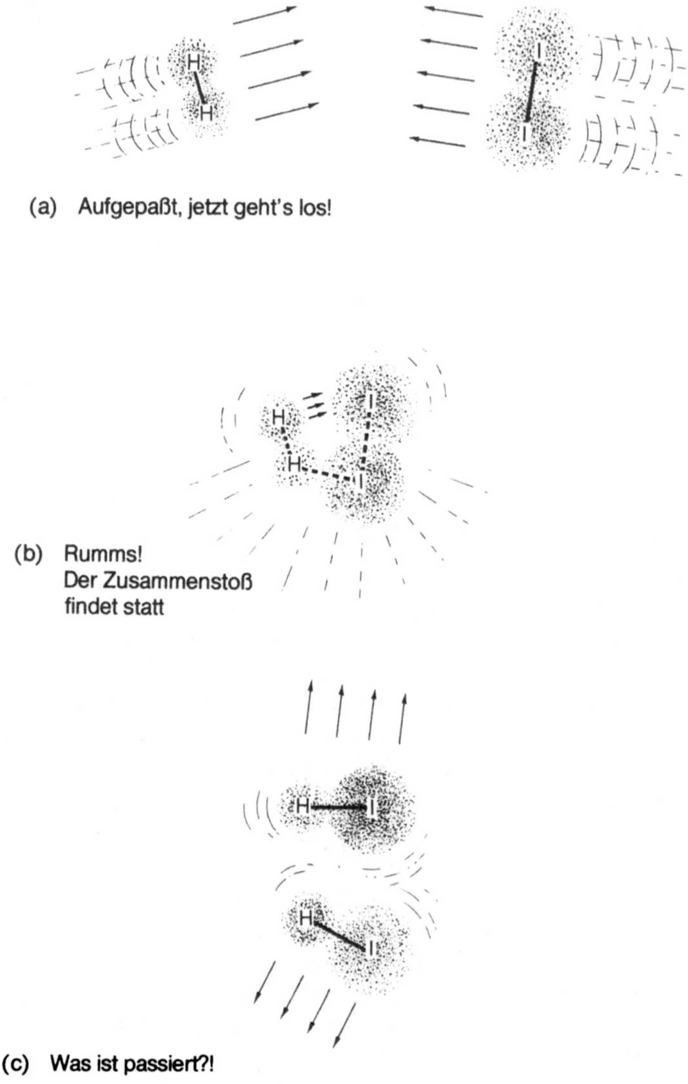

Abb. 1.4. Ein reaktiver Stoß zwischen einem Wasserstoff- und einem Jodmolekül, bei dem Jodwasserstoff gebildet wird.

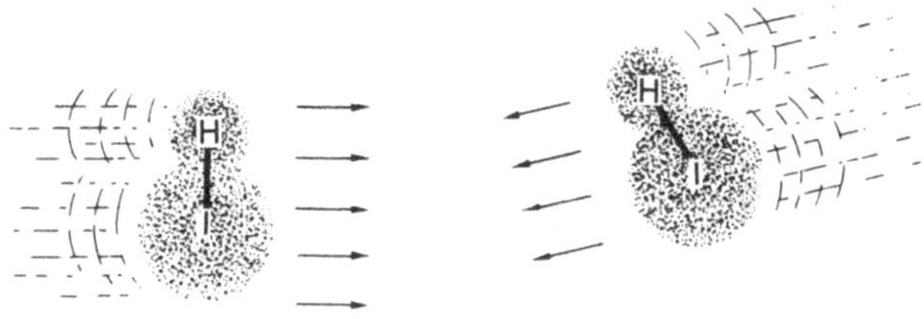

(a) **Festhalten!**

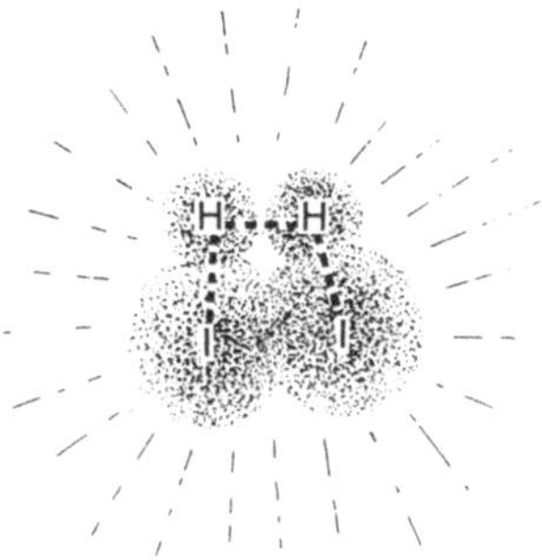

(b) **Aua!**

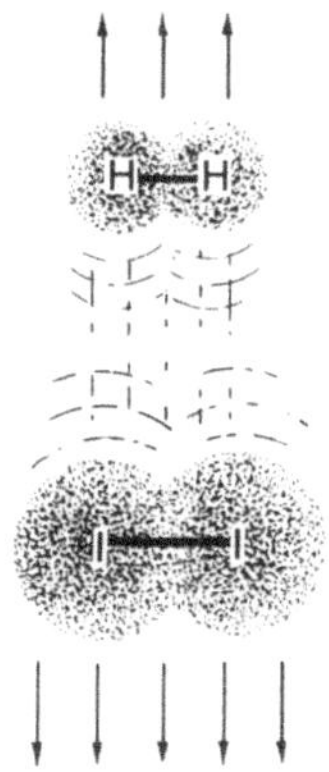

(c) **Was ist jetzt passiert?!**

Abb. 1.5. Zwei Jodwasserstoffmoleküle können ebenfalls zusammenstoßen, wobei Wasserstoff und Jod zurückgewonnen werden

c) Gleichgewicht: Ausgleich einander entgegengesetzter Reaktionen

Direkt nach Mischung von H_2 und I_2 läuft die Bildungsreaktion von HI, Reaktion [1.9], schnell ab. Dagegen ist die Geschwindigkeit, mit der H_2 und I_2 gemäß der Rückreaktion [1.12] zurückgewonnen werden null, da anfänglich kein HI vorhanden ist. Während die Reaktion fortschreitet, werden jedoch sowohl H_2 als auch I_2 verbraucht, so daß $(\text{Geschwindigkeit})_R$ absinkt. Gleichzeitig wird HI angesammelt, und $(\text{Geschwindigkeit})_L$ steigt an. Da dieser Vorgang, das Absinken von $(\text{Geschwindigkeit})_R$ und das Anwachsen von $(\text{Geschwindigkeit})_L$, weiter andauert, nähern sich beide Reaktionsgeschwindigkeiten einander und nehmen schließlich denselben Wert an. Dann wird die Menge des pro Zeiteinheit gebildeten HI gerade genau durch den Verlust aufgrund der Rückreaktion kompensiert. Trotz der fortwährenden Reaktion nach links und rechts besteht also ein dynamischer Ausgleich, und die Konzentrationen ändern sich nicht mehr. Das bezeichnen wir als Gleichgewicht. Es wird folgendermaßen charakterisiert:

Im Gleichgewicht: $(\text{Geschwindigkeit})_R = (\text{Geschwindigkeit})_L$ [1.15]

Setzen wir [1.11] und [1.14] in [1.15] ein, so erhalten wir

$$k_R (p_{H_2})(p_{I_2}) = k_L (p_{HI})^2 \qquad [1.16]$$

Damit

$$\frac{k_R}{k_L} = \frac{(p_{HI})^2}{(p_{H_2})(p_{I_2})} \qquad [1.17]$$

Der Quotient zweier Konstanten ist aber wieder eine Konstante, also $k_R/k_L = K$. Vergleichen wir die Beziehung [1.17] der Drücke mit dem Konzentrationszusammenhang [1.6], so sehen wir, daß das Gleichsetzen der Geschwindigkeiten von Vor- und Rückreaktion direkt zum Massenwirkungsgesetz führt *:

$$K = \frac{(p_{HI})^2}{(p_{H_2})(p_{I_2})} \qquad [1.18]$$

* Es sollte erwähnt werden, daß in [1.18] die Drücke auch durch die Konzentrationen ersetzt werden können. Da nämlich der Partialdruck (bei idealen Gasmischungen) proportional zur Konzentration ist und da sowohl im Zähler als auch im Nenner das Produkt zweier Partialdrücke steht, kürzt sich der Proportionalitätsfaktor heraus, so daß der numerische Wert von K unabhängig davon ist, ob die Zusammensetzung des Systems in Druckeinheiten, z. B. bar oder Pascal, oder in Konzentrationseinheiten, z. B. mol l^{-1} oder mol cm^{-3} angegeben wird. Im allgemeinen gilt das nicht, da normalerweise die Zahl der bei der Reaktion verbrauchten Moleküle nicht gleich der Zahl der neu gebildeten Moleküle ist.

d) Was ist gegen diese Ableitung einzuwenden?

Diese Ableitung des Massenwirkungsgesetzes mit Hilfe der Reaktionsgeschwindigkeiten hat große Vorzüge. Sie vermittelt ein dynamisches Bild des Gleichgewichtszustandes, eine Vorstellung, die jedem Chemiker geläufig ist. Obwohl eine Gleichgewichtsmischung makroskopisch statisch und ruhend erscheint, betrachtet sie der Chemiker anschaulich im molekularen Bild und stellt sich dabei vor, daß viele molekulare Prozesse stattfinden; Reaktanden treffen zusammen, wobei Produkte erzeugt werden, und gleichzeitig werden auch beim Zusammenstoß von Produkten wieder die Ausgangsstoffe gebildet. Er erkennt weiterhin, daß der statische Charakter durch das Gleichgewicht zwischen diesen einander entgegengesetzten Prozessen hervorgerufen wird. Diese dynamische Betrachtung des Gleichgewichts selbst und auch der Annäherung an das Gleichgewicht ist äußerst aufschlußreich.

Worin besteht nun aber der Einwand? Wenn tatsächlich alle Chemiker, und auch die strengsten unter ihnen, davon überzeugt sind, daß das Gleichgewicht einen dynamischen Charakter besitzt, daß es die Gleichheit der Geschwindigkeiten entgegengesetzter Reaktionen beinhaltet, warum haben dann trotzdem einige von ihnen noch Bedenken gegen die Ableitung des Massenwirkungsgesetzes mit Hilfe der Reaktionsgeschwindigkeiten? Die Antwort lautet, daß die Geschwindigkeitsüberlegung eine mikroskopische Vorstellung über *die Art und Weise, wie* die Reaktion abläuft, verlangt, die thermodynamische Begründung jedoch nicht. Wie bereits früher erwähnt, liegt eine der Hauptstärken der thermodynamischen Ableitungen gerade darin, daß sie völlig unabhängig von jeder Vorstellung sind, die wir uns über chemische Prozesse auf mikroskopischer Ebene machen. Man kann – wohlgemerkt durchaus sinnvoll – darüber diskutieren, ob der Mechanismus der H_2-I_2-Reaktion so einfach ist, wie er in Abb. 1.4 und 1.5 dargestellt ist. Tatsächlich verdient dieses Problem eine ausführliche Behandlung.

e) Zurück zur Ableitung mit Hilfe der Reaktionsgeschwindigkeiten · Welche Konsequenzen ergeben sich, wenn unser Reaktionsmechanismus falsch ist?

Glücklicherweise läßt sich zeigen, daß die Herleitung des Massenwirkungsgesetzes mit Hilfe der Reaktionsgeschwindigkeiten unabhängig vom zugrunde gelegten Reaktionsmechanismus ist. Gerade die H_2-I_2-Reaktion ist ein sehr schönes aktuelles Beispiel, da ihr

Mechanismus erst kürzlich in Frage gestellt wurde. *John H. Sullivan* schlug vor kurzem vor, daß diese Reaktion, die nur bei erhöhter Temperatur schnell abläuft, in Wirklichkeit über die thermische Dissoziation des Jods und eine Reihe weiterer Folgereaktionen abläuft *:

$$I_2(g) \rightleftarrows 2I(g) \qquad [1.19]$$

$$I(g)+H_2(g) \rightleftarrows HI(g)+H(g) \qquad [1.20]$$

$$H(g)+I_2(g) \rightleftarrows HI(g)+I(g) \qquad [1.21]$$

Sullivan postulierte weiterhin, daß die Reaktion [1.20] weit langsamer ist als die Reaktion [1.21]. Das bedeutet, daß immer wenn [1.20] stattfindet (wobei ein Jodatom verbraucht wird), [1.21] sofort nachfolgt (wobei das Jodatom wieder ersetzt wird).

Diese Überlegungen beziehen sich auf die Geschwindigkeit der Reaktion im Zustand, wenn noch kein Jodwasserstoff vorhanden ist. Sie können aber auch auf den Gleichgewichtszustand angewendet werden. Das Gleichgewicht wird natürlich dadurch charakterisiert, daß die Zusammensetzung konstant bleibt. Daher muß die Geschwindigkeit, mit der H_2 verbraucht wird, gleich der Geschwindigkeit sein, mit der es gebildet wird. Alle Überlegungen, die bei der Ableitung [1.15] bis [1.18] zu Grunde gelegt wurden, können auch auf [1.20] angewendet werden:

$$I(g)+H_2(g) \underset{K_{L,20}}{\overset{K_{R,20}}{\rightleftarrows}} HI(g)+H(g) \qquad [1.22]$$

wobei

$$\text{Geschwindigkeit des } H_2\text{-Verbrauchs} = K_{R,20}(p_I)(p_{H_2})$$

und

$$\text{Geschwindigkeit der } H_2\text{-Produktion} = K_{L,20}(p_{HI})(p_H)$$

im Gleichgewicht:

$$K_{R,20}(p_I)(p_{H_2}) = K_{L,20}(p_{HI})(p_H) \quad ,$$

und daher

$$\frac{K_{R,20}}{K_{L,20}} = K_{20} = \frac{(p_{HI})(p_H)}{(p_{H_2})(p_I)} \qquad [1.23]$$

Wenn jedoch Reaktion [1.20] weder eine Nettoproduktion noch einen Nettoverbrauch an H_2 liefert, dann werden auch insgesamt keine H-Atome erzeugt oder verbraucht. Das bedeutet, daß die

* *J. H. Sullivan*, J. Chem. Phys. **46**, 73 (1967)

Konstanz der Zusammensetzung im Gleichgewicht *direkt zur Folge hat,* daß durch Reaktion [1.21], der einzigen weiteren Quelle für H-Atome, *ebenso* weder H-Atome erzeugt noch verbraucht werden. Noch einmal:

$$H(g) + I_2(g) \underset{K_{L,21}}{\overset{K_{R,21}}{\rightleftarrows}} HI(g) + I(g) \qquad [1.24]$$

wobei

$$\text{Geschwindigkeit des H-Verbrauchs} = K_{R,21}(p_H)(p_{I_2})$$

und

$$\text{Geschwindigkeit der H-Produktion} = K_{L,21}(p_{HI})(p_I)$$

Daher:

$$\frac{K_{R,21}}{K_{L,21}} = K_{21} = \frac{(p_I)(p_{HI})}{(p_H)(p_{I_2})} \qquad [1.25]$$

Damit haben wir zwei Beziehungen zwischen Drücken im Gleichgewicht gefunden: [1.23] und [1.25]. Keine von beiden läßt sich auf einfache Weise experimentell prüfen, da in beiden die Partialdrükke der Wasserstoffatome und der Jodatome auftreten. Diese beiden Bestandteile liegen aufgrund ihrer Reaktivität nur in unmeßbar kleinen Konzentrationen vor. Wir können aber beide Ausdrücke so miteinander verknüpfen, daß die nicht nachweisbaren Zwischenprodukte nicht mehr auftreten. Multiplikation von [1.23] mit [1.25] ergibt:

$$K_{20} \times K_{21} = \frac{(p_{HI})(p_H)}{(p_{H_2})(p_I)} \times \frac{(p_I)(p_{HI})}{(p_H)(p_{I_2})}$$

Berücksichtigt man, daß das Produkt zweier Konstanten wieder eine Konstante ist, $K_{20} \times K_{21} = K$, und kürzt, so ergibt sich:

$$\boxed{K = \frac{(p_{HI})^2}{(p_{H_2})(p_{I_2})}} \qquad [1.18]$$

Das ist genau dasselbe Ergebnis, das experimentell gefunden wurde und das auch unter Voraussetzung eines ganz anderen kinetischen Mechanismus' abgeleitet wurde.

Das ist kein Zufall. *Jeder mögliche Reaktionsmechanismus führt zu derselben Beziehung, die das Gleichgewicht beschreibt, dem Massenwirkungsgesetz!* Man kann in der Tat ein thermodynamisches

Argument finden, das diese Aussage bestätigt (Das Prinzip der mikroskopischen Reversibilität).*

Nach allem, was bisher gesagt wurde, gibt es also keinen Einwand dagegen, daß das Massenwirkungsgesetz durch Gleichsetzen der Geschwindigkeiten einander entgegengesetzter Reaktionen abgeleitet wird, so lange sichergestellt ist, daß das Ergebnis unabhängig davon ist, ob der zugrunde gelegte Mechanismus wirklich der wichtigste ist oder nicht. Wir befinden uns gewissermaßen in einer Einbahnstraße. Da man dasselbe Massenwirkungsgesetz für jeden beliebigen Mechanismus erhält, können wir dieses Gesetz insbesondere dadurch ableiten, daß wir die Geschwindigkeiten entgegengesetzter Reaktionen für einen möglichst einfachen Mechanismus gleichsetzen. Wenn wir damit die richtige Form des Massenwirkungsgesetzes gefunden haben, können wir umgekehrt daraus aber nicht schließen, daß dieser Mechanismus mit Sicherheit den wahren Reaktionsablauf beschreibt. Alle Mechanismen führen zu demselben Gesetz.

1.3. Gleichgewicht: Ein Zustand des dynamischen Ausgleichs

Da dieses mechanische Bild des Gleichgewichts in Übereinstimmung mit dem empirischen Massenwirkungsgesetz steht, sind wir geneigt, es als eine richtige Modellvorstellung anzusehen. Allgemein geht man heute davon aus, daß im Gleichgewichtszustand eines Reaktionssystems sowohl Reaktanden als auch Reaktionsprodukte vorhanden sind. Die makroskopischen Eigenschaften des Systems ändern sich nicht, weil aus den Reaktanden Produkte mit genau derselben Geschwindigkeit gebildet werden, mit der umgekehrt Reaktanden aus Produkten zurückgewonnen werden. Das Gleichgewicht liegt dann auf der Seite der Produkte, wenn bei gleichen Konzentrationen von Reaktanden und Produkten die Geschwindigkeit der Hinreaktion größer ist als die Geschwindigkeit der Rückreaktion. Mit fortschreitender Reaktion wird aber letztlich

---

* Der Beweis stützt sich wieder auf die Erfahrungstatsache, daß es unmöglich ist, ein perpetuum mobile zu konstruieren. Ein perpetuum mobile würde sich aber ergeben, wenn man zwei Mechanismen mit unterschiedlichen Massenwirkungsgesetzen für dieselbe Reaktion derart miteinander koppelt, daß der erste Mechanismus die Hinreaktion, der zweite die Rückreaktion beschreibt.

irgendeine hinreichend niedrige Konzentration der Reaktanden erreicht, bei der die Geschwindigkeiten der Hin- und Rückreaktion gleiche Werte annehmen. Gleichgewicht stellt sich ein.

Diese Vorstellung hat unmittelbar zur Folge, daß die Abgabe von Energie nicht allein für das Reaktionsvermögen verantwortlich sein kann. Der Vorschlag von *Berthelot*, der im Prolog diskutiert wurde, nach dem Reaktionen stets so ablaufen, daß dabei Energie freigesetzt wird, ist bereits im Voraus verworfen worden. Bei der Reaktion zwischen H_2 und I_2 wird Energie frei; und doch findet auch die entgegengesetzte Reaktion zwischen zwei HI-Molekülen statt. Wie Tab. 1.1 zeigt, läuft sie sogar in genügendem Ausmaß ab, so daß die Gleichgewichtsmischung beträchtliche Mengen aller Komponenten, H_2, I_2 und HI, enthält. Trotzdem sind Energieeffekte bei chemischen Reaktionen für uns äußerst wichtig. Wir werden sehen, daß *für das thermodynamische Verständnis spontaner Umwandlungen und des Gleichgewichtszustandes die auftretenden Energieumwandlungen von Wichtigkeit* sind. Unter Berücksichtigung der Tatsachen, daß die Lage des Gleichgewichts nicht allein durch Energieumwandlungen bestimmt ist und daß sogar endotherme Reaktionen freiwillig ablaufen, wollen wir uns nun der Untersuchung von Reaktionswärmen zuwenden.

Die in einem Raketentriebwerk verbrennenden Treibstoffe erzeugen große Mengen an Wärme und an Gasen, die sich schnell ausdehnen und dadurch riesige Satelliten in den Weltraum befördern. Die von Tieren aufgenommene Nahrung wird im Körper in eine Energieform umgewandelt, die in den Muskeln für eine Vielzahl von alltäglichen Arbeiten genutzt werden kann. Ein Chemiestudent kann im Labor beobachten, daß sich beim Auflösen von Salz in Wasser die Lösung merklich abkühlt. Will ein Elektroingenieur ein Elektroauto konstruieren, so benötigt er dazu eine Batterie, die elektrische Energie genauso billig erzeugt, wie eine Verbrennungsmaschine mechanische Energie aus Benzin. Es ist offensichtlich, daß die Umwandlung von Energie einen wesentlichen Teil unseres täglichen Lebens ausmacht, und es ist daher nicht überraschend, daß das Studium dieser Energieeffekte eine wichtige Sparte der Chemie darstellt. Bevor wir aber mit der Untersuchung der Thermodynamik von Energieumwandlungen beginnen, wollen wir unsere Aufmerksamkeit auf die Vorgänge auf molekularer Ebene richten, um unser Wissen von den Ursprüngen dieser Energieeffekte zu vertiefen.

2. Energie und chemische Umwandlung

2.1. Molekulare Energieformen

a) Kinetische Energie

Energie der Bewegung wird als kinetische Energie bezeichnet. Die Physik lehrt uns, daß die kinetische Energie eines Körpers mit der Masse *m*, der sich mit einer Geschwindigkeit *v* fortbewegt, gegeben ist durch:

$$\mathrm{KE} = \frac{1}{2} m v^2 \qquad [2.1]$$

Die kinetische Energie, die sich aus der Schwerpunktsbewegung eines Körpers ergibt, wird als Translationsenergie $\mathrm{KE}_{\mathrm{trans}}$ bezeichnet. Ein Satellit in seiner Erdumlaufbahn, ein schnell fahrendes Auto, ein Gasmolekül oder ein Elektron im Atom – alle besitzen kinetische Translationsenergie.

Es gibt aber neben der Translationsbewegung noch andere Bewegungsformen. Wenn wir ein fahrendes Auto genauer betrachten, so finden wir, daß es in seinem Innern von bewegten Teilen wimmelt. Kolben bewegen sich auf und ab, Räder drehen, Ventile öffnen und schließen sich. Jede dieser Einzelbewegungen liefert ihren eigenen Beitrag zur *gesamten* kinetischen Energie des fahrenden Autos. Wir könnten schreiben:

$$(\mathrm{KE})^{\mathrm{Auto}}_{\mathrm{gesamt}} = \mathrm{KE}_{\mathrm{trans}} + \mathrm{KE}_{\mathrm{Kolben}} + \mathrm{KE}_{\mathrm{Räder}} + \mathrm{KE}_{\mathrm{Ventile}} + \dots \qquad [2.2]$$

Einige dieser Beiträge sind möglicherweise klein im Vergleich zum Anteil der Schwerpunktsbewegung. Trotzdem müssen sie im Rahmen einer vollständigen Behandlung berücksichtigt werden. Einige von ihnen sind auch dann noch von Null verschieden, wenn der Wagen anhält, der Motor aber weiterläuft.

Genauso wie bei Autos, findet man auch bei Atomen und Molekülen Bewegungen, die komplizierter sind als einfache Translationsbewegungen. Ein Heliumatom in der Gasphase z. B. besitzt zwei negativ geladene Elektronen, die sich im Feld des positiven Kerns bewegen. Jedes Elektron hat seine eigene kinetische Energie, so daß wir für die gesamte kinetische Energie eines Heliumatoms schreiben müssen:

$$(KE)_{He} = KE_{trans} + KE_{Elektron 1} + KE_{Elektron 2} \quad [2.3]$$

Die kinetische Energie der Elektronen bleibt auch dann noch unverändert, wenn das Heliumatom „angehalten wird", d. h. wenn sich sein Schwerpunkt in Ruhe befindet, so daß gilt $(KE)_{trans} = 0$.

In Molekülen sind die Verhältnisse noch verwickelter. Zusätzlich zur kinetischen Energie für die Translationsbewegungen des Moleküls als ganzes und der einzelnen Elektronen gibt es zwei weitere Beiträge: In der Gasphase müssen wir neben den Schwingungen der Atome relativ zueinander auch die Rotation des gesamten Moleküls berücksichtigen. Die drei verschiedenen Bewegungsformen der Atomkerne, die zur gesamten kinetischen Energie beitragen, sind in Abb. 2.1 für das XeF_2 Molekül veranschaulicht. Die gesamte kinetische Energie irgendeines Moleküls können wir darstellen als:

$$(KE)_{Molekül} = KE_{trans} + KE_{Elektronen} + KE_{Schwingungen} + KE_{Rotationen} \quad [2.4]$$

Natürlich finden alle Bewegungsformen gleichzeitig statt. Selbst ein so einfaches Molekül wie XeF_2 würde uns als ein lebhaftes kleines Etwas erscheinen, wenn wir es nur beobachten könnten. *

In Festkörpern und Flüssigkeiten ist die Behandlung der kinetischen Energie nicht so einfach wie in der bisher diskutierten Gasphase. Dichte Packung und starke Kräfte zwischen den Molekülen zwingen diese dazu, sich um feste Plätze herumzubewegen. Die inneren Molekülschwingungen werden davon i. a. nur wenig betroffen, aber die Translations- und Rotationsbewegungen, die man in der Gasphase findet, sind in kondensierten Phasen im allgemeinen stark behindert.

b) Potentielle Energie

Stellen wir uns einen Wagen am steilen Abhang eines Hügels vor (Abb. 2.2). Aus Erfahrung wissen wir, daß der Wagen bei plötz-

* Für den Leser mag es zunächst unverständlich erscheinen, daß wir einem unsichtbaren Objekt mit derartiger Gewißheit bestimmte Eigenschaften zuordnen können. Tatsächlich aber zeigen Messungen der Molekülspektroskopie, daß das obige Bild der Molekülbewegungen wirklich zutreffend ist.

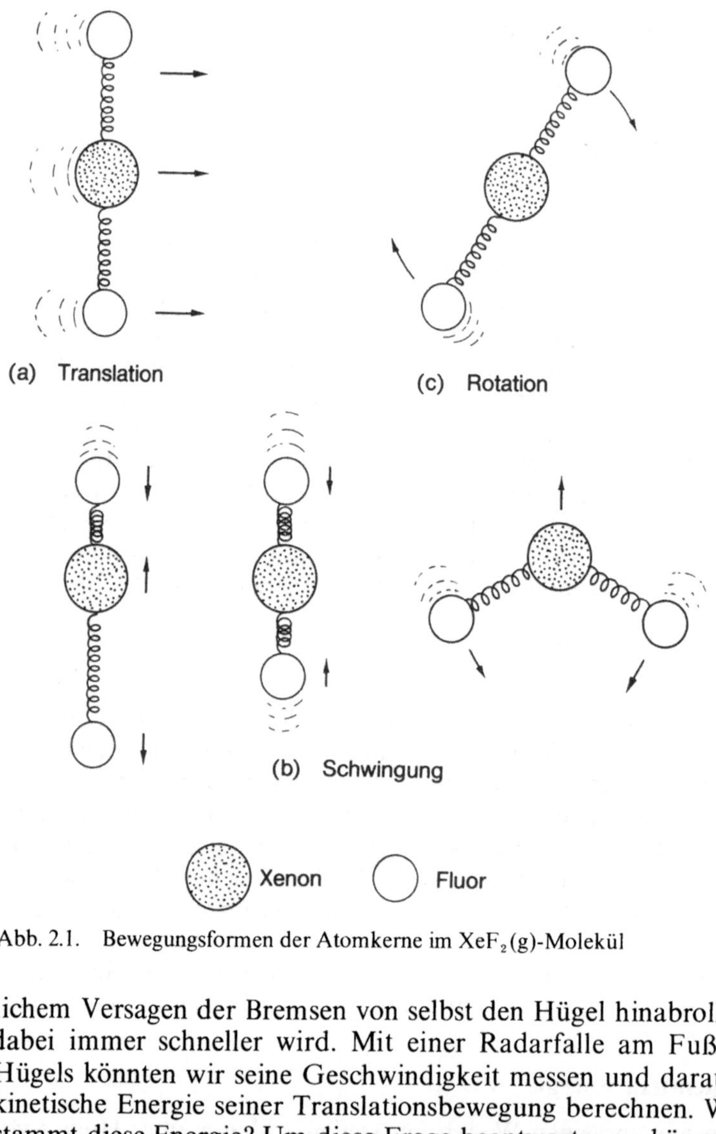

Abb. 2.1. Bewegungsformen der Atomkerne im XeF_2(g)-Molekül

lichem Versagen der Bremsen von selbst den Hügel hinabrollt und dabei immer schneller wird. Mit einer Radarfalle am Fuße des Hügels könnten wir seine Geschwindigkeit messen und daraus die kinetische Energie seiner Translationsbewegung berechnen. Woher stammt diese Energie? Um diese Frage beantworten zu können, erfand man eine neue Energieform; denn man wollte die Vorstellung aufrecht erhalten, daß Energie bei gewöhnlichen Prozessen weder erzeugt noch vernichtet, sondern lediglich in eine andere Form umgewandelt werden kann. In seiner Ausgangsposition hatte der Wagen die Möglichkeit (Potentialität) den Hügel hinabzurollen und

Abb. 2.2.
a) der Wagen besitzt nur potentielle Energie
b) der Wagen rollt freiwillig den Hügel hinab
c) die gesamte potentielle Energie ist in kinetische Energie umgewandelt worden.

dabei kinetische Energie zu gewinnen. Daher schreiben wir dem Wagen auf der Spitze des Hügels einen gewissen Energieinhalt zu, der bei Bedarf freigesetzt werden kann. Diese gespeicherte Energie hängt vom Ort des Wagens ab und heißt *„potentielle"* Energie. Genaue Messungen ergäben, daß die kinetische Energie, die der Wagen schließlich erlangt, proportional zur Höhe des Hügels ist. Genauer ergibt sich die potentielle Energie des Wagens auf dem Hügel als

$$PE = m \cdot g \cdot h \quad , \qquad [2.5]$$

dabei ist h die Höhe über der Talsohle, m die Masse des Wagens und g die Gravitationskonstante.

Auch Atome und Moleküle besitzen potentielle Energie. Atome in Molekülen werden durch Kräfte zusammengehalten, die im wesentlichen durch die elektrische Anziehung zwischen positiv geladenen Atomkernen und negativ geladenen Elektronen bestimmt sind. Wird eine Bindung gebildet, so werden diese anziehenden Kräfte gerade von den Abstoßungskräften z. B. zwischen gleichnamig geladenen Paaren von Elektronen oder Kernen aufgehoben. Elektrische Wechselwirkungen sind daher eine Ursache für die potentielle Energie der Moleküle. Wenn bei chemischen Reaktionen Energie freigesetzt oder aufgenommen wird, so liegt der Grund darin, daß chemische Bindungen neu gebildet und andere gebrochen werden, wobei sich die potentielle Energie ändert.

Wir können die möglichen Ursachen der potentiellen Energie von Molekülen folgendermaßen zusammenfassen:

$$PE_{\text{Molekül}} = PE_{\text{Elektron-Kern}} + PE_{\text{Elektron-Elektron}} + PE_{\text{Kern-Kern}} \qquad [2.6]$$

$PE_{\text{Elektron-Kern}}$ beschreibt die (i. a.) anziehende Elektron-Kern-Wechselwirkung

$PE_{\text{Elektron-Elektron}}$ beschreibt die (i. a.) abstoßende Elektron-Elektron-Wechselwirkung

$PE_{\text{Kern-Kern}}$ beschreibt die (i. a.) abstoßende Kern-Kern-Wechselwirkung

Bisher haben wir den enormen Energieinhalt der Atomkerne noch nicht erwähnt, der durch die Anziehungskräfte zwischen den Kernbausteinen, den Neutronen und den Protonen, zustande kommt. (Die Natur dieser Kräfte hat man bis heute noch nicht vollständig verstanden.) Die Energiebeträge, welche bei normalen chemischen Reaktionen freigesetzt oder aufgenommen werden, reichen jedoch bei weitem nicht aus, um die Bindungen im Kerninneren zu beeinflussen. Daher treten Änderungen der potentiellen Energie der Kernbausteine unter normalen Bedingungen nicht auf. Systeme, in denen tatsächlich Kernbindungsverhältnisse verändert werden, können ungeheure Energiemengen abgeben. Derartige Prozesse sind verantwortlich für die Energieproduktion in der Sonne und den Kernkraftwerken und auch für die fürchterliche, zerstörende Kraft einer Wasserstoffbombe.

c) Gesamtenergie

Die Gesamtenergie eines Moleküls ergibt sich als Summe der verschiedenen Beiträge zur potentiellen und zur kinetischen Energie, die wir gerade diskutiert haben:

$$E_{\text{gesamt}} = \text{KE} + \text{PE}_{\text{Molekül}} + \text{PE}_{\text{Kerne}} \qquad [2.7]$$

Man kann sich vorstellen, daß die Bestimmung von E_{gesamt} schon für ein einzelnes Molekül eine beinahe unlösbare Aufgabe darstellt; völlig utopisch ist sie aber im Falle eines Mols von Molekülen (ein Mol enthält etwa $6 \cdot 10^{23}$ Moleküle). Der Zweig der Naturwissenschaft, der sich mit der Berechnung von absoluten Energiewerten beschäftigt, ist die statistische Mechanik oder die statistische Thermodynamik.

Der Chemiker braucht aber oft den *Absolutwert* der Energie E_{gesamt} des Systems, das er in seinem Reagenzglas untersucht, gar nicht zu kennen. Normalerweise reicht es aus, wenn er nur die Energie*änderung* während des ablaufenden chemischen Prozesses kennt. Er möchte wissen, ob eine Umwandlung unter Wärmeaufnahme stattfindet, so daß das Reagenzglas während des Ablaufes der Reaktion erhitzt werden muß, oder ob umgekehrt Wärme freigesetzt wird, so daß die Reaktion als Energiequelle für irgendwelche Nutzanwendungen dienen könnte. Diese eingeschränkte Aufgabenstellung vereinfacht die Verhältnisse weitgehend. Wir brauchen jetzt lediglich eine Methode zu finden, wie man den Energiebetrag messen kann, der während eines chemischen Prozesses freigesetzt oder aber verbraucht wird. Wir brauchen uns auch nicht den Kopf darüber zu zerbrechen, in welcher Weise diese Energie auf die Reaktandenmoleküle und die Produktmoleküle verteilt ist. Die interessierende Größe ist die

$$\text{Energieänderung} = \Delta E \quad , \qquad [2.8]$$

wobei

$$\Delta E = [E_{\text{gesamt}}(\text{Produkte})] - [E_{\text{gesamt}}(\text{Reaktanden})] \qquad [2.9]$$

$$= [(\text{KE}+\text{PE})_{\text{Produkte}}] - [(\text{KE}+\text{PE})_{\text{Reaktanden}}]. \qquad [2.10]$$

Da die Kernbindungsenergie sich während der uns interessierenden chemischen Reaktionen nicht ändert, ist der Ausdruck PE_{Kerne} aus Gleichung [2.7] für Reaktanden und Reaktionsprodukte derselbe und tritt in Gleichung [2.10] nicht auf.

d) Warum kümmern wir uns um diese Dinge?

Warum haben wir uns aber mit der Diskussion der Molekülschwingungen, Rotationen, kinetischen Energie der Elektronen und dergleichen herumgeplagt, wenn doch die chemische Thermodynamik, das Thema dieser Monographie, auch ohne die Kenntnis darüber auskommt, wie die Energie auf molekularer Ebene verteilt ist? Warum kümmern sich Chemiker überhaupt darum? Die Antwort ist einfach. Die Bestimmung der Energiebeträge, die während eines chemischen Prozesses ausgetauscht werden, trägt allein noch nichts zum Verständnis der Vorgänge auf molekularer Ebene bei. Der Chemiker, der sich die Aufgabe gestellt hat, bekannte chemische Umwandlungen zu erklären und andere vorherzusagen, erkennt bald, daß dazu neben der Kenntnis des Ausmaßes der Reaktion auch ein fundiertes Wissen über Einzelheiten des Reaktionsablaufes, des Reaktionsmechanismus, notwendig ist. *Die chemische Thermodynamik selbst benötigt aber ein solches mikroskopisches Bild von den chemischen Vorgängen nicht.*

2.2. Energieerhaltung

Energie bleibt erhalten. Kein anderer Grundsatz der Physik gilt allgemeiner, d. h. kein anderer Grundsatz läßt sich nutzbringend auf so vielen verschiedenen Gebieten anwenden wie dieser Energieerhaltungssatz. Und doch beruht diese Aussage auf einem abstrakten Bild von einer Größe, die noch niemals direkt gemessen worden ist. Wir messen Geschwindigkeit und Masse und berechnen daraus die Energie der Bewegung. Wir messen eine Höhe (aber von welcher Talsohle aus?) und bestimmen daraus die Energie der Lage. Wir untersuchen einige Mol einer Substanz und schließen auf ihre chemische Energie. Wir bestimmen die Dichteänderung von Quecksilber und machen dann Aussagen über den Wärmeaustausch. Oft wird die Existenz eines Energiebetrages oder einer Energieform hauptsächlich dadurch bewiesen, daß der Energieerhaltungssatz scheinbar verletzt ist. Er ist erst dann wieder gültig, wenn man voraussetzt, daß eine bisher unberücksichtigte Energieform auftritt. Ein klassisches Beispiel dafür war die Vorhersage eines noch nicht nachgewiesenen Elementarteilchens, des Neutrinos. Es wurde postuliert, damit der Energieerhaltungssatz auch beim β-Zerfall eines Atomkernes * seine Gültigkeit behält. Ein anderes Beispiel mit noch weiter reichenden Konsequenzen war *Einsteins* Ableitung der Beziehung $E=mc^2$ (E=Energieinhalt einer ruhenden Masse m; c=Lichtgeschwindigkeit), wonach auch Materie (Masse) selbst als Energieform angesehen werden muß.

Um diesen abstrakten und vielseitigen Begriff der Energie besser zu verstehen und zu lernen, damit zu arbeiten, wollen wir ein paar einfache Prozesse untersuchen. Wir wollen dabei herausfinden, in welcher Weise Energie beobachtbar ist und in welchen Erscheinungsformen sie während dieser Vorgänge auftritt. Zunächst müssen wir jedoch einige einfache Begriffe genauer definieren.

a) Die Sprache der Thermodynamik

Fast immer ist es nützlich, die Eigenschaften nur eines begrenzten Teils unserer Umwelt zu betrachten und zu untersuchen – beispielsweise ein halbes Mol Ammoniak-Gas in einem 2 l-Kolben, 200 Milliliter 1,5-molare Kaliumpermanganat-Lösung in einem Becherglas, einen 100 l-Kühlschrank mit Inhalt. Wir nennen einen derartig abgegrenzten Teil unserer Umgebung ein *System.* Wenn diese Grenzen eindeutig gekennzeichnet und sorgfältig eingehalten werden, dann kann irgend jemand anderer einen genau gleichartigen Teil unserer Umgebung untersuchen, also z. B. ein weiteres halbes Mol NH_3 in einem anderen 2 l-Kolben und so weiter. Er kann dann unsere Messungen und Beobachtungen nachvollziehen, um unsere Ergebnisse zu überprüfen oder zu ergänzen und damit unser Wissen zu erweitern. Dadurch, daß wir unser Interesse auf einen eindeutig definierten Teil der Umgebung beschränken, lassen sich unsere Untersuchungen wesentlich vereinfachen und unsere Schlußfolgerungen präziser formulieren. Ein System, das kein an-

* Beim β-Zerfall eines instabilen Atomkerns entsteht aus einem Neutron ein Elektron (β-Teilchen), ein Proton und ein Neutrino. (Anm. d. Übers.)

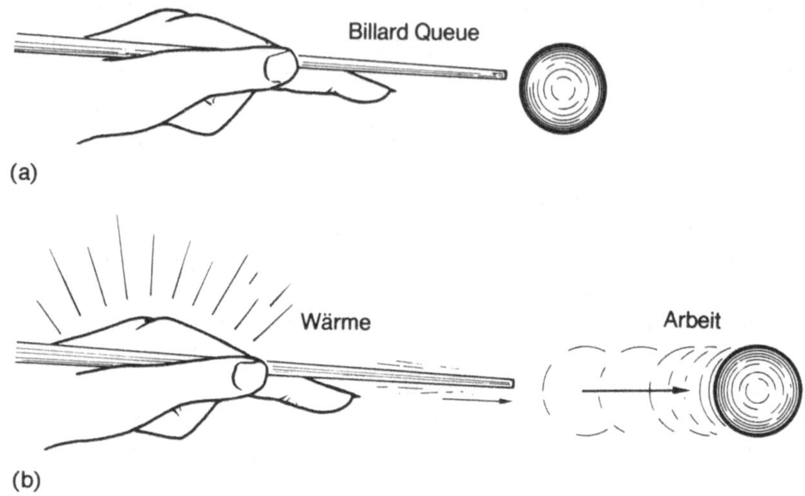

Abb. 2.3. Energieaustausch.
a) Energie ist in den Muskeln des Spielers gespeichert
b) Energie wird als Wärme (Reibung an der Hand) und als (an der Kugel geleistete) Arbeit ausgetauscht.

deres System beeinflussen kann und auch selbst nicht von einem anderen System beeinflußt werden kann, wird als *abgeschlossenes* System bezeichnet. Alle anderen Systeme, mit denen das von uns betrachtete System z. B. Energie austauschen kann, werden unter dem Namen *Umgebung* zusammengefaßt. (Zum Beispiel könnte die Umgebung unseres Systems ein Wärmebad konstanter Temperatur sein, in dem unser 2 l-Kolben mit NH_3 eingebettet ist; oder zusammen mit der umgebenden Luft eine Wärmeplatte, auf der das Becherglas mit Kaliumpermanganat steht; oder wenn wir keine genaueren Aussagen machen können, dann können wir stets den Rest des Weltalls als Umgebung eines Systems ansehen.)

b) Energieaustausch

Wir wollen das in Abb. 2.3 dargestellte einfache mechanische System betrachten. In dem Moment, wenn die Billardkugel vom Queue getroffen wird, findet ein Energieaustausch statt. In der formalen Sprache der Physik müßte man sagen, daß an der Kugel Arbeit geleistet wird, dadurch daß sie (hoffentlich) auf die gewünschte Bahn gestoßen wird. Energie ist auf die Kugel übertragen worden. Zu gleicher Zeit hat sich aber die Hand des Spielers durch Reibung geringfügig erwärmt, weil das Queue an seinen Fingern entlanggleitet. Ein Teil der Energie, die der Spieler auf das Queue überträgt, wird ihm durch Reibung als Wärme wieder zugeführt. Es ist also Energie ausgetauscht worden, ein Teil als Wärme und der Rest als Arbeit. Beides sind Übertragungsformen der Energie, mit denen wir uns beim Studium der chemischen Thermodynamik beschäftigen werden.

c) Wärme als Energieform

Die Vorstellung, daß die in einer Reibungsbewegung verschwendete Energie als Wärme verloren geht, ist uns geläufig. Noch vor 150 Jahren nahm man jedoch an, daß Wärme ein Stoff sei, den man Caloricum nannte und der stets von einem wärmeren auf einen kälteren Körper übertragen wird. Die Thermodynamik oder Wärmelehre entwickelte sich erst zu einem Zweig der exakten Naturwissenschaft, nachdem *Count Rumford* im Jahre 1798 beobachtet hatte, daß offenbar eine unerschöpfliche Wärmemenge erzeugt wird, wenn man den Lauf eines Kanonenrohres ausbohrt. Es erschien ihm seltsam, daß eine gegebene Menge an Eisen anscheinend unbegrenzte Mengen von Caloricum enthalten sollte. Diese Zweifel veranlaßten ihn, ein kontrolliertes Experiment auszuführen, bei dem die von einem stumpfen Bohrer erzeugte Wärme auf ein Gefäß mit kaltem Wasser übertragen wurde. Er beobachtete Folgendes:

„... nur wenig später wurde das Wasser, das den Zylinder umgab, spürbar wärmer ... Nach zwei Stunden und zwanzig Minuten war es bereits bei 200; nach zwei Stunden und dreißig Minuten *kochte es sogar!* ... Man braucht kaum hinzuzufügen, daß es unmöglich eine materielle Substanz sein kann, was unbeschränkt von einem *von der Außenwelt abgeschlossenen* Körper oder von einem System von Körpern erzeugt werden kann: Mir erscheint es darüber hinaus äußerst schwierig, wenn nicht sogar völlig unmöglich, sich unter dem, was in gleicher Weise erzeugt und übertragen werden kann wie die Wärme in diesen Experimenten, etwas anderes vorzustellen als BEWEGUNG.“ *

Heute, über 150 Jahre später, fällt es uns schwer zu verstehen, wie erstaunt *Rumford* über die Ergebnisse seiner Beobachtungen

---

* *W. F. Magie,* A Source Book in Physics, S. 158 – 161, Harvard University Press, Cambridge, 1963

war. Was aber ist an seiner Schlußfolgerung, daß Wärme *Bewegung* ist, so erstaunlich? Mit unseren weit entwickelten Vorstellungen und unserem bis ins einzelne gehenden Wissen über atomare und molekulare Vorgänge können wir leicht verstehen, daß eine Temperaturerhöhung nur ein makroskopisches Merkmal für den Anstieg der kinetischen Energie der Teilchen eines Körpers ist. *Rumford* aber dachte noch nicht einmal im Traum an Atome und Moleküle!

d) Der Erste Hauptsatz der Thermodynamik

Der Erste Hauptsatz der Thermodynamik beinhaltet nur die Feststellung, daß Energie während jedes beliebigen Prozesses erhalten bleibt. Energie wird weder erzeugt noch vernichtet, sondern lediglich in andere Formen umgewandelt. *Rumfords* Arbeit zeigt, daß es notwendig ist, auch Wärme innerhalb des Energieerhaltungssatzes zu berücksichtigen. Auf einen chemischen Prozeß, wie etwa die Verbrennung von Propangas

$$C_3H_8(g) + 5O_2(g) \rightarrow 3CO_2(g) + 4H_2O(g) \qquad [2.11]$$

angewendet sagt der Erste Hauptsatz aus, daß bei der Reaktion Energie entweder freigesetzt oder aufgenommen wird, da sich die potentielle Energie, die in den Reaktanden (1 Mol Propan und 5 Mol Sauerstoff) gespeichert ist, von derjenigen unterscheidet, die in den Reaktionsprodukten (3 Mol Kohlendioxid und 4 Mol Wasserdampf) gespeichert ist. Ein Teil dieser Energie kann als Wärme, ein anderer Teil als Arbeit (etwa diejenige Arbeit, die geleistet werden muß, um Luft zu verdrängen) abgegeben werden. Bei vorgegebener Menge von Propan ist jedoch die Summe von Wärme und Arbeit stets dieselbe. Quantitativ kann das folgendermaßen ausgedrückt werden.

$$\Delta E = E_{\text{Ende}} - E_{\text{Anfang}} \qquad [2.12]$$

Dabei ist ΔE die Energieänderung, die man erhält, wenn man das System aus dem Anfangs- in den Endzustand überführt.

$$\boxed{\Delta E = q - w} \qquad [2.13]$$

w = Arbeit, die *vom System geleistet* wird
q = Wärme, die *vom System aufgenommen* wird. *

* Formuliert man den Ersten Hauptsatz mit Hilfe der *am System geleisteten* (dem System zugeführten) Arbeit w' $(= -w)$, wie es international heute üblich ist, so ergibt sich $\Delta E = q + w'$. (Anm. d. Übers.)

Das Minus-Zeichen tritt auf, da eine Arbeitsleistung des Systems immer mit einem Energieverlust verbunden ist, während Wärmeaufnahme einen Energiegewinn bedeutet. Wenn man beide Größen auf diese Weise definiert, müssen sie mit entgegengesetztem Vorzeichen addiert werden. Diese spezielle Konvention hat einen historischen Hintergrund: Ingenieure, die sich mit der Entwicklung von Dampfmaschinen beschäftigten und dabei den Weg für die systematische Untersuchung der Thermodynamik bahnten, formulierten den Ersten Hauptsatz mit Hilfe derjenigen Größen, die sie zu messen gewohnt waren. Natürlich interessierten sie sich für diejenige Wärmemenge, die dem System zugeführt werden mußte (z. B. um einen Dampfkessel aufzuheizen) und für diejenige Arbeit, die dafür geleistet wurde.

e) Muß Energie tatsächlich erhalten bleiben?

Der Erste Hauptsatz beruht auf den Ergebnissen einer Unmenge experimenteller Untersuchungen. Wir können zwar nicht mit Sicherheit behaupten, daß Energie erhalten bleiben *muß,* aber wir wissen aufgrund jahrhundertelanger naturwissenschaftlicher Erfahrung, daß der Energieerhaltungssatz bis zum heutigen Tage stets gültig *gewesen ist.* Um zu verstehen, wie eng der Erste Hauptsatz mit unserer Erfahrung zusammenhängt, brauchen wir uns nur einmal die Auswirkungen vorzustellen, die sich bei Verletzung dieses Satzes ergeben würden. Lange Zeit haben Ingenieure emsig das Ziel verfolgt, eine Maschine zu konstruieren, die mehr Nutzarbeit leistet als Antriebsenergie verbraucht. Eine derartige Maschine würde einen Widerspruch zum Ersten Hauptsatz darstellen, da sie Energie „erzeugte". Die Suche danach wurde mit Hochdruck betrieben, da man wußte, daß ein solches Gerät mehr Gewinn bringen würde als ein Münzautomat, der jedesmal, wenn man einen Groschen hineinsteckt, zwei Groschen ausspuckt. Unser Vertrauen in die Gültigkeit des Ersten Hauptsatzes hat ihren Grund in der Tatsache, daß eine derartige Maschine niemals erfunden wurde, obwohl es an Versuchen dazu nicht gefehlt hat. Nach allen Anstrengungen in der Vergangenheit sind wir davon überzeugt, daß es auch in Zukunft nicht anders sein wird. Daß Energie bisher stets erhalten geblieben ist, liefert die Grundlage für Voraussagen über zukünftige Experimente. Dies ist auch allgemein der Weg, der zu neuen wissenschaftlichen Erkenntnissen führt: Wir sammeln sorgfältig eine Reihe miteinander vereinbarer Fakten, stellen Theorien auf, um sie zu erklären, und benutzen diese Theorien schließlich als Grundlage für Voraussagen.

f) Chemische Arbeit

Energie kann von einem System auf ein anderes entweder durch Wärmeaustausch oder durch Arbeitsleistung übertragen werden. Es ist wichtig, dabei zu berücksichtigen, daß die Energie E eine charakteristische Eigenschaft eines Systems ist (nämlich die Summe aus potentieller und kinetischer Energie). Arbeit und Wärmestrom sind dagegen *keine* Eigenschaften des Systems, sondern dienen als *Mittel* zum Energieaustausch bei einer Umwandlung.

Es gibt viele verschiedene Arten von Arbeit. In der Chemie beschäftigen wir uns aber hauptsächlich mit elektrischer Arbeit und der Arbeit, die Gase verrichten, wenn sie sich ausdehnen. Elektrische Arbeit kann von einer elektrochemischen Zelle geleistet werden. Expansionsarbeit kommt dadurch zustande, daß sich die Volumina der beteiligten Systeme ändern; sie wird daher auch „Volumenarbeit" genannt. Im Zylinder eines Automotors leisten die expandierenden Gase Arbeit am Kolben; diese Arbeit wird dann zum Antrieb der Räder verwendet. Die aus einem offenen Reaktionsgefäß expandierenden Gase leisten Arbeit, indem sie die Luft verdrängen; diese Arbeit ist für uns verloren. Alle Arten von Arbeit, unabhängig davon ob sie nutzbar sind oder nicht, müssen berücksichtigt werden, damit unsere Energiebilanz stimmt.

Mechanische Arbeit wird dann geleistet, wenn ein Körper oder ein System entgegen einer Kraft verschoben wird. Mathematisch läßt sie sich folgendermaßen ausdrücken:

$$\begin{aligned}\text{Arbeit} &= \text{wirkende Kraft} \times \text{Verschiebung}\\ &= F \cdot \Delta r \qquad [2.14]\end{aligned}$$

Wir können die Volumenarbeit am Beispiel eines Gases, das sich innerhalb eines Zylinders ausdehnt und dabei einen Kolben gegen eine äußere Kraft F_a verschiebt, genauer untersuchen. Eine vereinfachte Darstellung einer Apparatur für dieses Experiment gibt Abb. 2.4.

Zu Beginn der Expansion ist die Kraft, die aufgrund des Gasdruckes auf den Kolben ausgeübt wird, entgegengesetzt gleich der äußeren Kraft. Wenn wir den Zylinder leicht erwärmen, steigt der Druck im Inneren an, und der Kolben wird soweit verschoben, bis die Kraft, die das Gas auf ihn ausübt, wieder genau entgegenge-

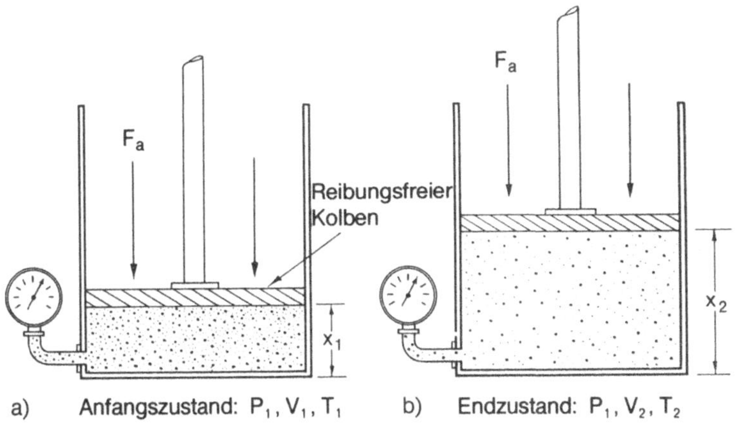

Abb. 2.4. Expansionsarbeit gegen eine konstante äußere Kraft (die etwa der Luftdruck hervorrufen könnte). Der am Meßgerät angezeigte Druck bleibt während des gesamten Prozesses konstant.

setzt gleich der äußeren Kraft ist. In Abb. 2.4. (b) ist der Zylinder aus seiner Ausgangsposition x_1 in eine neue Lage x_2 verschoben worden. Die bei der Bewegung entgegen der äußeren Kraft geleistete Arbeit ergibt sich als:

$$\text{Arbeit} = F_a \cdot \Delta x \qquad [2.15]$$

Wir können diese Gleichung durch leichter meßbare Größen ausdrücken (das ist stets ein Hauptziel der Naturwissenschaft), wenn wir die rechte Seite von [2.15] gleichzeitig mit der Querschnittsfläche A des Zylinders multiplizieren, und durch A dividieren:

$$\begin{aligned} \text{Arbeit} &= F_a \cdot \Delta x \cdot \frac{A}{A} \\ &= \frac{F_a}{A}(A \cdot \Delta x) \qquad [2.16] \end{aligned}$$

Wenn wir unser Experiment so ausführen, daß F_a immer genau die durch den Gasdruck im Inneren hervorgerufene Kraft kompensiert, dann ist der erste Ausdruck in [2.16], F_a/A (die Kraft pro Flächeneinheit), gerade gleich dem inneren Gasdruck P. Der zweite Ausdruck, $A \cdot \Delta x$, stellt die Volumenänderung ΔV des Zylinders während der Expansion dar. Damit nimmt [2.16] die folgende Form an:

$$\begin{aligned} \text{Arbeit} &= \frac{F_a}{A} \cdot [A \cdot \Delta x] \\ &= P \cdot \Delta V \\ &= P \cdot (V_2 - V_1) \qquad [2.16\text{a}] \end{aligned}$$

Der Erste Hauptsatz der Thermodynamik kann jetzt umgeschrieben werden, so daß er $P\Delta V$ (den expliziten Ausdruck für die Volumenarbeit) und w' (alle anderen Arten von Arbeit) enthält:

$$\boxed{\Delta E = q - P\Delta V - w'} \qquad [2.17]$$

oder falls $w' = 0$

$$\boxed{\Delta E = q - P\Delta V} \qquad [2.17\,a]$$

Dieses ist die für den Chemiker nützlichste Form des Ersten Hauptsatzes; denn sie gilt für den in der Praxis häufig auftretenden Fall einer Zustandsänderung bei konstantem Druck, bei der ausschließlich Expansions- oder Kompressionsarbeit geleistet wird. Eine graphische Darstellung der Expansions- bzw. Kompressionsarbeit gibt Abb. 2.5.

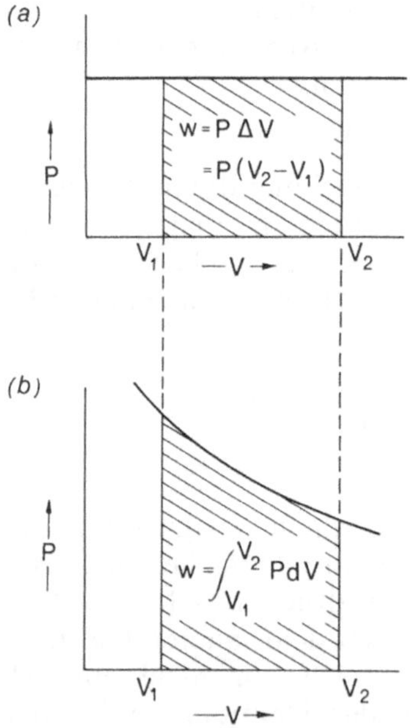

Abb. 2.5. Volumenarbeit wird graphisch durch die Fläche unter der $P(V)$-Kurve repräsentiert.

a) Konstanter Druck: $w = P\Delta V$

b) Veränderlicher Druck: Die Fläche ist durch das Integral $\int_{V_1}^{V_2} P\,\mathrm{d}V$ gegeben (siehe Anhang *A*).

Wenn der Druck wie im oberen Beispiel konstant gehalten wird, dann ist die geleistete Volumenarbeit numerisch gleich der schraffierten Fläche unter der $P(V)$-Kurve. Teil (b) dieser Abbildung zeigt ein Beispiel für eine Expansion, bei der der Druck nicht konstant bleibt. Die (beim Übergang von V_1 nach V_2) geleistete Arbeit wird zwar immer noch durch die schraffierte Fläche gegeben. Deren Wert wird nun jedoch mathematisch nicht mehr durch die einfache Beziehung [2.16a] ausgedrückt, sondern muß mit Hilfe der Methoden der Integralrechnung ermittelt werden. Im Moment brauchen wir noch nicht über die Einzelheiten der Integralrechnung Bescheid zu wissen. Es reicht aus, wenn wir uns merken, daß es mit ihrer Hilfe möglich ist, die schraffierten Flächen in Abbildung 2.5(a) und 2.5 (b) zu berechnen. Die Berechnung dieser Fläche, der Fläche unter der $P(V)$-Kurve, wird als *Integration* bezeichnet und durch das Integralzeichen $\int$ symbolisiert. Die Kurve $P(V)$ stellt den oberen Abschluß der schraffierten Fläche dar. Die Grenzen des Gebietes sind durch die Anfangs- und Endwerte des Volumens, V_1 und V_2, gegeben. Die schraffierte Fläche, die numerisch gleich der geleisteten Arbeit ist, kann nun dargestellt werden als:

$$w = \int_{V_1}^{V_2} P \, dV \qquad [2.18]$$

Der Ausdruck „dV" ist nur eine andere Bezeichnung für ΔV im Grenzfall, wenn die Volumendifferenz extrem klein wird. Man liest die Formel [2.18] folgendermaßen: „Die geleistete Arbeit ist gleich dem Integral von $P\,dV$ zwischen den Grenzen $V = V_1$ und $V = V_2$". Ausführlicher wird dieses Verfahren in Anhang A behandelt.

g) Energie, eine Zustandsfunktion

Wir wollen die in Abb. 2.6 dargestellte Situation betrachten. In Teil (a) liegt eine Kugel auf einem Hügel und hat eine potentielle Energie, die der Höhe des Hügels proportional ist. Wird die Kugel losgelassen, dann rollt sie abwärts, stößt gegen die andere Kugel und kommt dabei zur Ruhe. Ihre gesamte potentielle Energie ist verbraucht worden, ein Teil als Wärme durch die Reibung am Hang, ein anderer Teil als Arbeit, die an der zweiten Kugel geleistet wurde. Unsere Erfahrung aus ähnlichen Vorgängen, die im Ersten Hauptsatz zusammengefaßt ist, lehrt uns, daß der Gesamtenergiebetrag, der in Arbeit und Wärme umgesetzt wurde, genau gleich

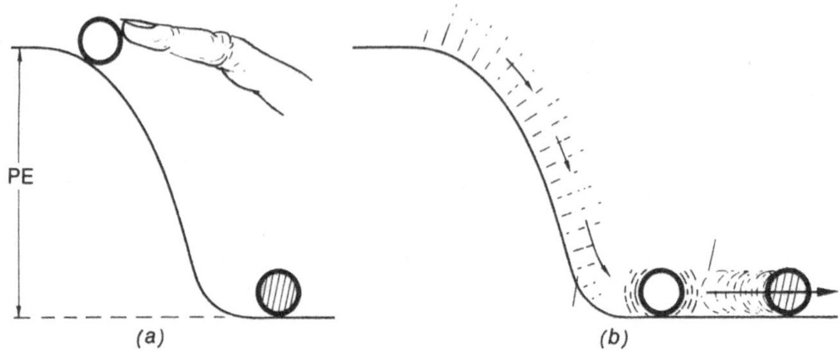

Abb. 2.6. Energie ist eine Zustandsfunktion.
Die potentielle Energie PE der unschraffierten Kugel in (a) wird vollständig auf den Hügel (als Wärme) und auf die andere Kugel (als Arbeit) in (b) übertragen.

dem Anfangswert der potentiellen Energie der Kugel ist, wenn ihr am Fuß des Hügels die potentielle Energie Null zugeordnet wird. Hätten wir den Hügel glatt geschliffen und damit die Reibung verringert, so wäre mehr Arbeit geleistet und weniger Wärme erzeugt worden. *Die Gesamtmenge an ausgetauschter Energie wäre dieselbe.* Tatsächlich ist der Gesamtenergiebetrag, der in einem beliebigen Prozeß freigesetzt wird, bei dem sich die Kugel vom Gipfel bis zum Fuß des Hügels bewegt, stets derselbe, *unabhängig davon wie diese Energie in Wärme und Arbeit aufgeteilt wird.*

Die potentielle Energie eines Moleküls hängt von der relativen Anordnung der Elektronen und der Kerne aller am Molekülaufbau beteiligten Atome ab. Wenn zwei Moleküle miteinander reagieren und ein drittes bilden, ordnen sich die Atome um, und auch die Elektronenverteilung relativ zu den Atomkernen ändert sich. Die potentielle Energie der Reaktionsprodukte unterscheidet sich dann (im allgemeinen) von denen der Reaktanden. Die Energieänderung ΔE hängt dabei nur von den Eigenschaften der Produkte und der Reaktanden ab. Wie im obigen Beispiel der Kugel, die einen Hügel hinunterrollt, kann jeder freigesetzte Energiebetrag in unterschiedlicher Weise in Arbeit und Wärme aufgeteilt werden. ΔE selbst behält aber für eine gegebene chemische Umwandlung stets denselben Wert.

Größen, die nur vom Zustand eines Systems abhängen, (wie etwa die Energie E) heißen *Zustandsfunktionen.* Andere Zustandsfunktionen sind z. B. Druck, Temperatur und Volumen. Offenbar ist der Begriff der Zustandsfunktion außerordentlich wichtig. Sobald wir einmal die Energieänderung für einen beliebigen Prozeß bestimmt haben, kennen wir sie auch für jeden anderen Vorgang, der dieselbe Zustandsänderung in unserem System zur Folge hat und deshalb auch dieselbe Energieänderung liefern muß. Das gilt sogar dann, wenn die relativen Mengen an Wärme und Arbeit, die mit der Umgebung ausgetauscht werden, völlig verschieden sind. Für einen vorgegebenen Anfangs- und Endzustand ist eine einzige Messung von ΔE ausreichend.

Man kann auf einfache Weise zeigen, daß die Volumenarbeit keine Zustandsfunktion ist. Wir wollen die $P(V)$-Diagramme in Abb. 2.7 betrachten. 0,01 mol eines Gases mit einem Anfangsdruck von $P_1 = 0{,}25$ bar* und einem Volumen von $V_1 = 20\ \text{cm}^3$ sollen sich bis zu einem Enddruck von $P_2 = 1$ bar und einem Endvolumen von $80\ \text{cm}^3$ ausdehnen. Diese Zustandsänderung kann wie in Abb. 2.7 (a) realisiert werden, indem zuerst der Druck durch Aufheizen des Gases bei konstantem Volumen bis zu seinem Endwert $P_2 = 1$ bar vergrößert wird. Dabei wird keine Arbeit geleistet, da $\Delta V = 0$ ist. Bei konstantem Druck dehnt sich das Gas nun durch weitere Erwärmung bis auf das Endvolumen V_2 aus (Abb. 2.7 (c)). Die hierbei geleistete Arbeit wird durch die schraffierte Fläche dargestellt und ergibt sich als:

$$\begin{aligned} w_1 &= P_2 \Delta V \\ &= P_2 (V_2 - V_1) \\ &= 1\ \text{bar}\,(80 - 20)\ \text{cm}^3 \\ &= 60\ \text{bar cm}^3 \\ &= 6\ \text{J} \end{aligned} \qquad [2.19]$$

Denselben Endzustand können wir wie in Abb. 2.7 (b) auf einem anderen Weg erreichen. Im ersten Schritt erhitzen wir das Gas, so daß es sich bei konstantem Druck $P_1 = 0{,}25$ bar bis zum Endvolumen V_2 ausdehnt. Anschließend wird es bei diesem konstanten Volumen weiter erwärmt, wobei der Druck ansteigt, bis der Endzustand (P_2, V_2) erreicht ist. Im zweiten Schritt wird keine Arbeit geleistet, da das Volumen konstant bleibt. Damit ist die gesamte geleistete Arbeit durch das Produkt $P \Delta V$ des ersten Schrittes gegeben und wird in Abb. 2.7 (b) durch die schraffierte Fläche dargestellt:

$$\begin{aligned} w_2 &= P_1 \Delta V \\ &= 0{,}25\ \text{bar}\,(80 - 20)\ \text{cm}^3 \\ &= 15\ \text{bar cm}^3 \\ &= 1{,}5\ \text{J} \end{aligned} \qquad [2.20]$$

* $1\ \text{bar} = 10^5\ \text{Pa} = 10^5\ \text{N m}^{-2} = 10^5\ \text{J m}^{-3}$

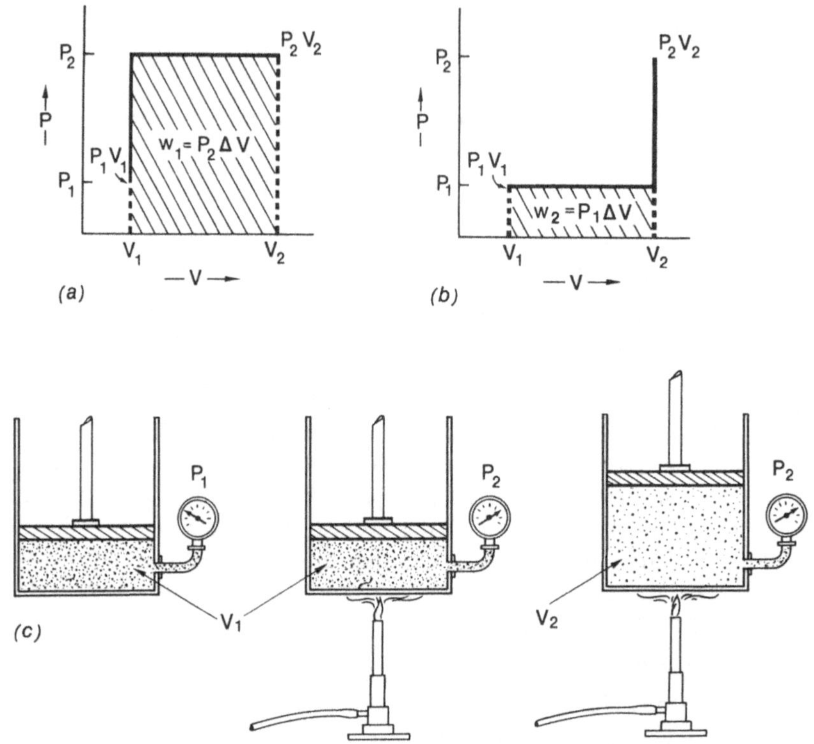

Abb. 2.7. Die Volumenarbeit ist keine Zustandsfunktion. Das Gas wird in einem Zylinder auf zwei unterschiedlichen Wegen (a) und (b) aus einem Zustand (P_1, V_1) in den Zustand (P_2, V_2) überführt. Die in beiden Fällen geleisteten Arbeitsbeträge sind unterschiedlich, was man anhand der schraffierten Flächen erkennt. Damit hängt die geleistete Arbeit vom Weg der Zustandsänderung ab. Teil (c) der Abbildung veranschaulicht den in (a) graphisch dargestellten Prozeß. Das Gas im Volumen V_1 steht unter einem Druck P_1 und wird erwärmt. Wenn der Kolben festgehalten wird, steigt der Druck auf den Wert P_2. Danach soll sich der Kolben so bewegen können, daß der Druck konstant bleibt und sich das Volumen vergrößert, bis es den Wert V_2 erreicht.

Die gesamte Zustandsänderung ist in diesen beiden Beispielen dieselbe, und doch sind die Beträge der jeweils geleisteten Arbeit unterschiedlich. Damit der Erste Hauptsatz erfüllt ist, müssen notwendigerweise auch die in beiden Fällen aufgenommenen Wärmemengen q verschieden sein. Nur ΔE, die Änderung der Zustandsfunktion nimmt bei beiden Prozessen denselben Wert an.

2.3. Thermochemie

Der Chemieingenieur, der eine Apparatur für chemische Prozesse bauen will, muß sich darüber Gedanken machen, wieviel Wärme zugeführt werden muß, damit eine Reaktion abläuft, oder welche Kühleinrichtungen notwendig sind, damit die bei einer Reaktion erzeugte Wärme abgeführt werden kann. Daher spielt der Anteil der Energieänderung, der als Wärme aufgenommen oder freigesetzt wird, in der Praxis eine große Rolle. Im nächsten Kapitel werden wir sehen, daß die Reaktionswärme die Lage des Gleichgewichts und damit die Ausbeute einer Reaktion wesentlich mitbestimmt. Im allgemeinen hängt der Wert von q davon ab, wie die Reaktion geführt wird. q ist aber selbst gleich der Änderung einer Zustandsfunktion, wenn die Reaktion entweder bei konstantem Volumen oder bei konstantem Druck ausgeführt wird. Beides sind Bedingungen, die in der Praxis leicht realisiert werden können. Wir wollen in diesem Abschnitt die charakteristischen Eigenschaften von q unter diesen speziellen Bedingungen untersuchen.

a) Definitionen und Einheiten

Wenn wir Wärmemengen messen wollen, benötigen wir eine allgemein verwendete Einheit. Früher wurde eine übertragene Wärmemenge in *Kalorien* (cal) gemessen. Eine Kalorie ist definiert als diejenige Wärmemenge, die notwendig ist, um die Temperatur von einem Gramm Wasser von 14,5 °C auf 15,5 °C zu erhöhen. Zur Vereinheitlichung des Einheitensystems in Physik und Chemie werden heute auch Wärmemengen in Energieeinheiten angegeben. Die allgemein gebräuchliche Einheit ist das über elektrische oder mechanische Größen definierte *Joule* (J) * (1 Joule = 0,2390 Kalorien; 1 Kalorie = 4,184 Joule). Da die Energieänderungen, die bei chemischen Reaktionen einzelner Moleküle auftreten, unmeßbar klein sind, muß man sich notwendigerweise auf eine geeignete Anzahl von Atomen oder Molekülen, normalerweise 1 Mol, beziehen

---

* 1 Joule ist diejenige Energie, die die elektrische Ladung von 1 Coulomb (C) = 1 Ampère-Sekunde (As) mit dem elektrischen Potential von 1 Volt (V) besitzt.

$$1\,\mathrm{J} = 1\,\mathrm{V\,C} = 1\,\mathrm{V\,As}$$

Ebenso ist 1 Joule diejenige Energie, die man einem Körper der Masse 1 kg zuführen muß, um ihn gegen eine Kraft von 1 Newton (N) um 1 Meter zu verschieben.

$$1\,\mathrm{J} = 1\,\mathrm{N\,m}.$$

(1 mol enthält $6{,}023 \cdot 10^{23}$ Atome oder Moleküle). Die bei einer chemischen Reaktion freigesetzte oder aufgenommene Wärmemenge wird in Joule pro Mol eines Reaktanden oder, falls die Zahlenwerte groß sind, auch in Kilojoule pro Mol eines Reaktanden ausgedrückt (1000 Joule = 1 Kilojoule). Eine Reaktion heißt *exotherm*, wenn dabei Wärme frei wird, und *endotherm*, wenn Wärme zugeführt werden muß.

b) Prozesse bei konstantem Volumen

Wenn eine Reaktion in einem verschlossenen Behälter abläuft, kann sich das Volumen nicht ändern, und die geleistete Expansionsarbeit ist Null; d. h.

$$\Delta V = 0$$

und

$$P \Delta V = 0. \qquad [2.21]$$

Wird auch keine andere Art von Arbeit (wie z. B. elektrische Arbeit) geleistet, gilt:

$$w = P \Delta V = 0 \qquad [2.22]$$

Die mathematische Formulierung des Ersten Hauptsatzes [2.13] vereinfacht sich zu

$$\begin{aligned} \Delta E &= q - w \\ &= q - 0 \\ &= q_V \end{aligned}$$

Der Index V soll andeuten, daß man sich auf einen Prozeß bei konstantem Volumen bezieht. In diesem Fall ist die Änderung ΔE der Energie, also einer Zustandsfunktion, gleich der während des Prozesses aufgenommenen Wärmemenge. Man muß sich aber darüber im klaren sein, daß q im allgemeinen nicht gleich der Änderung einer Zustandsfunktion ist. q ist nur dann gleich ΔE, wenn der Prozeß in ganz bestimmter Weise geführt wird – nämlich bei konstantem Volumen, ohne Arbeitsleistung. In Abschnitt 2.4. (Seite 69) wird beschrieben, wie Apparaturen mit konstantem Volumen, sogenannte „Bombenkalorimeter“, im routinemäßigen Laborbetrieb zur Messung von q_V verwendet werden.

c) Prozesse bei konstantem Druck

Viele chemische Untersuchungen werden in Reagenzgläsern oder anderen Gefäßen, die zur Atmosphäre hin offen sind, ausgeführt. Während derartiger Vorgänge kann sich das Volumen des Systems ändern, der von der umgebenden Luft ausgeübte Druck bleibt aber konstant. Aufgrund ihrer außerordentlichen praktischen Bedeutung sind viele Daten gerade für Prozesse, die bei konstantem Druck ablaufen, in Tabellenwerken zusammengefaßt worden.

Vor über einhundert Jahren untersuchte *J. Thomsen* die thermochemischen Eigenschaften der Neutralisation von Natriumhydrogenkarbonat- und Kohlendioxid-Lösungen mit Natronlauge. Dabei erhielt er folgende experimentelle Ergebnisse:

I $\quad CO_2(aq) + 2NaOH(aq) \rightleftarrows Na_2CO_3(aq) + H_2O(fl)$

$\quad q_p^{I} = -84{,}5\,kJ\,mol^{-1}$

II $\quad NaHCO_3(aq) + NaOH(aq) \rightleftarrows Na_2CO_3(aq) + H_2O(fl)$

$\quad q_p^{II} = -38{,}5\,kJ\,mol^{-1}$

Was kann man nun über die direkte Umwandlung von CO_2 in $NaHCO_3$ aussagen, die in Gleichung III zusammengefaßt ist?

III $\quad CO_2(aq) + NaOH(aq) \rightleftarrows NaHCO_3(aq)$

$\quad q_p^{III} = ?$

Thomsen schätzte q_p^{III} folgendermaßen ab: Er betrachtete ein Flußdiagramm ähnlich wie in Abb. 2.8. Der erste Schritt auf dem unteren Weg zu $NaHCO_3$ ist gerade Reaktion I. Der zweite Schritt ist die Umkehrung von Reaktion II. Wenn Reaktion II exotherm mit einem Wärmeeffekt von 38,5 kJ mol^{-1} ist, muß beim Ablauf der Rückreaktion genau dieselbe Wärmemenge *zugeführt* werden, d. h. der Wärmeeffekt der Rückreaktion ist $-q_p^{II}$. Die gesamte Reaktionswärme für diesen Zwei-Stufen-Prozeß bei konstantem Druck ist gerade q_p^{III}; denn das Endergebnis ist die Umwandlung von CO_2 und NaOH in $NaHCO_3$, und diese Reaktion ist als Ein-Stufen-Prozeß durch den oberen Pfeil dargestellt. Es sollte also gelten:

$$\begin{aligned} q_p^{III} &= q_p^{I} - q_p^{II} \\ &= -84{,}5\,kJ\,mol^{-1} - (-38{,}5)\,kJ\,mol^{-1} \\ &= -46{,}0\,kJ\,mol^{-1} \end{aligned}$$

Aufgrund dieser Überlegung sagte *Thomsen* vorher, daß Reaktion III exotherm ist mit einer Reaktionswärme von -46 kJ mol^{-1}. Kurz

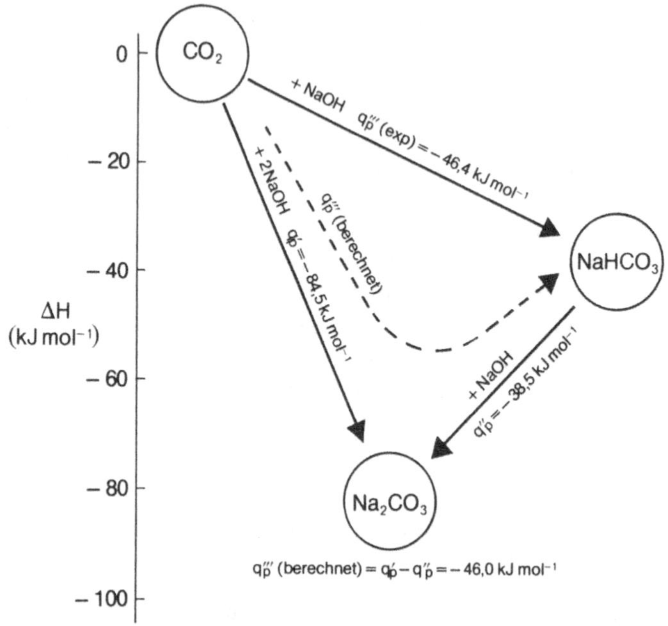

Abb. 2.8. q_p^{III} wurde zunächst aus den experimentellen Daten für den Zwei-Stufen-Prozeß mit Na_2CO_3 als Zwischenprodukt berechnet. Dieser Wert stimmt sehr gut mit dem besten gegenwärtig vorliegenden, experimentell ermittelten Wert für q_p^{III} überein.

darauf bestätigte *M. Berthelot* dieses Ergebnis experimentell durch die direkte Messung von q_p^{III}.

Das Ergebnis dieses Experimentes läßt den Schluß zu, daß die Reaktionswärme für die Umwandlung von CO_2(aq) und NaOH(aq) in Natriumhydrogenkarbonat bei konstantem Druck denselben Wert für zwei unterschiedliche Reaktionswege annimmt. Eine Unmenge experimenteller Daten für unzählige Reaktionen erlaubt die Verallgemeinerung, daß q_p stets unabhängig vom Weg der Zustandsänderung ist; d. h. *q_p ist gleich der Änderung einer Zustandsfunktion.* Dieses Ergebnis verringert den Umfang der notwendigen experimentellen Untersuchungen drastisch. Solange man sich eine Mehrstufenreaktion vorstellen kann, durch die die Reaktanden über verschiedene Zwischenprodukte in die Reaktionsprodukte überführt werden können und wobei q_p bereits für jeden einzelnen Schritt bekannt ist, kann man q_p für den Gesamtprozeß ohne ein weiteres Experiment bestimmen. Wir werden den Rest dieses Abschnittes hauptsächlich der Untersuchung von Nutzanwendungen dieses Ergebnisses widmen.

d) Enthalpie

Wir werden jetzt die Gleichung [2.13], die mathematische Formulierung des Ersten Hauptsatzes, nach q_P auflösen.

$$\Delta E = q - w \qquad [2.13]$$

Wenn unser System nur Volumenarbeit leistet, ergibt sich daraus bei konstantem Druck:

$$\begin{aligned} q_P &= \Delta E + w \\ &= \Delta E + P\Delta V \quad , \end{aligned} \qquad [2.23]$$

oder voll ausgeschrieben:

$$q_P = (E_2 - E_1) + (PV_2 - PV_1) \qquad [2.24]$$

Eine einfache Umformung ergibt

$$q_P = (E_2 + PV_2) - (E_1 + PV_1) \qquad [2.25]$$

Wenn also ein Prozeß bei konstantem Druck abläuft, und wenn nur Volumenarbeit geleistet wird, dann läßt sich die dabei auftretende Wärmemenge als Differenz zweier Ausdrücke darstellen, die beide folgende Form haben:

$$E + PV \qquad [2.26]$$

Wir haben bereits auf das experimentelle Ergebnis hingewiesen, nach dem q_P gleich der Änderung einer Zustandsfunktion ist. Daher muß es möglich sein, die Wärmemenge q_P als Differenz der Werte irgendeiner Zustandsgröße im Anfangs- und Endzustand auszudrücken. Gleichung [2.25] zeigt gerade, daß q_P als Differenz der Funktionswerte von $(E+PV)$ in beiden Zuständen gegeben ist. Wegen der besonderen Bedeutung von Prozessen, die bei konstantem Druck ablaufen, bezeichnet man die Funktion [2.26] mit einem eigenen Buchstaben, H, und nennt sie *Wärmeinhalt* oder besser *Enthalpie* des Systems. Für jeden, bei konstantem Druck ablaufenden Prozeß, bei dem nur Volumenarbeit geleistet wird, ist die aufgenommene Wärmemenge gleich ΔH, der Enthalpieänderung während der Zustandsänderung.

$$\Delta H = q_P = H_2 - H_1$$

wobei

$$H = E + PV \qquad [2.27]$$

Die Zustandsfunktion H kann also durch die Größen E, P und V ausgedrückt werden, die ebenfalls Zustandsfunktionen sind. Allgemein gilt, daß jede beliebige Funktion, die vollständig aus Zustandsfunktionen zusammengesetzt ist, wieder eine Zustandsfunktion ist.

e) Bildungsenthalpie

Da H eine Funktion darstellt, die nur vom Zustand des Systems abhängt, können wir ΔH für jede beliebige Zustandsänderung berechnen, wenn wir nur einen Weg vom Anfangs- bis zum Endzustand finden, bei dem ΔH für jeden Teilschritt bekannt ist. Dieses Ergebnis hat seine unumstößliche Grundlage in experimentellen Daten, wie sie in Abschnitt 2.3. c beschrieben wurden, und ist ein Hauptgrund dafür, daß die Thermodynamik eine so große praktische Bedeutung besitzt. Schon relativ wenige experimentelle Messungen reichen aus, um ΔH für eine ungeheure Vielfalt von chemischen Reaktionen berechnen zu können. Der Bequemlichkeit halber werden die Daten nach Reaktionstypen geordnet tabelliert, wie z. B. Verbrennungsenthalpien, Verdampfungsenthalpien, Schmelzenthalpien usw. Dabei erweist es sich als nützlich, insbesondere die Bildung der zu untersuchenden Verbindung aus den Elementen zu betrachten. Die Enthalpieänderung für diesen Prozeß wird als Bildungsenthalpie bezeichnet und mit ΔH_f abgekürzt. Z. B. ist die Bildungsenthalpie von Wasserdampf gleich der Wärmemenge, die bei folgender Reaktion bei konstantem Druck frei wird:

$$H_2(g) + \tfrac{1}{2}O_2(g) \rightleftarrows H_2O(g)$$

$$\text{Bildungsenthalpie} = \Delta H_f(H_2O) \qquad [2.28]$$

Damit jeder Wissenschaftler unter den tabellierten Zahlenwerten dasselbe versteht, müssen eine Reihe von experimentellen Standardbedingungen angegeben werden. Standardbildungsenthalpien beziehen sich auf eine Reaktion, die bei 25 °C (Zimmertemperatur) * abläuft, bei der alle beteiligten Gase unter einem Druck von

---

* 25 °C = 298,16 K

Tab. 2.1. Einige Standardbildungsenthalpien (kJ mol^{-1}).

Elemente		Verbindungen	
F_2 (g)	0,0	CO (g)	– 110,5
Cl_2 (g)	0,0	CO_2 (g)	– 393,5
Br_2 (fl)	0,0	H_2O (fl)	– 285,9
Br_2 (g)	30,91	H_2O (g)	– 241,81
I_2 (f)	0,0	C_2H_6 (g)	– 84,7
I_2 (g)	62,42	C_2H_4 (g)	52,5
F (g)	78,9	C_2H_2 (g)	226,7
C (f, Graphit)	0,0	CaO (f)	– 635
C (f, Diamant)	1,90	$Ca(OH)_2$ (f)	– 986,2
C (g)	716,65	$CaCO_3$ (f)	– 1207
O_2 (g)	0,0	SO_2 (g)	– 296,8
S_8 (f)	0,0	SO_3 (g)	– 395,8

1,01325 bar * und alle Lösungen mit einer Konzentration von 1 mol l^{-1} vorliegen. Außerdem müssen alle Stoffe in ihrem stabilen Zustand vorliegen. Bei Substanzen, die bei Zimmertemperatur normalerweise fest sind, muß oft auch noch die Kristallstruktur angegeben werden. Der Index ^{0} soll auf diese Standardbedingungen hinweisen. Die Angabe

$$\Delta H_f^0(H_2O(g)) = -241{,}81 \text{ kJ mol}^{-1} \qquad [2.29]$$

bedeutet also, daß die Wärmemenge von 241,81 kJ frei gesetzt wird, wenn bei Zimmertemperatur (25 °C = 298,16 K) ein Mol Wasserdampf aus einem Mol Wasserstoffgas und einem halben Mol Sauerstoffgas, jeweils mit einem Partialdruck von 1,01325 bar, gebildet wird.

---

* Im Zuge der Vereinheitlichung des Einheitensystems im Meßwesen sind auch die „physikalische Atmosphäre" und die „technische Atmosphäre" sowie das „Torr" als Einheiten des Druckes ersetzt worden. Im internationalen SI-Einheitensystem werden als Druckeinheiten das *Pascal* (Pa) oder das *bar* verwendet, die folgendermaßen definiert sind:

$$1\text{ Pa} = 1\text{ N m}^{-2}$$
$$1\text{ bar} = 10^5\text{ Pa}$$

Die früher verwendete „physikalische Atmosphäre" ergibt sich in diesen Einheiten als:

$$1\text{ atm} = 1{,}01325 \cdot 10^5\text{ Pa} = 1{,}01325\text{ bar}$$

Der Standard- oder Normdruck, auf den sich auch viele thermodynamische Daten beziehen, ist daher gleich:

$$P_0 = 1{,}01325\text{ bar}.$$

(Anm. d. Übers.)

Einige ausgewählte Werte für ΔH_f^0 sind in Tab. 2.1 zusammengestellt. (Eine weit umfassendere Zusammenstellung gibt Anhang B.) Ein Element in seinem Standardzustand besitzt für ΔH_f naturgemäß den Wert Null. Dagegen gilt für ein Element, das sich nicht in seinem Standardzustand befindet, $\Delta H_f \neq 0$.

Wir wollen nun einige dieser Daten dazu verwenden, um ΔH^0 für die Reaktion

$$SO_2(g) + \tfrac{1}{2}O_2(g) \rightleftarrows SO_3(g) \qquad [2.30]$$

zu berechnen. Die mit diesem Prozeß verbundene Enthalpieänderung kann mit Hilfe der Daten für $\Delta H_f^0(SO_2)$ und $\Delta H_f^0(SO_3)$ berechnet werden, die sich auf folgende Umwandlungen beziehen:

$$\tfrac{1}{8}S_8(f) + O_2(g) \rightleftarrows SO_2(g) \qquad \Delta H_f^0(SO_2) = -296{,}8\ \text{kJ mol}^{-1} \qquad [2.31]$$

$$\tfrac{1}{8}S_8(f) + \tfrac{3}{2}O_2(g) \rightleftarrows SO_3(g) \qquad \Delta H_f^0(SO_3) = -395{,}8\ \text{kJ mol}^{-1} \qquad [2.32]$$

Abb. 2.9 illustriert den zugrunde liegenden Gedankengang. Wir möchten ΔH_I ermitteln. Da H eine Zustandsfunktion ist, muß ΔH_I gleich ΔH_II sein, wobei ΔH_II diejenige Wärmemenge ist, die bei der Umwandlung von SO_2 in SO_3 im Zwei-Stufen-Prozeß auftritt. Im ersten Schritt ist der Wärmeeffekt gerade gleich dem negativen Wert der Standardbildungsenthalpie von SO_2 aus den Elementen, und im zweiten Schritt ist er gleich ΔH_f^0 von SO_3. Daraus folgt:

$$\Delta H_\text{I} = \Delta H_\text{II} = \Delta H_f^0(SO_3) - \Delta H_f^0(SO_2) \qquad [2.33]$$

Man kann das nachprüfen, indem man [2.31] umkehrt und algebraisch zu [2.32] addiert:

$$SO_2 \rightleftarrows \tfrac{1}{8}S_8 + O_2 \qquad \Delta H_1^0 = \ 296{,}8\ \text{kJ mol}^{-1} = -\Delta H_f^0(SO_2) \qquad [2.34]$$

$$\tfrac{1}{8}S_8 + \tfrac{3}{2}O_2 \rightleftarrows SO_3 \qquad \Delta H_2^0 = -395{,}8\ \text{kJ mol}^{-1} = \Delta H_f^0(SO_3) \qquad [2.35]$$

$$SO_2 + \tfrac{1}{2}O_2 \rightleftarrows SO_3 \qquad \Delta H_\text{II}^0 = -\ 99{,}0\ \text{kJ mol}^{-1} \qquad [2.36]$$

Die mit der Reaktion [2.36] verknüpfte Enthalpieänderung ΔH_II^0 ist die algebraische Summe der Enthalpieänderungen der beiden Teilschritte ΔH_1^0 und ΔH_2^0:

$$\Delta H_\text{II}^0 = \Delta H_1^0 + \Delta H_2^0 \qquad [2.37]$$

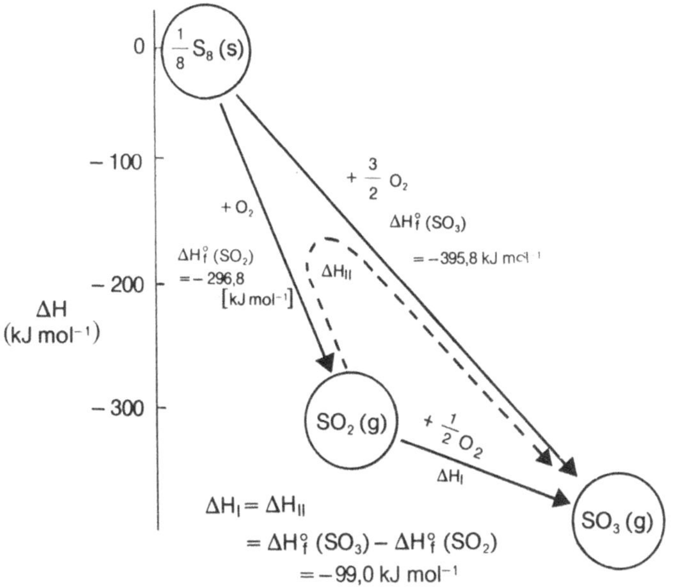

Abb. 2.9. Berechnung von ΔH^0 für den Prozeß $SO_2(g) + ½O_2(g) \rightleftarrows SO_3(g)$ aus den Standardbildungsenthalpien von SO_2 und SO_3.

Setzen wir die beiden Bildungsenthalpien für ΔH_1^0 und ΔH_2^0 ein, so erhalten wir:

$$\Delta H_{II}^0 = \Delta H_f^0(SO_3) - \Delta H_f^0(SO_2) \qquad [2.38]$$

Betrachten wir [2.38] genauer, so erkennen wir, daß sich die gesuchte Reaktionsenthalpie gerade als Differenz zwischen der Standardbildungsenthalpie der Produkte und derjenigen der Reaktanden ergibt, wenn wir dabei noch berücksichtigen, daß die Standardbildungsenthalpie von O_2 Null ist, da der Sauerstoff bereits im Standardzustand vorliegt. Dieses Ergebnis gilt ganz allgemein und wird auch als *Gesetz der Additivität von Reaktionswärmen* * bezeichnet. Die Enthalpieänderung bei einer beliebigen Reaktion ist allgemein gegeben durch:

$$\boxed{\Delta H^0 = \Sigma\, \Delta H_f^0(\text{Produkte}) - \Sigma\, \Delta H_f^0(\text{Reaktanden})} \qquad [2.39]$$

Dabei bedeutet Σ „die Summe von“.

* Ein früher verwendeter und weniger einleuchtender Name dafür ist „Gesetz der konstanten Wärmesummen“.

Wenn man ΔH_f^0 für ein paar hundert Verbindungen mißt und tabelliert, so kann man daraus ΔH^0 für Tausende von Reaktionen berechnen, an denen diese Verbindungen beteiligt sind.

f) Verbrennungsenthalpie

Nicht immer ist es möglich, Bildungsenthalpien direkt durch Reaktion der an der Verbindung beteiligten Elemente zu messen. In solchen Fällen muß man auf andere Methoden zurückgreifen. So ist es z. B. unmöglich, direkt die Wärmetönung folgender Reaktion experimentell zu bestimmen:

$$2\,C(\text{Graphit}) + 2\,H_2(g) \rightleftarrows C_2H_4(g) \qquad [2.40]$$

Glücklicherweise kann der Kohlenwasserstoff Äthylen (C_2H_4) bei Gegenwart von Sauerstoff leicht zu Wasser und Kohlendioxid verbrannt werden:

$$C_2H_4(g) + 3\,O_2(g) \rightleftarrows 2\,CO_2(g) + 2\,H_2O(\text{fl}) \qquad [2.41]$$

Die bei der Verbrennung von Äthylen bei konstantem Druck frei werdende Wärmemenge heißt *Verbrennungsenthalpie* $\Delta H_{\text{Verbr.}}$ und kann auf einfache Weise gemessen werden. * Da wir ΔH_f^0 bereits für Kohlendioxid und flüssiges Wasser kennen (Tab. 2.1), können wir $\Delta H_f^0(C_2H_4)$ nun durch geeignete Kombination folgender Gleichungen bestimmen:

I	$2CO_2(g) + 2H_2O(\text{fl}) \rightleftarrows C_2H_4(g) + 3O_2(g)$	$-\Delta H_{\text{Verbr.}}(C_2H_4)$
II	$2C(\text{Graphit}) + 2O_2(g) \rightleftarrows 2CO_2(g)$	$2\Delta H_f^0(CO_2)$
III	$2H_2(g) + O_2(g) \rightleftarrows 2H_2O(\text{fl})$	$2\Delta H_f^0(H_2O)$

Durch Addition der drei Gleichungen, erhalten wir:

$$2C(\text{Graphit}) + 2H_2(g) \rightleftarrows C_2H_4(g)$$

und

$$\boxed{\begin{aligned}\Delta H_f^0(C_2H_4) = 2\Delta H_f^0(CO_2) + 2\Delta H_f^0(H_2O) \\ -\Delta H_{\text{Verbr.}}(C_2H_4)\end{aligned}} \qquad [2.42]$$

* In diesem Abschnitt folgen wir der üblichen Konvention, wonach Wärme, die bei einer Verbrennung frei wird, ein negatives Vorzeichen erhält. Leider findet man aber Enthalpieänderungen von exothermen Verbrennungsreaktionen auch manchmal als positive Größen tabelliert.

Das Flußdiagramm in Abb. 2.10 stellt unseren indirekten Reaktionsweg zwischen Graphit, Wasserstoff und Äthylen dar. Bemerkenswert ist, daß auch die Reaktionen II und III Verbrennungsreaktionen sind. Die Bildungsenthalpien von Kohlendioxid und Wasser sind also identisch mit den Verbrennungsenthalpien von Graphit und Wasserstoffgas.

g) Bindungsenergien: Zweiatomige Moleküle

Beim Ablauf einer chemischen Reaktion werden die Moleküle der Reaktanden gespalten und die Moleküle der Produkte neu gebildet. Die Energieumsetzungen bei einer chemischen Reaktion kommen dadurch zustande, daß sich die Abstände zwischen den einzelnen Atomen ändern. Die potentielle Energie, welche in einer beliebigen chemischen Bindung gespeichert ist, ist charakteristisch für diese Bindung. Welche Rolle Änderungen der potentiellen Energie

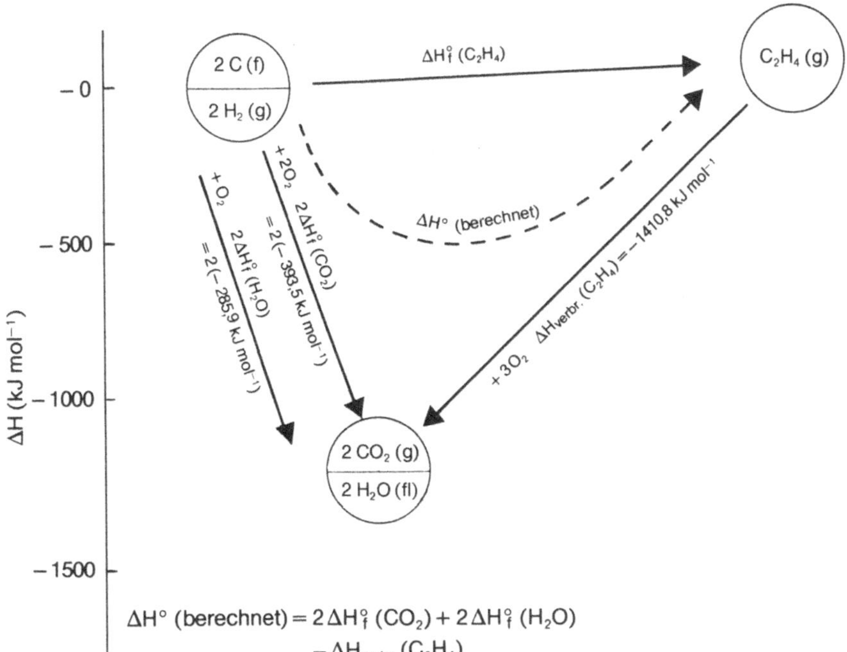

$$\Delta H^\circ\,(\text{berechnet}) = 2\Delta H_f^\circ\,(CO_2) + 2\Delta H_f^\circ\,(H_2O) - \Delta H_{verbr.}\,(C_2H_4) = +52{,}0\ \text{kJ mol}^{-1}$$

Abb. 2.10. Berechnung von ΔH_f°(Äthylen) aus der Verbrennungsenthalpie von Äthylen und ΔH_f° von H_2O und CO_2.

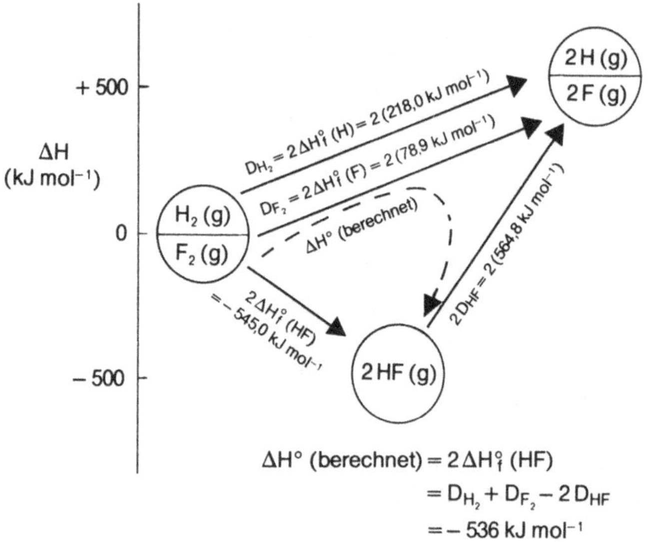

Abb. 2.11. Beziehung zwischen Dissoziationsenergien und Bildungsenthalpien für die Reaktion $H_2(g) + F_2(g) \rightleftarrows 2HF(g)$.

bei einer Umwandlung spielen, können wir besonders deutlich am Beispiel einer Reaktion zwischen zweiatomigen Molekülen erkennen. Nehmen wir z. B. die Bildung von Fluorwasserstoff-Gas aus gasförmigem Wasserstoff und gasförmigem Fluor:

$$H_2(g) + F_2(g) \rightleftarrows 2HF(g) \qquad [2.43]$$

Die Enthalpieänderung bei der in dieser Form geschriebenen Reaktion ist bei Standardbedingungen gleich dem doppelten Wert der Bildungsenthalpie von HF (siehe Anhang B):

$$\Delta H = 2\Delta H_f^0(\mathrm{HF}) = -545{,}0\ \mathrm{kJ\ mol^{-1}} \qquad [2.44]$$

Dabei ist zu beachten, daß ΔH_f^0 als Enthalpieänderung bei der Bildung von *einem Mol* des Reaktionsproduktes definiert ist. Bei der Reaktion [2.43] sind aber *zwei* Mol HF beteiligt.

Wir können uns die Bildung von HF in einer Reihe von Einzelschritten vorstellen, die im Flußdiagramm von Abb. 2.11 veranschaulicht sind. Zunächst müssen die Wasserstoff- und Fluormoleküle in Atome gespalten werden, die dann zu HF rekombinieren können.

$$\begin{array}{llll} \text{I} & H_2(g) \rightleftarrows 2H(g) & \Delta H^{I} & = 2\Delta H_f^\circ(H) = D_{H_2} \\ \text{II} & F_2(g) \rightleftarrows 2F(g) & \Delta H^{II} & = 2\Delta H_f^\circ(F) = D_{F_2} \\ \text{III} & 2H(g)+2F(g) \rightleftarrows 2HF(g) & \Delta H^{III} & = -2D_{HF} \end{array}$$

Die Enthalpieänderung bei der Nettoreaktion [2.43] entspricht der Summe der Enthalpieänderungen dieser drei Einzelschritte:

$$\Delta H = 2\Delta H_f^\circ(HF) = \Delta H^{I} + \Delta H^{II} + \Delta H^{III} \qquad [2.45]$$

Die Reaktionsgleichung I beschreibt die Bildung von Wasserstoffatomen aus molekularem Wasserstoff, dem Standardzustand. Dabei muß die H_2-Bindung aufgebrochen werden. Der dazu benötigte Energiebetrag ist gleich der in dieser Bindung gespeicherten potentiellen Energie und wird allgemein als *Dissoziationsenergie* * bezeichnet und mit dem Symbol D_{H_2} abgekürzt. Das gleiche gilt für die Reaktion II, also die Spaltung der F-F-Bindung im F_2-Molekül, wobei die Dissoziationsenergie von F_2 aufgewendet werden muß. Bei der Kombination von Wasserstoff- und Fluoratomen, Schritt III, wird ein Energiebetrag frei, der mit der potentiellen Energie der HF-Bindung verknüpft ist; denn die Umkehrung dieses Prozesses

$$\text{IIIa} \quad 2HF \rightleftarrows 2H(g) + 2F(g) \qquad [2.46]$$

entspricht gerade der Dissoziation von zwei Molekülen HF. Die mit Reaktion III verbundene Enthalpieänderung ist daher gleich zwei Mal dem negativen Wert der Dissoziationsenergie von HF (III ist ja die Umkehrung der Dissoziationsreaktion IIIa).

Wenn am Anfang je ein Molekül H_2 und F_2 vorliegt, müssen wir zunächst einen Energiebetrag zuführen, der der potentiellen Energie der F–F- und der H–H-Bindung entspricht. Bei der Bildung von zwei HF-Molekülen gewinnen wir pro gebildetes Molekül die potentielle Energie der HF-Bindung zurück. Daher können wir [2.45] auch durch die Dissoziationsenergien ausdrücken:

$$\Delta H = 2\Delta H_f^\circ(HF) = D_{H_2} + D_{F_2} - 2D_{HF} \qquad [2.47]$$

h) Bindungsenergien: Mehratomige Moleküle

Die Energie einer bestimmten Bindung in einem mehratomigen Molekül ist nicht so einfach zu behandeln wie die Dissoziations-

* Es ist üblich, von Dissoziations*energien* zu sprechen, obwohl die Größe, die wir in diesem Beispiel behandeln, in Wirklichkeit die Dissoziationsenthalpie ist. Eine genauere Untersuchung der Beziehung zwischen ΔE und ΔH (an späterer Stelle in diesem Kapitel) zeigt jedoch, daß beide Größen für Prozesse, wie sie hier vorliegen, nahezu identisch sind.

energie eines zweiatomigen Moleküls. Als Beispiel sind in Tab. 2.2 die Energien (Enthalpien) aufgeführt, die zur Spaltung einer Kohlenstoff-Wasserstoff-Bindung in einigen organischen Verbindungen notwendig sind. Die Variationsbreite dieser Werte ist mit etwa 10% recht erheblich.

Tab. 2.2. Energien einiger Kohlenstoff-Wasserstoff-Bindungen.

Verbindung	$D_{C\text{-}H}$ (kJ mol^{-1})
CH_4	423
CH_3CH_3	402
$CH_3CH_2CH_3$	418 (CH_3)
$CH_3CH_2CH_3$	393 (CH_2)
C_6H_6	427
$CHCl_3$	377
CH_3Br	414

Es wäre jedoch nützlich, wenn man auf einige Näherungswerte für diese Bindungsenergien zurückgreifen könnte; denn es gibt z. B. über eine Million organischer Verbindungen an denen höchstens 25 verschiedene Bindungstypen beteiligt sind. Um Enthalpieänderungen für die unzähligen Reaktionen dieser Moleküle zu berechnen, müßte man notwendigerweise alle zugehörigen ΔH_f^0-Werte tabellieren. Das ist eine beinahe unlösbare Aufgabe. Wenn aber die Wärmetönung einer gegebenen Reaktion mit den Energiebeträgen im Zusammenhang gebracht werden könnte, die zur Brechung oder Bildung von bestimmten Bindungen notwendig sind, dann wäre eine kleine Tabelle der Bindungsenergien ausreichend. Zu diesem Zweck sind Datensammlungen von *mittleren* Bindungsenergien ausgearbeitet worden. Jeder dieser Werte wurde dabei anhand einer Vielzahl von Verbindungen, in denen die betreffende Bindung auftritt, ermittelt. Eine kleine Auswahl ist in Tab. 2.3 wiedergegeben. Berechnungen, die sich auf derartige Werte stützen, liefern nur Näherungswerte für ΔH, aber sie können immerhin wertvolle Hinweise geben, wenn keine experimentellen Daten vorliegen.

Als Beispiel wollen wir die Hydrierung von Tetrachlormethan zu Chloroform betrachten:

$$CCl_4(g) + H_2(g) \rightleftarrows CHCl_3(g) + HCl(g) \qquad [2.48]$$

Abb. 2.12 zeigt ein Block-Diagramm dieses Prozesses. Im ersten Teilschritt wird eine C−Cl- und eine H−H-Bindung aufgebro-

Tab. 2.3. Einige mittlere Bindungsenergien.

Bindung	mittlere Energie ($kJ\ mol^{-1}$)
C–C	346
C=C	610
C≡C	835
H–H	436
O=O	498
N≡N	945
F–F	155
Cl–Cl	242
Br–Br	193
I–I	151
C–H	413
C–F	485
C–Cl	339
C–Br	285
C–I	213
C–O	358
C=O (Aldehyde & Ketone)	745
C=O (CO_2)	804
O–H	463
H–F	565
H–Cl	431
H–Br	366
H–I	299
N–H	391
N–F	272
N–Cl	192

chen. Daran schließt sich die Bildung einer C–H- und einer H–Cl-Bindung an. Die Reaktionsenthalpie ist daher näherungsweise gegeben durch:

$$\Delta H \approx \underbrace{(D_{\mathrm{C-Cl}} + D_{\mathrm{H-H}})}_{\text{aufgewendete}} - \underbrace{(D_{\mathrm{C-H}} + D_{\mathrm{H-Cl}})}_{\text{zurückgewonnene}}$$

Energie

$$= (339 + 436)\ \mathrm{kJ\ mol^{-1}} - (413 + 431)\ \mathrm{kJ\ mol^{-1}} \quad [2.49]$$
$$= -69\ \mathrm{kJ\ mol^{-1}}$$

Der wahre, aus Messungen der Bildungsenthalpien ermittelte Wert für ΔH beträgt $-92{,}5\ \mathrm{kJ\ mol^{-1}}$. Obwohl also mit Hilfe der mittleren Bindungsenergien nur Näherungsrechnungen möglich sind, stim-

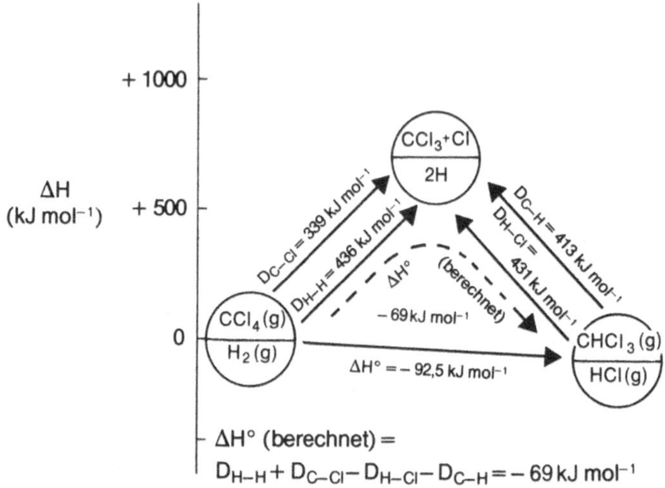

Abb. 2.12. Zur Abschätzung von ΔH^0 mit Hilfe der Bindungsenergien. Der auf diese Weise berechnete Wert (-69 kJ mol^{-1}) ist ein durchaus vernünftiger Näherungswert für ΔH^0; der experimentell ermittelte Wert beträgt $-92{,}5$ kJ mol^{-1}.

men deren Ergebnisse recht gut mit den tatsächlichen Werten überein, so daß sie eine brauchbare Abschätzung für zu erwartende Energieumsetzungen liefern können.

i) Phasenumwandlungen: Flüssigkeit – Gas

Wenn man eine Flüssigkeit langsam erwärmt, steigt ihre Temperatur allmählich an, bis der Siedepunkt erreicht ist. Dann bleibt die Temperatur so lange konstant, bis die gesamte Flüssigkeitsmenge in Dampf umgewandelt ist. Die zur Verdampfung von einem Mol Flüssigkeit am Siedepunkt erforderliche Wärmemenge heißt *Verdampfungswärme* oder *Verdampfungsenthalpie* und wird durch das Symbol ΔH_V abgekürzt. Diese Größe ist eng mit derjenigen Energie verknüpft, die notwendig ist, um der Flüssigkeit ein Mol zu entreißen und es in die Gasphase zu überführen. Da damit aber eine Volumenänderung verbunden ist, müssen die entwichenen Moleküle zusätzlich Arbeit leisten, um Luft zu verdrängen. Aus diesem Grund ist die meßbare Größe ΔH_V größer als die zur Abtrennung der Moleküle aus der Flüssigkeit erforderliche Energie ΔE_V.

Die Differenz zwischen ΔH_v und ΔE_v kann man ganz einfach abschätzen. Wir wollen das anhand des Beispiels $H_2O\,(fl) \rightleftarrows H_2O\,(g)$

demonstrieren. Für einen Prozeß, der bei konstantem Druck abläuft und bei dem nur Volumenarbeit geleistet wird, können wir schreiben:

$$\Delta H = \Delta E + P\,\Delta V \qquad [2.50]$$

Wir lösen nach ΔE auf:

$$\Delta E_{\mathrm{v}} = \Delta H_{\mathrm{v}} - P\,\Delta V \qquad [2.51]$$

Die Volumenänderung bei der Verdampfung ist gegeben durch

$$\Delta V = V_{\mathrm{Dampf}} - V_{\mathrm{Flüssigkeit}}. \qquad [2.52]$$

Dabei kann man fast immer in guter Näherung voraussetzen, daß das Volumen einer bestimmten Stoffmenge in der Gasphase weit größer ist als das Volumen derselben Stoffmenge in der flüssigen Phase. Wenn das gilt, können wir schreiben

$$\Delta V \approx V_{\mathrm{Dampf}}.$$

Bevor wir unsere Überlegungen weiterführen, wollen wir die Gültigkeit dieser Voraussetzung am Beispiel des Wassers prüfen. Die Volumina von 1 Gramm flüssigem Wasser bzw. 1 Gramm Wasserdampf betragen bei 100 °C 1,04 cm^3 bzw. 1,68 l. Daran sehen wir sofort, daß mit der Verdampfung eine mindestens tausendfache Volumenvergrößerung verbunden ist. Für ein Mol Wasser (18 g) erhalten wir:

$$\begin{aligned} \Delta V &= V_{\mathrm{Dampf}} - V_{\mathrm{Flüssigkeit}} \\ &= 30{,}2\,\mathrm{l} - 0{,}019\,\mathrm{l} \\ &= 30{,}18\,\mathrm{l}\ (\approx 30{,}2\,\mathrm{l}) \\ &\approx V_{\mathrm{Dampf}} \end{aligned} \qquad [2.53]$$

Wenn wir weiter annehmen, daß sich Wasserdampf wie ein ideales Gas verhält, können wir schreiben:

$$P\,V_{\mathrm{Dampf}} = n_{\mathrm{Dampf}}\,R\,T^{*} \qquad [2.54]$$

Da wir ΔH und ΔE jeweils auf ein Mol beziehen, führen wir das Molvolumen $\bar{V}_{\mathrm{Dampf}}$ ein:

$$\bar{V}_{\mathrm{Dampf}} = V_{\mathrm{Dampf}}/n_{\mathrm{Dampf}} \qquad [2.55]$$

Das Produkt $P\,\bar{V}_{\mathrm{Dampf}}$ läßt sich leicht berechnen als:

$$\begin{aligned} P\,\bar{V}_{\mathrm{Dampf}} &= R\,T \\ &= (8{,}314\ \mathrm{J\,mol^{-1}\,K^{-1}})\ 373\,\mathrm{K} \\ &= 3{,}10\ \mathrm{kJ\,mol^{-1}} \end{aligned} \qquad [2.56]$$

* $R = 8{,}314\ \mathrm{J\,mol^{-1}\,K^{-1}}$ (Gaskonstante)

Die experimentell ermittelte Verdampfungsenthalpie von Wasser beträgt am normalen Siedepunkt

$$\Delta H_v(H_2O) = 41{,}09 \text{ kJ mol}^{-1}.$$

Damit ergibt sich die für den Verdampfungsvorgang benötigte Energie als:

$$\begin{aligned}\Delta E_v &= (41{,}09 - 3{,}10) \text{ kJ mol}^{-1}\\ &= 38{,}0 \text{ kJ mol}^{-1}\end{aligned}$$

Nur ein kleiner Bruchteil, weniger als 10%, von ΔH_v wird also dazu verwendet, die Luft zu verdrängen. Wir können demnach mit ruhigem Gewissen die einfach zu messende Größe ΔH_v als Maß für den Widerstand ansehen, der beim Verdampfen einer Flüssigkeit überwunden werden muß.

j) Phasenumwandlungen: Festkörper – Flüssigkeit

Man benötigt Energie, um Moleküle aus der flüssigen in die gasförmige Phase zu überführen. Ebenso muß man auch Energie zuführen, um einen Festkörper in eine Flüssigkeit zu verwandeln. Die beim Schmelzen auftretende Enthalpieänderung heißt *Schmelzenthalpie* ΔH_s. Und wieder ist ΔH, nicht ΔE, diejenige Größe, die bequem zu messen ist. In diesem Fall ist der Unterschied zwischen ΔH und ΔE aber tatsächlich vernachlässigbar. ΔE läßt sich folgendermaßen ausdrücken:

$$\begin{aligned}\Delta E_s &= \Delta H_s - P\Delta V\\ &= \Delta H_s - P(V_{\text{flüssig}} - V_{\text{fest}})\end{aligned} \qquad [2.57]$$

Das von einem Mol einer Flüssigkeit eingenommene Volumen ist im allgemeinen kaum verschieden vom Molvolumen desselben Stoffes in der festen Phase. Daher gilt in sehr guter Näherung

$$\Delta V_{\text{fest} \to \text{flüssig}} = 0, \qquad [2.58]$$

so daß ΔH_s und ΔE_s praktisch gleich sind.

Es ist aufschlußreich, den Schmelz- und den Verdampfungsvorgang miteinander zu vergleichen – in Tab. 2.4 sind dazu die Werte von ΔH_s und ΔH_v für eine Reihe von Substanzen einander gegenübergestellt. Stets ist ΔH_v sehr viel größer als ΔH_s. Die Gründe dafür liegen auf der Hand.

Beim Übergang vom Festkörper zur Flüssigkeit muß die nahezu starre und regelmäßige Anordnung der Moleküle im Festkörper

Tab. 2.4. Schmelz- und Verdampfungsenthalpien

Substanz	ΔH_S (kJ mol^{-1})	ΔH_V (kJ mol^{-1})
HCl	2,0	16
HBr	2,4	18
H_2S	2,5	19
NH_3	5,7	24
CCl_4	2,5	29
C_6H_6	9,8	31
H_2O	6,0	41
H_2O_2	12,2	43

weitgehend aufgelöst werden, damit die für Flüssigkeiten charakteristische Bewegungsfreiheit erreicht wird. Die fast identischen Werte der Molvolumina weisen jedoch daraufhin, daß die Moleküle sich auch in der flüssigen Phase noch in engem Kontakt befinden und daher auch dort immer noch relativ fest aneinander gebunden sind. Andererseits sind die Moleküle in der Gasphase so weit voneinander entfernt, daß nur sehr geringe Kräfte zwischen ihnen wirksam sind (die beim idealen Gas vollständig verschwinden). Man muß daher weit mehr Energie aufwenden, um ein Molekül aus der Flüssigkeit in die Gasphase zu überführen, als um ein Molekül aus dem Festkörper zu lösen und in die Flüssigkeit einzufügen.

2.4. Kalorimetrie

Bis jetzt haben wir munter über Thermochemie gesprochen, ohne uns um experimentelle Details der dafür erforderlichen Experimente zu kümmern. In diesem abschließenden Abschnitt wollen wir den Prozeß der Wärmeaufnahme genauer untersuchen und einige häufig verwendete experimentelle Methoden beschreiben.

a) Wärmekapazität: Molekulare Hintergründe

Wir wollen einen Kolben betrachten, in dem ein Mol eines einatomigen Gases bei Zimmertemperatur eingeschlossen ist. Dieser Kolben soll in einem Wärmebad konstanter Temperatur erwärmt werden. Dadurch, daß das Gas und der Kolben Wärme aufnehmen, wird die mittlere kinetische Energie für die Translationsbewegung der Moleküle vergrößert. Diese Erhöhung der Translationsenergie äußert sich als Temperaturanstieg. Wenn der Kolben abgekühlt wird, werden sich die Moleküle immer langsamer bewegen, bis es schließlich am absoluten Nullpunkt überhaupt keine Translationsbewegung mehr gibt. (Das Gas ist in der Zwischenzeit als Festkörper kondensiert).

Ein mehratomiges Molekül besitzt neben der Translationsenergie natürlich auch Schwingungs- und Rotationsenergie. Bei Erwärmung eines Gases aus mehratomigen Molekülen wird ein Teil der zugeführten Energie dazu verwendet, Schwingungen und Rotationen anzuregen. Daher muß insgesamt zum Erreichen einer vorgegebenen Temperaturerhöhung einem mehratomigen Gas mehr Energie zugeführt werden als einem einatomigen Gas. Die *Wärmekapazität* eines Stoffes ist definiert als diejenige Wärmemenge, die notwendig ist, um seine Temperatur um ein Grad zu erhöhen. In der chemischen Thermodynamik beschäftigen wir uns meistens mit Prozessen, die bei konstantem Druck ablaufen, und beziehen unsere Messungen im allgemeinen auf die Standardmengeneinheit, das Mol. Wir haben es also mit der *molaren Wärmekapazität bei konstantem Druck*, c_p, zu tun. Sie gibt diejenige Wärmemenge an, die notwendig ist, um die Temperatur eines Mols einer Substanz bei konstantem Druck um ein Grad zu erhöhen. Die für eine Temperaturerhöhung ΔT bei konstantem Druck erforderliche Wärmemenge ist daher gegeben durch:

$$\begin{aligned} \Delta H &= q_p = c_p \Delta T \\ \Delta T &= T_{\text{Ende}} - T_{\text{Anfang}}, \end{aligned} \qquad [2.59]$$

wobei T die absolute Temperatur in K und c_p die molare Wärmekapazität bei konstantem Druck ist.

Alles bisher Gesagte hat hoffentlich deutlich gemacht, daß Molekülgröße und Anordnung der Atome in den Molekülen entscheidenden Einfluß auf die Wärmekapazität haben. Ein großes Molekül mit vielen Atomen bietet weit mehr Möglichkeiten, zugeführte Energie auf Schwingungen und Rotationen zu verteilen, als z. B. ein zweiatomiges Molekül, wie etwa Kohlenmonoxid. Einige typische Werte von c_p sind in Tab. 2.5 aufgeführt.

Im oberen Teil dieser Tabelle ist die Abhängigkeit von c_p von der Zahl der Atome pro Molekül dargestellt. Einatomige Gase besitzen alle identische Werte von c_p – darin kommt zum Ausdruck, daß

Tab. 2.5. Molare Wärmekapazitäten bei konstantem Druck und 298 K ($J\,mol^{-1}\,K^{-1}$).

Einatomige Gase		Zweiatomige Gase		Dreiatomige Gase	
He	20,8	CO	29,1	H_2O (g)	33,6
Ne	20,8	N_2	29,1	D_2O (g)	34,3
Ar	20,8	F_2	31,5	CO_2	37,2
Xe	20,8	Cl_2	33,8	CS_2	45,4
C	20,8				
Vieratomige Gase		**Mehratomige Gase**			
NH_3	35,6	SF_6	96,6		
H_2CO	35,1	UF_6	129,7		
Cl_2CO	57,5	C_2H_6	52,6		
		CH_3NHCH_3	70,7		
Fünfatomige Gase					
CH_4 (M = 16)	35,3			CH_3Cl (M = 51)	40,8
CF_4 (M = 88)	61,1			CH_2Cl_2 (M = 85)	51,0
CCl_4 (M = 154)	82,5			$CHCl_3$ (M = 120)	65,7
CI_4 (M = 520)	95,8				

sämtliche aufgenommene Energie natürlich der Translationsbewegung zugute kommen muß (nur bei sehr hohen Temperaturen macht sich auch die kinetische Energie der Elektronen bemerkbar). Je komplizierter die Moleküle aufgebaut sind, desto größer wird die molare Wärmekapazität. Zusätzliche Energie wird in Schwingungs- und Rotationsbewegungen gespeichert.

Das untere Drittel der Tabelle zeigt einen weiteren wichtigen Aspekt. Die molare Wärmekapazität dieser einander ähnlichen Gase aus fünfatomigen Molekülen ist umso größer, je mehr schwere Atome eingebaut sind. Das läßt sich erklären, wenn man berücksichtigt, daß die Schwingungen und Rotationen von Molekülen *quantisiert* sind. (Die Quantisierung ist auch für das Linienspektrum des Wasserstoffatoms verantwortlich.) Die schwereren Atome eines Moleküls schwingen langsamer; die Schwingungsenergieniveaus sind dichter benachbart. Daher können bei gegebener Temperatur in einem Molekül mit schweren Atomen wie beispielsweise CI_4 mehr Schwingungen angeregt werden als in einem Molekül mit leichten Atomen wie etwa CH_4. Dieser Effekt läßt sich besonders deutlich an der Molekülreihe CH_4, CH_3Cl, CH_2Cl_2, $CHCl_3$, CCl_4 demonstrieren.

b) Das Eiskalorimeter

Die in Abb. 2.13 dargestellte Apparatur heißt Eiskalorimeter und wird allgemein zur Bestimmung von Wärmekapazitäten von Festkörpern und Flüssigkeiten oder zur Bestimmung von Reaktionsenthalpien benutzt. Die Wirkungsweise beruht auf der Tatsache, daß das Volumen einer bestimmten Masse Eis *größer* ist als das Volumen, welches flüssiges Wasser derselben Masse einnimmt. Zu Beginn des Experimentes wird Trockeneis (festes CO_2) in das Probengefäß eingebracht, so daß dieses von einem Eismantel überzogen wird. Das Quecksilber im Meßzylinder wird genau gewogen. Anschließend wird die heiße Probe in den Behälter gefüllt und kühlt sich dabei bis auf 0 °C ab. Während die Probe kälter wird, schmilzt Eis und das Gesamtvolumen des Eis-Wasser-Gemisches wird verringert. Dabei wird Quecksilber aus dem Meßzylinder in

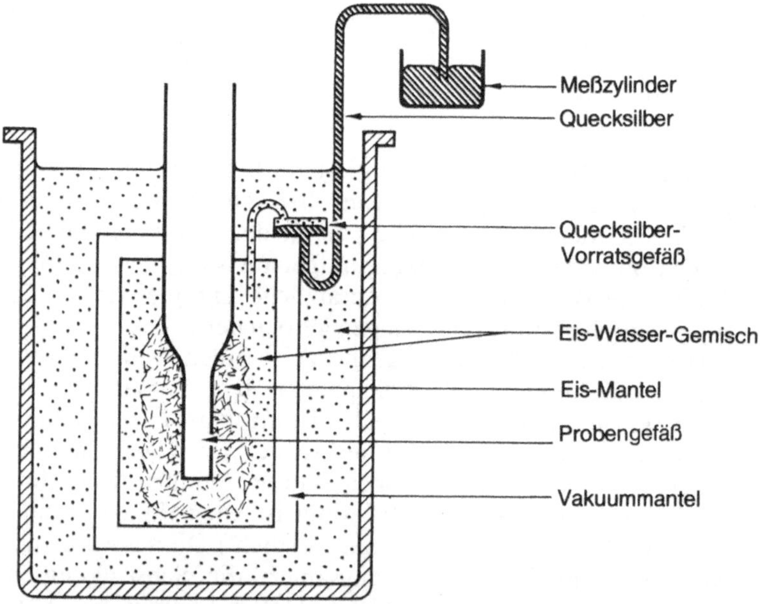

Abb. 2.13. Eiskalorimeter. Eine erhitzte Probe wird in das Probengefäß eingeführt. Dadurch schmilzt ein Teil des Eismantels. Durch die Volumenabnahme wird Quecksilber aus dem Meßzylinder in das Vorratsgefäß gesogen. (Diese Abbildung ist eine vereinfachte Darstellung eines Eiskalorimeters, das von *D. G. Ginnings* und *R. C. Corrucini* beschrieben wurde (Journal of Research of the National Bureau of Standards **38**, 583 (1947))).

das Vorratsgefäß gesogen. Nachdem sich das thermische Gleichgewicht eingestellt hat, wird der Meßzylinder erneut gewogen. Die Volumenänderung ist der geschmolzenen Eismenge proportional und läßt sich aus dem Gewicht des Quecksilbers berechnen, das dem Meßzylinder entzogen wurde. Wärmeverluste an die Umgebung werden auf ein Minimum dadurch reduziert, daß die gesamte Apparatur in ein großes Gefäß mit einem Eis-Wasser-Gemisch eingebettet wird.

Die Apparatur wird geeicht, indem man das Probengefäß mit einer Heizspirale erwärmt, die eine genau bekannte Menge elektrischer Energie als Wärme abgibt.

Bei einer typischen Eichmessung mit einem Eiskalorimeter wurden dem Meßzylinder 61,4 g Quecksilber entzogen. Die Heizung war dabei 70 Minuten lang eingeschaltet und wurde mit einer mittleren Stromstärke von 0,6 Ampère bei einer mittleren elektrischen Spannung von 66 Volt betrieben. Wir wollen den Eichfaktor des Kalorimeters in Joule pro Gramm Quecksilber berechnen:

$$\text{Elektrische Energie} = U I t \qquad [2.60]$$

Dabei ist U die Spannung (in Volt), I die Stromstärke (in Ampère) und t die Zeit (in Sekunden). Daraus ergibt sich:

$$\begin{aligned} E_{\text{elektr.}} &= (66\ \text{V})\,(0{,}6\ \text{A})\,(420\ \text{s}) \\ &= 16{,}63 \cdot 10^3\ \text{J} \end{aligned}$$

Wir können jetzt die Wärmemenge bestimmen, die notwendig ist, um dem Meßzylinder 1 g Quecksilber zu entziehen. Diese Größe bezeichnen wir als Eichfaktor K_g der Apparatur.

$$\begin{aligned} K_g &= \frac{16{,}63 \cdot 10^3\ \text{J}}{61{,}4\ \text{g}_{\text{Hg}}} \\ &= 270{,}9\ \text{J}\ \text{g}_{\text{Hg}}^{-1} \qquad [2.61] \end{aligned}$$

Eine Probe muß also die Wärmemenge von 270,9 J abgeben, damit sich die Masse des Meßzylinders um 1 g ändert.

Wir können nun c_p von Tetrachlormethan aus folgenden experimentellen Daten bestimmen: 103 cm^3 CCl_4 (3,0 mol) von 50 °C (323 K) wurden in das Eiskalorimeter eingefüllt, welches im obigen Beispiel geeicht worden war. Insgesamt wurden dem Meßzylinder 7,3 g Quecksilber entzogen. Der Wärmeverlust der Probe betrug demnach

$$\begin{aligned}\Delta H &= K_g \cdot \text{Masse}\\ &= (270{,}9\ \mathrm{J\,g_{Hg}^{-1}})\,(7{,}3\ \mathrm{g_{Hg}})\\ &= 1{,}978\ \mathrm{kJ}\,.\end{aligned} \tag{2.62}$$

Die Wärmekapazität eines Mols ist durch [2.59] gegeben:

$$\Delta H = c_p \Delta T$$

Wenn n Mol beteiligt sind, gilt für die bei einer Temperaturerniedrigung ΔT abgegebene Wärmemenge:

$$\Delta H = n\, c_p \Delta T$$

Löst man nach c_p auf, so ergibt sich:

$$\begin{aligned}c_p &= \frac{\Delta H}{n\,\Delta T}\\ &= \frac{1{,}978\ \mathrm{kJ}}{3\ \mathrm{mol} \cdot 50\ \mathrm{K}}\\ c_p &= 13{,}2\ \mathrm{J\,mol^{-1}\,K^{-1}}\end{aligned}$$

c) Das Bombenkalorimeter: Verbrennungsenthalpien

Das Eiskalorimeter dient insbesondere zur Messung von Wärmekapazitäten und Enthalpieänderungen bei Reaktionen, die in einer Lösung ablaufen. Eine andere, viel benutzte Art eines Kalorimeters ist das Bombenkalorimeter, das in Abb. 2.14 schematisch dargestellt ist. Dieses Kalorimeter wird zur Messung von Verbrennungsenthalpien verwendet. Die Probe befindet sich in einem kleinen Behälter innerhalb der fest verschlossenen Bombe, die unter einem hohen O_2-Druck steht. Die Bombe wird in ein Gefäß gesetzt, das mit Wasser gefüllt wird, bis die Bombe vollständig bedeckt ist. Dieser Teil der Apparatur wird dann in einen großen, isolierten Behälter gestellt, um Wärmeverluste weitgehend auszuschalten *. Die Probe wird gezündet, indem man einen elektrischen Spannungspuls an die Zünddrähte anlegt. Man mißt die Temperaturer-

* Die in Abb. 2.14 dargestellte Apparatur ist gegenüber dem normalerweise verwendeten Aufbau vereinfacht worden. Bei einem konventionellen Bombenkalorimeter werden Wärmeverluste dadurch möglichst gering gehalten, daß der äußere Mantel mit Hilfe einer elektrischen Heizung oder eines Warmwasserkreislaufes stets auf derselben Temperatur wie das übrige Kalorimeter gehalten wird.

höhung des Wassers im Kalorimeter. Natürlich muß diese Apparatur ebenfalls geeicht werden. Normalerweise verbrennt man dazu eine Probe mit genau bekannter Verbrennungsenthalpie. Dadurch kann man die gesamte Wärmekapazität der Apparatur einschließlich des Wassers bestimmen.

Jeder beliebige Prozeß, der innerhalb der fest verschlossenen Bombe abläuft, findet offenbar bei konstantem Volumen statt. Daher messen wir die Verbrennungswärme bei konstantem Volumen, die gleich der Energieänderung des Gesamtsystems ist:

$$q_V = \Delta E \qquad [2.63]$$

Wir müßten aber die Enthalpieänderung ΔH und nicht ΔE bestimmen, wenn alle unsere thermochemischen Daten miteinander vergleichbar sein sollen. Wir wollen deshalb den Unterschied zwischen beiden Größen untersuchen. Ausgehend von der Definition der Enthalpie

$$H = E + P\,V \qquad [2.64]$$

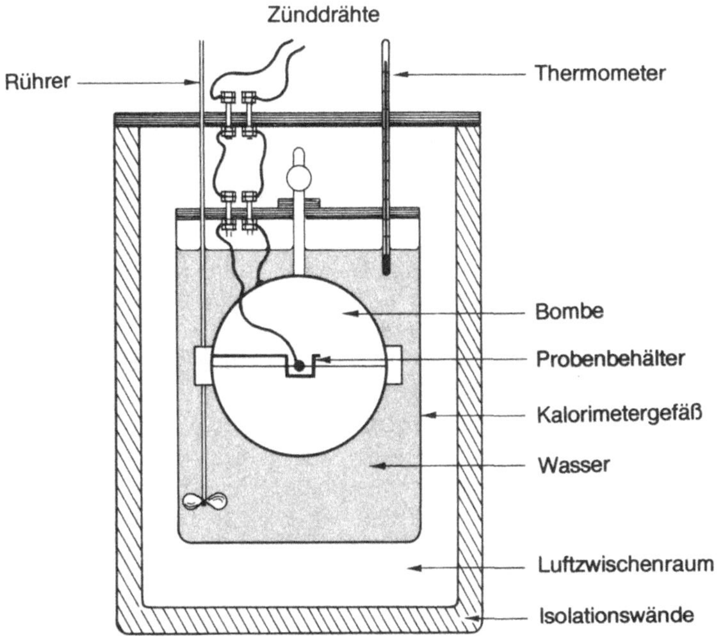

Abb. 2.14. Ein vereinfachtes Bombenkalorimeter

sehen wir, daß die Enthalpie*änderung* durch folgende Gleichung gegeben ist:

$$\Delta H = \Delta E + \Delta (P\,V) \qquad [2.65]$$

Lägen alle Reaktionsprodukte *und* Reaktanden entweder im flüssigen oder festen Zustand vor, so wäre $\Delta(P\,V)$ vernachlässigbar gering, und wir könnten in guter Näherung annehmen, daß gilt:

$$\Delta H = \Delta E \quad \text{(für Festkörper und Flüssigkeiten)} \qquad [2.66]$$

Das gilt jedoch nicht, wenn gasförmige Stoffe an der Reaktion beteiligt sind. Wir wollen einmal annehmen, daß sich jedes beteiligte Gas wie ein ideales Gas verhält und daher dem idealen Gasgesetz gehorcht

$$P\,V = n\,R\,T. \qquad [2.67]$$

Dann können wir $\Delta(P\,V)$ folgendermaßen aus den übrigen Größen berechnen:

$$\begin{aligned}\Delta(P\,V) &= \Delta n\,R\,T\\ &= (n_2 - n_1)\,R\,T,\end{aligned} \qquad [2.68]$$

dabei ist

n_2 die Molzahl der gasförmigen Produkte
n_1 die Molzahl der gasförmigen Reaktanden
R die Gaskonstante (8,314 J mol^{-1} K^{-1})
T die mittlere (absolute) Temperatur während der Messung.

Die Korrektur, die notwendig ist, wenn man aus der gemessenen Größe ΔE ΔH berechnen will, hängt also von der *Differenz* der Molzahlen der gasförmigen Reaktionsprodukte und der gasförmigen Reaktanden ab. Wie wir gleich anhand eines Beispiels sehen werden, ist die Korrektur normalerweise nicht sehr groß – nicht einmal dann, wenn mehrere Mol eines Gases an der Reaktion beteiligt sind. Daher beinhaltet auch die Einführung einer mittleren Temperatur nur einen vernachlässigbaren Fehler.

In einem typischen Experiment* mit einem Bombenkalorimeter wurde eine Probe aus Biphenyl $(C_6H_5)_2$ mit einer Masse von 0,526 g unter Sauerstoff-Überschuß verbrannt. Die beobachtete

* Diese Ergebnisse wurden in einem Senior Physical Chemistry Laboratory der University of British Columbia gewonnen.

Temperaturerhöhung betrug 1,91 K. In einem zusätzlichen Eichexperiment wurde eine Probe aus Benzoësäure C_6H_5COOH mit der Masse 0,825 g verbrannt, wobei eine Temperaturerhöhung von 1,94 K erzeugt wurde. Die Verbrennungsenergie von Benzoësäure (BS) ist genau bekannt als:

$$\Delta E_{\text{Verbr.}}(\text{Benzoësäure}) = \Delta E_{\text{Verbr.}}(\text{BS}) = -3226\,\text{kJ mol}^{-1} \qquad [2.69]$$

Das Wasser im Kalorimeter befand sich anfangs bei Zimmertemperatur 25 °C (298 K). Aus diesen Daten können wir $\Delta E_{\text{Verbr.}}$ und $\Delta H_{\text{Verbr.}}$ für Biphenyl berechnen. Die gesamte Wärmekapazität von Kalorimeter und Wasser muß zunächst aus der bekannten Wärmemenge, die bei der Verbrennung von Benzoësäure freigesetzt wird, berechnet werden *:

$$-n(\text{BS})\,\Delta E_{\text{Verbr.}}(\text{BS}) = C(\text{Kalorimeter})\,\Delta T\,{}^{**}$$

$$C(\text{Kalorimeter}) = \frac{3226\ \text{kJ mol}^{-1}\cdot 0{,}825\ \text{g}}{1{,}94\,\text{K}\cdot 123\,\text{g mol}^{-1}} = 11{,}15\,\text{kJ K}^{-1}$$

Unter Verwendung dieses Ergebnisses können wir die Verbrennungsenergie von Biphenyl (BP) berechnen:

$$-\Delta E_{\text{Verbr.}}(\text{BP}) = C(\text{Kalorimeter})\ \Delta T/n(\text{BP})$$

$$\Delta E_{\text{Verbr.}}(\text{BP}) = -\frac{11{,}15\,\text{kJ K}^{-1}\cdot 1{,}19\,\text{K}\cdot 154\,\text{g mol}^{-1}}{0{,}526\,\text{g}} = -\ 6237\,\text{kJ mol}^{-1}$$

Jetzt müssen wir $\Delta E_{\text{Verbr.}}$ in $\Delta H_{\text{Verbr.}}$ umrechnen. Die Reaktionsgleichung lautet:

$$(C_6H_5)_2(\text{f}) + \frac{29}{2}\,O_2(\text{g}) \rightleftarrows 12\,CO_2(\text{g}) + 5\,H_2O\,(\text{fl}) \qquad [2.70]$$

---

* Die bei der Verbrennung freigesetzte Wärmemenge wird vom Kalorimeter aufgenommen. Die aufgenommene Wärmemenge ist daher der negative Wert der Verbrennungsenergie, $-\Delta E_{\text{Verbr.}}$.

** Die Molzahl des verbrannten Stoffes ergibt sich als Quotient aus Masse m und Molmasse M: $n = m/M$. $M(\text{BS}) = 123\ \text{g mol}^{-1}$, $M(\text{BP}) = 154\ \text{g mol}^{-1}$. (Anm. d. Übers.)

Tab. 2.6. Verbrennungsenthalpien einiger organischer Verbindungen * (298 K)

Substanz	Formel	$\Delta H_{Verbr.}$ (kJ mol^{-1}) **
Methan	CH_4 (g)	– 890
Äthan	C_2H_6 (g)	– 1560
Propan	C_3H_8 (g)	– 2220
Äthylen	C_2H_4 (g)	– 1411
Benzol	C_6H_6 (fl)	– 3268
Methanol	CH_3OH (fl)	– 726
Äthanol	C_2H_5OH (fl)	– 1367
Dimethyläther	$(CH_3)_2O$ (g)	– 1455
Essigsäure	CH_3COOH (fl)	– 876
Glukose	$C_6H_{12}O_6$ (f)	– 2816
Saccharose	$C_{12}H_{22}O_{11}$ (f)	– 5644

* Die Endprodukte sind CO_2 (g) und H_2O (fl); $\Delta H_f^\circ(CO_2(g)) = -393{,}5$ kJ mol^{-1}; $\Delta H_f^\circ(H_2O\ (fl)) = -285{,}9$ kJ mol^{-1}.

** In Tabellen mit Ergebnissen von Verbrennungsexperimenten werden Verbrennungsenthalpien oft entsprechend der umgekehrten Vorzeichenkonvention als positive Größen aufgeführt.

Die Molzahländerung der gasförmigen Stoffe ist:

$$\begin{aligned} \Delta n(\text{Gase}) &= n_{\text{Produkte}} - n_{\text{Reaktanden}} \\ &= 12 - \frac{29}{2} \\ &= -\frac{5}{2}\,. \end{aligned} \qquad [2.71]$$

Setzt man diesen Wert in [2.68] und [2.65] ein, so ergibt sich:

$$\begin{aligned} \Delta H_{\text{Verbr.}} &= \Delta E_{\text{Verbr.}} - \frac{5}{2}\,(8{,}314\ \text{J K}^{-1}\text{mol}^{-1})\ 298\ \text{K} \\ &= (-6237 - 20{,}8)\ \text{kJ mol}^{-1} \\ &= -6257\ \text{kJ mol}^{-1} \end{aligned}$$

In Tab. 2.6 sind einige experimentell bestimmte Verbrennungsenthalpien zusammengestellt.

d) Kalorimetrische Bestimmung von ΔH_V

Die zur Verdampfung eines Mols einer reinen Flüssigkeit erforderliche Energie (Enthalpie) kann dadurch bestimmt werden, daß man einen genau meßbaren Betrag an elektrischer Energie zuführt und die dabei verdampfende Substanzmenge bestimmt. Eine geeignete Apparatur ist in Abb. 2.15 dargestellt. Die Flüssigkeit befindet sich in einem wärmeisolierten Glaskolben. Mit Hilfe einer Heizspirale wird ein genau bekannter Betrag an elektrischer Energie zugeführt. Der dadurch entstehende Dampf kondensiert an einer Wasserkühlung und wird in einem Auffangbehälter gesammelt.

Eine einzige Messung mit dieser Apparatur ergäbe sicher kein zufriedenstellendes Ergebnis, da die Wärmeverluste beträchtlich sind. Wenn man aber Messungen bei verschiedenen Verdampfungsgeschwindigkeiten ausführt, kann man einen recht genauen Wert für ΔH_V erhalten.

Die Geschwindigkeit, mit der elektrische Energie abgegeben wird, ist durch das Produkt

$$\text{Leistung} = U \cdot I$$

gegeben und wird in Watt (Joule pro Sekunde) angegeben. Dabei ist U die Spannung (in Volt) und I die Stromstärke (in Ampère).

Ein Teil der zugeführten Energie wird beim Verdampfungsprozeß mit der Geschwindigkeit

$$\frac{n\,\Delta H_V}{t}$$

verbraucht, wobei n die Zahl der verdampften Mole und t die Zeit, während der der elektrische Strom fließt, sind. Der Rest der zugeführten Energie geht mit einer Geschwindigkeit, die wir h nennen wollen, durch Wärmeaufnahme der Apparaturteile verloren. Insgesamt ergibt sich daher

$$\text{Leistung} = U I = \frac{n\,\Delta H_V}{t} + h\,.$$

Wenn wir unsere Messungen nun bei verschiedenen Verdampfungsgeschwindigkeiten (n/t) ausführen und die elektrische Leistung gegen diese Geschwindigkeit auftragen, so sollte sich eine Gerade ergeben mit der Steigung ΔH_V und dem Ordinatenachsenabschnitt h *.

* Die Gleichung hat die Form der allgemeinen Geradengleichung $y = a\,x + b$, wobei a die Steigung und b der y-Achsenabschnitt sind.

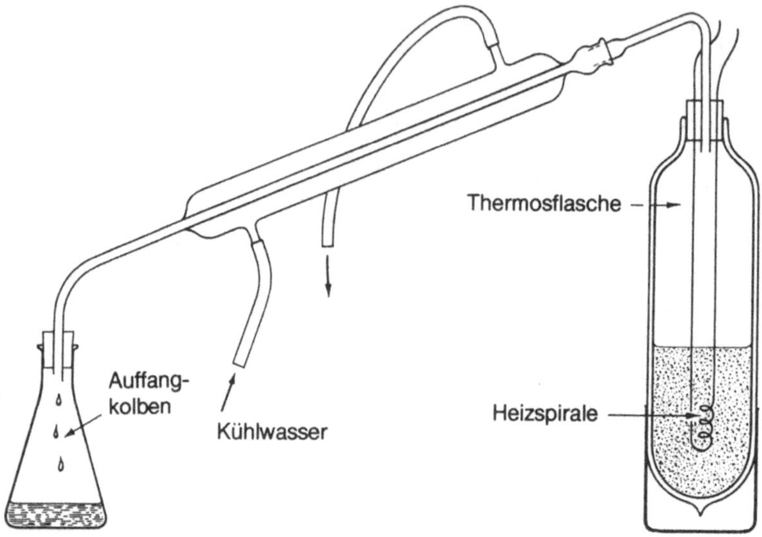

Abb. 2.15. Apparatur zur kalorimetrischen Bestimmung von ΔH_V.

Mit der oben beschriebenen Apparatur wurden die folgenden Ergebnisse für Chloroform $CHCl_3$ ermittelt*:

Leistung $U\,I$ ($J\,s^{-1}$)	Destillationsgeschwindigkeit n/t ($mol\,s^{-1}$)
I 8,75	$2{,}15 \cdot 10^{-4}$
II 6,84	$1{,}47 \cdot 10^{-4}$

Wir können schon aus diesen beiden Wertepaaren ΔH_V berechnen. (Zur genaueren Bestimmung würde man mehrere Meßwerte verwenden und ΔH_V aus der Steigung der oben beschriebenen graphischen Auftragung bestimmen.)
Wir können schreiben:

$$(UI)_I = \Delta H_V \left(\frac{n}{t}\right)_I + h \qquad [2.72]$$

und

$$(UI)_{II} = \Delta H_V \left(\frac{n}{t}\right)_{II} + h \qquad [2.73]$$

* Diese Daten wurden in einem Chemie-Praktikum für Anfänger an der University of British Columbia ermittelt.

Subtrahiert man Gleichung [2.72] von [2.73], so bekommt man:

$$\Delta(U I) = \Delta H_V \Delta \left(\frac{n}{t}\right)$$

und daher

$$\Delta H_V = \frac{\Delta(U I)}{\Delta(n/t)} = \frac{(8{,}75 - 6{,}84)\,\mathrm{J\,s^{-1}}}{(2{,}15 - 1{,}47)\,10^{-4}\,\mathrm{mol\,s^{-1}}}$$
$$= 28{,}1\,\mathrm{kJ\,mol^{-1}}.$$

2.5. Energie und Spontaneität – Warum geht es stets von selbst bergab?

In Abb. 2.2 sahen wir, wie ein Wagen, der sich selbständig gemacht hat, den Hügel hinabrollt. Als die Bremse versagte, machte sich der Wagen von selbst auf den Weg. Abb. 2.16 zeigt, wo diese leichtsinnig begonnene Reise wahrscheinlich endete. Zu Beginn, oben auf dem Hügel hatte der Wagen potentielle Energie besessen. Je weiter er bergabrollte, desto mehr Energie wurde in kinetische Energie umgewandelt – zum Schrecken der Passanten! Schließlich endete alles im Chaos (siehe Abb. 2.16).

a) Bergabrollen – Eine Modellvorstellung für die Chemie?

Gibt es eine Modellvorstellung für chemische Vorgänge? Kehren wir ins Jahr 1860 zurück. *Berthelot* glaubte, eine solche Vorstellung

Abb. 2.16. Das Ende einer lustigen Talfahrt.

gefunden zu haben, als er postulierte, daß alle chemischen Prozesse in der Weise ablaufen, daß dabei Wärme frei wird. Nachdem er die Wärmetönung dutzender Reaktionen sorgfältig gemessen hatte, waren seine Gedanken so sehr auf die Wärmeeffekte konzentriert, daß er zu dem Schluß kam, daß sie allein die Richtung einer freiwilligen Umwandlung bestimmen. Eine chemische Reaktion sollte sich also etwa so verhalten, wie der Wagen in Abb. 2.2. Es hatte den Anschein, als ob reagierende Systeme in einer Hügellandschaft der chemischen Energie „bergabrollen".

Dieses war eine seltsame Schlußfolgerung, die dieser exzellente Wissenschaftler aus seinen Messungen zog – verfügte er doch über genügend viele Beweise, die diese einfache Vorstellung widerlegten. Bei vielen alltäglichen Umwandlungen wird Wärme aufgenommen – ein Beispiel dafür ist die Auflösung von Salz in Wasser, ein anderes die Expansion von Kohlendioxid aus einem Hochdruckbehälter. Beide Vorgänge laufen völlig freiwillig ab, aber offenbar ohne Wärmeabgabe. Außerdem waren den Chemikern zu jener Zeit viele Reaktionen bekannt, die zwar exotherm waren, aber stets zu einer Gleichgewichtsmischung führten, in der ein Teil der Reaktanden unverändert vorlag. Trotzdem wurde *Berthelots* Vorstellung bis zu einem gewissen Grad akzeptiert. Schließlich ließen sich gerade stark exotherme Reaktionen oft nur schwer unter Kontrolle halten, und die Tatsache, daß Kugeln stets bergab rollen, schien auf einen gewissen Zusammenhang hinzudeuten. Um *Berthelots* These genauer zu untersuchen, wollen wir die Vorgänge von Abb. 2.2 im Labor simulieren.

Abb. 2.17 zeigt eine Stahlkugel auf einer polierten Metallfläche, Position (a). Da die Oberfläche geneigt ist, beginnt die Kugel abwärts zu rollen und vergrößert dabei ihre Geschwindigkeit. Nach einer gewissen Zeit befindet sie sich auf halber Höhe, Position (b), und hat eine beträchtliche Geschwindigkeit erlangt. Ein großer Teil ihrer potentiellen Energie (Energie der Lage) ist in kinetische Energie (Energie der Bewegung) umgewandelt worden. Die Kugel befindet sich aber immer noch auf dem Abhang und wird daher weiter beschleunigt. Irgendwann erreicht sie die Talmulde, Position (c). Dann ist die gesamte verfügbare potentielle Energie verbraucht und in kinetische Energie umgewandelt worden. Die Kugel ist freiwillig abwärts gerollt.

Aber warten wir noch einen Moment – und sehen uns Abb. 2.18 an! Kurz nachdem die Kugel die Talsohle erreicht hat, beginnt sie auf der anderen Seite *bergauf* zu laufen. Bei (d) hat sich ihre Ge-

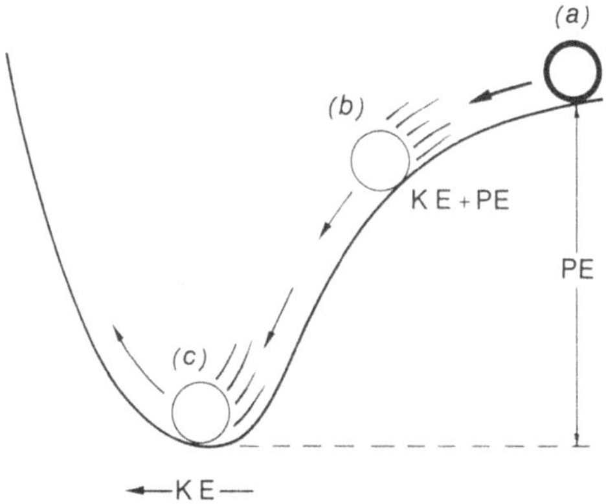

Abb. 2.17. Eine Kugel wird auf eine geneigte polierte Metallfläche gelegt und rollt abwärts.

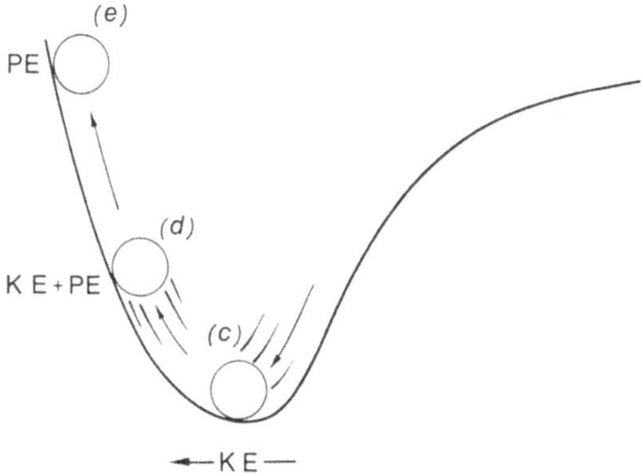

Abb. 2.18. Eine Kugel kann auch bergaufrollen.

schwindigkeit verringert, aber dafür besitzt die Kugel nun wieder etwas potentielle Energie. Irgendwann erreicht sie den Punkt (e), die Energie der Bewegung ist verschwunden, und die Kugel besitzt wieder nur potentielle Energie. Auf diese Weise *ist die Kugel freiwillig bergaufgerollt.* Anscheinend rollte sie ebenso gern aufwärts, als sie einmal genügend Fahrt hatte, wie abwärts, als sie am Hang des Hügels festgehalten wurde.

Abb. 2.19 zeigt die Bahn der Kugel, wenn sie frei in der Mulde hin- und herrollen kann. Jedes Mal, wenn sie eine Tour beendet hat – auf der rechten Seite bergab, links bergauf und wieder zurück, links hinab und rechts hinauf – wird der Abstand zum ursprüng-

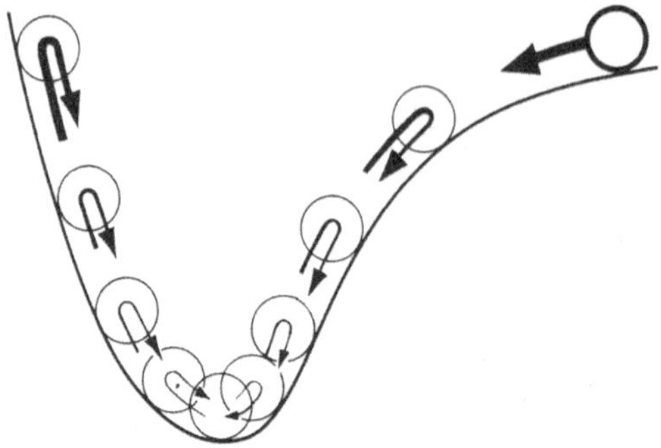

Abb. 2.19. Reibung verdirbt nach und nach die Freude.

lichen Startpunkt ein wenig größer. Im Laufe der Zeit nimmt die Amplitude der Bewegung immer weiter ab. Schließlich kommt die Kugel in der Talmulde zur Ruhe.

Wo ist jetzt aber ihre Energie geblieben? Was ist aus dem Bestreben der Kugel, hin- und her-, zuerst hinab-, dann hinaufzurollen, geworden? Die Antwort ist, daß Reibung die Hand im Spiel hatte. Wir können den Abhang noch so sorgfältig polieren – etwas Reibung bleibt stets übrig, so daß die Kugel an der Oberfläche reibt und dabei Wärme erzeugt. Nach und nach wird sämtliche Energie in Wärme umgewandelt, und die Kugel bleibt schließlich in der Talmulde liegen.

Fassen wir zusammen, so erkennen wir, daß die Kugel abwärts rollen möchte, wenn sie potentielle Energie besitzt. Tut sie das, wird aber ihre Energie in kinetische Energie umgewandelt. Aus der Energie der Lage ist Energie der gerichteten Bewegung geworden, und die Kugel vermag bergauf zu rollen. Die Erzeugung von Wärme, der Übergang von der gerichteten Bewegung zur regellosen Wärmebewegung, ist schließlich dafür verantwortlich, daß die Kugel in der Talmulde zur Ruhe kommt.

b) Die Reaktion zwischen Atomen – auch eine Talfahrt?

Abb. 2.20 zeigt, in welcher Weise sich die potentielle Energie ändert, wenn sich zwei Jodatome einander nähern. Auf der horizontalen Achse ist der Abstand beider Atomkerne aufgetragen und auf der vertikalen Achse die Energie der Elektronen und des Kerns eines Atoms, die mit den positiv und negativ geladenen Bausteinen des anderen Atoms wechselwirken. Die potentielle Energie nimmt

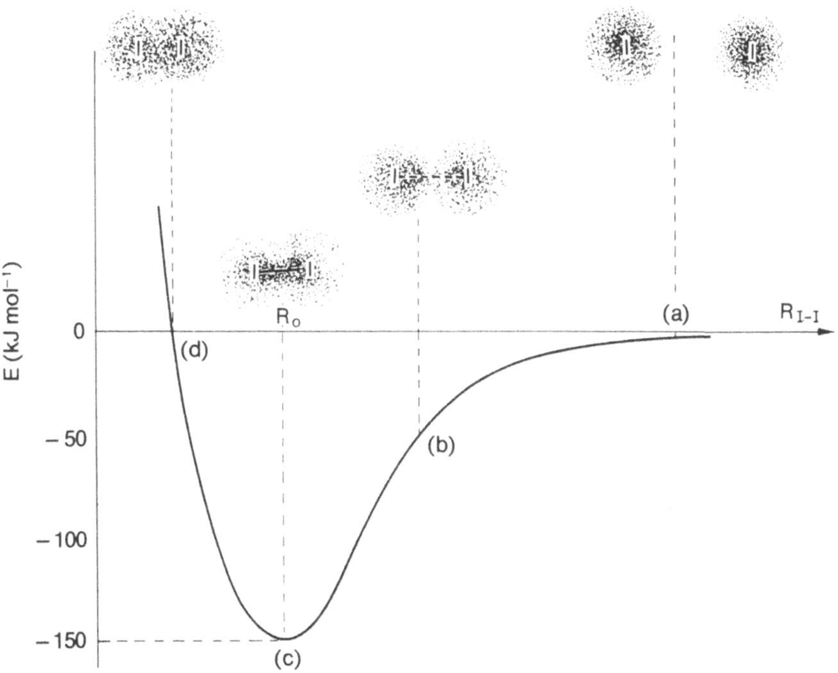

Abb. 2.20. Potentielle Energie zweier Jodatome beim Zusammenstoß.

bei Annäherung beider Atome ab, bis sie ein Minimum bei R_0, der Gleichgewichtsbindungslänge von I_2, erreicht.

Aber die Jodatome bleiben keineswegs im Abstand R_0 sitzen. Sie werden bei der Annäherung beschleunigt, so daß sie sich über den Gleichgewichtsabstand hinweg bewegen und auf die andere Seite der Energiemulde gelangen. Bei Erreichen des Punktes (d) ist die gesamte Energie der Jodatome wieder in potentielle Energie umgewandelt. Sie kehren um, laufen den Berg wieder hinab, durch die R_0-Position hindurch und verlassen die Energiemulde, fliegen auseinander. Der Versuch der Jodatome, miteinander zu reagieren, ist fehlgeschlagen!

Betrachtet man Abb. 2.19, so kommt man zu der Vermutung, daß ihnen nur etwas Reibung gefehlt hat. Und das stimmt auch tatsächlich. Die Reibung muß durch Stöße mit anderen Molekülen erzeugt werden, und sie muß kurze Zeit, bevor die Jodatome sich wieder trennen, wirksam sein. Wenn ein drittes Atom oder Molekül am Stoß beteiligt ist und etwas Energie abführt, wie in Abb. 2.21

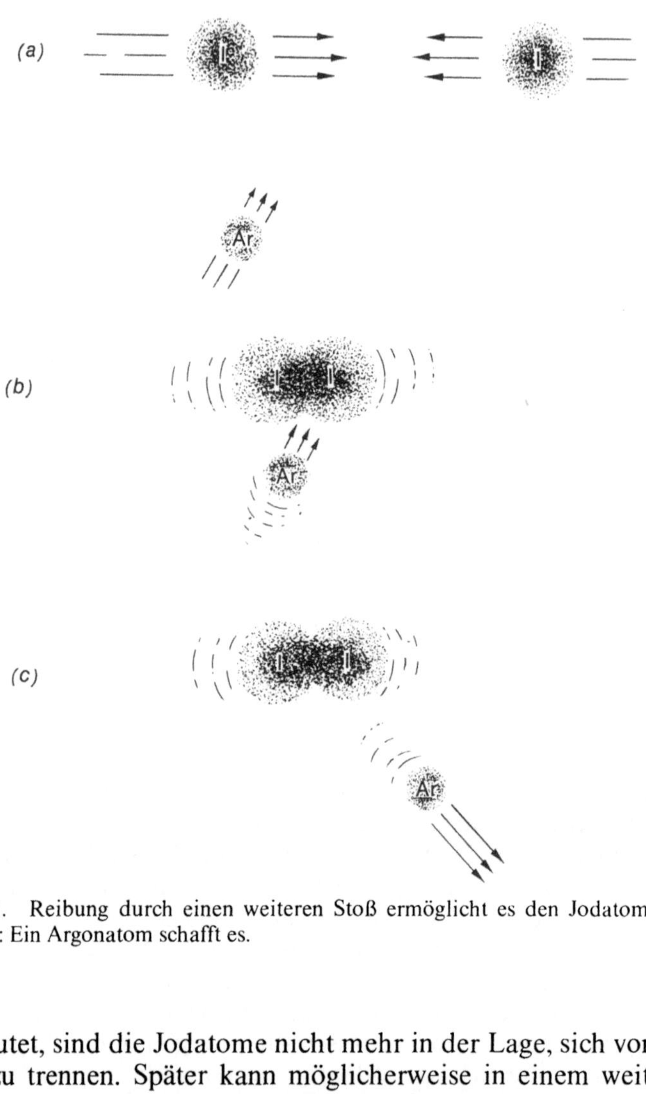

Abb. 2.21. Reibung durch einen weiteren Stoß ermöglicht es den Jodatomen zu reagieren: Ein Argonatom schafft es.

angedeutet, sind die Jodatome nicht mehr in der Lage, sich voneinander zu trennen. Später kann möglicherweise in einem weiteren Stoß noch mehr Energie abgegeben werden, so daß die Schwingungsbewegung der Jodatome weiter gedämpft wird. Nach einer gewissen Zeit, nach vielen Stößen, befinden sich die Jodatome schließlich in der Talmulde, im Gleichgewichtsabstand. Ihre einstige Energie ist regellos auf die Stoßpartner, die den gesamten Prozeß erst ermöglicht haben, übertragen und so in Wärme umgewandelt worden.

Dieses ist durchaus keine an den Haaren herbeigezogene Erklärung. Experimentell hat man gefunden, daß Jodatome nur sehr langsam reagieren, auch wenn bei der Bildung von I_2 151 kJ mol^{-1} frei werden. Sie reagieren insbesondere dann langsam, wenn der Druck gering ist. Wenn aber die Zahl der Stöße pro Sekunde erhöht wird, steigt auch die Geschwindigkeit, mit der I_2 gebildet wird, an. Molekulare Reibung entzieht dem System Energie geordneter Bewegung und wandelt sie in Wärme um.

c) Was wissen wir nun über spontane Umwandlungen?

Warum landen unsere Kugel oder unsere beiden Jodatome am Ende in der Talmulde? Weil Reibung dafür sorgt, daß geordnete Bewegung in ungeordnete Bewegung umgewandelt wird. Das ist offenbar ein wesentliches Merkmal spontaner Umwandlungen. Und doch sind wir noch nicht bis zum Kern des Problems vorgedrungen; denn es gibt Umwandlungen, die freiwillig stattfinden und dabei Energie verbrauchen. Kann das auch durch Reibung erklärt werden? Sicher nicht!

Wir können daraus schließen, daß die Umwandlung von geordneter Energie (entweder potentielle oder kinetische Energie) in ungeordnete Energie (Wärme) in irgendeiner Weise bei spontanen Umwandlungen eine Rolle spielt. Aber die Verhältnisse lassen sich nicht einfach durch die Vorstellung erklären, daß alle Dinge bergab rollen. Woher wissen die Moleküle aber, was sie tun sollen? Vielleicht sollten wir uns einen sehr einfachen Prozeß aussuchen und diese kleinen, intelligenten Moleküle beobachten – möglicherweise können wir daraus etwas lernen. Wir wollen zuerst einmal die Expansion eines Gases ins Vakuum betrachten. Dieser einfache Vorgang vermittelt Einsichten in die Massenpsychologie und den gesamten Intellekt eines ganzen Mols von Molekülen, die unerbittlich auf das Gleichgewicht zusteuern. Wir werden entdecken, daß die Moleküle tatsächlich bergab laufen – allerdings nicht in einem Energiegebirge.

3. Molekulare Unordnung und chemische Umwandlung

Im ersten Kapitel haben wir die Bedeutung des Gleichgewichtszustandes hervorgehoben. Wir haben gesehen, daß die Zusammensetzung eines Systems im Gleichgewicht durch die Gleichgewichtskonstante bestimmt ist, die das Ausmaß einer Reaktion beschreibt. Das zweite Kapitel beschäftigte sich mit Energieumsetzungen, die chemische Umwandlungen begleiten. Dabei konnte die Frage, wann eine Reaktion freiwillig abläuft, jedoch noch nicht vollständig geklärt werden. Jetzt wollen wir dieses Problem eingehender untersuchen und die verschiedenen Faktoren ausfindig machen, die die Lage des Gleichgewichtszustandes beeinflussen. Wir wissen bereits, daß die Kenntnis der Energieänderung ΔE oder ΔH allein nicht ausreicht, um die Richtung einer chemischen Umwandlung vorherzusagen.

Wir wollen zunächst einen höchst einfachen Vorgang betrachten: Die Expansion eines Gases. Die mit einem solchen Prozeß verbundene Energieänderung ist extrem klein (und verschwindet im Falle eines idealen Gases vollends). Daher können wir gerade anhand dieses Beispiels andere Faktoren als die Energie kennenlernen, die chemische Umwandlungen beeinflussen.

3.1. Expansion eines Gases

Abb. 3.1 zeigt zwei identische Apparaturen. Jede von ihnen besteht aus einem 1-Liter-Kolben und einem 3-Liter-Kolben, die über einen Hahn miteinander verbunden sind, der zunächst geschlossen sein soll. Der 1-Liter-Kolben A_1 der Apparatur A enthält Cl_2 mit einem Druck von 24 mbar, während Kolben A_2 leer ist. An der Apparatur B ist dagegen der 1-Liter-Kolben B_1 mit 3 mbar Cl_2 und der rechte Kolben B_2 mit 7 mbar Cl_2 gefüllt.

Was passiert nun, wenn in diesen beiden Systemen die Verbindungshähne geöffnet werden? Die Situation ist uns so vertraut, daß wohl niemand auch nur geringste Schwierigkeiten hat, das Ergeb-

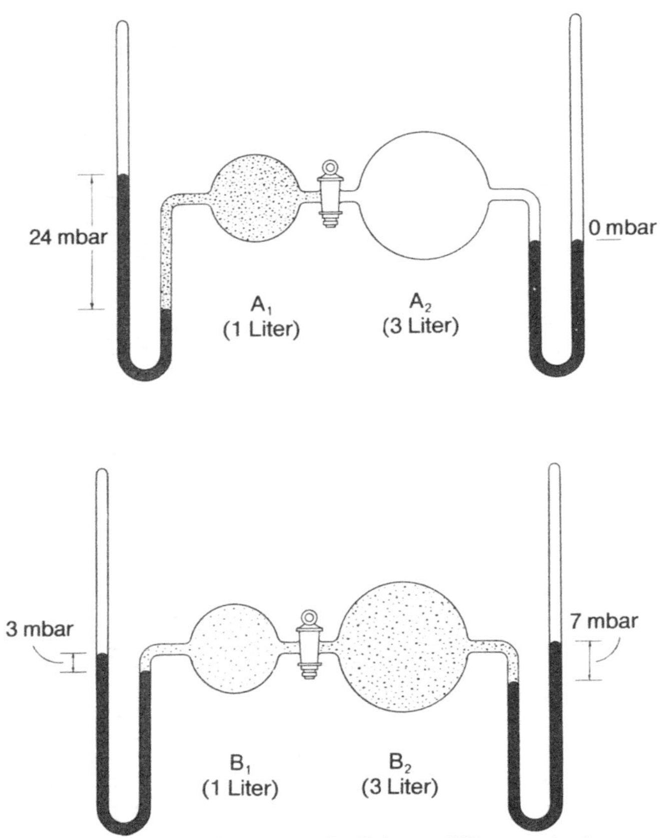

Abb. 3.1. Was passiert, wenn die Hähne geöffnet werden?

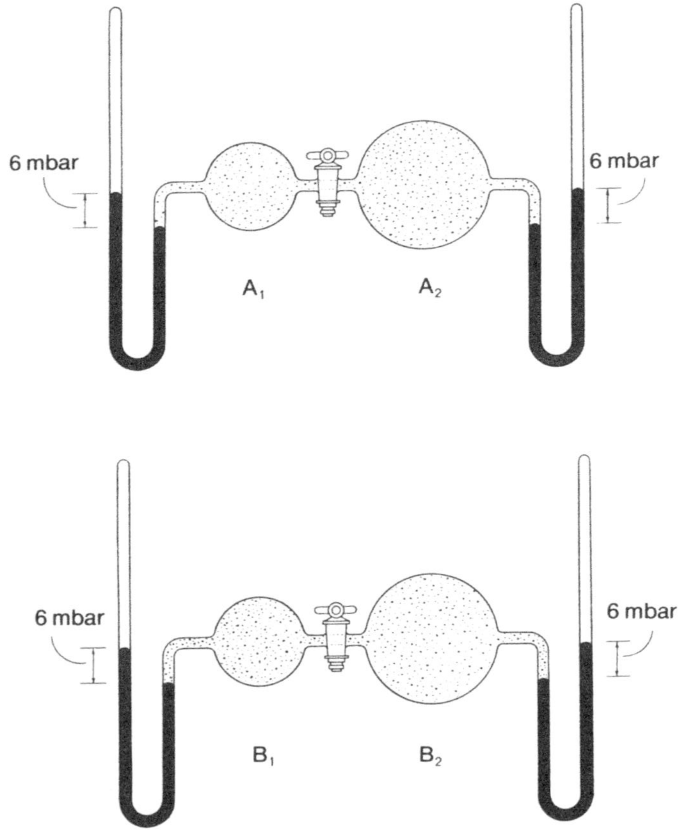

Abb. 3.2. Der Gasdruck ist einheitlich.

nis zuverlässig vorherzusagen. In A wird das Cl_2-Gas vom kleineren Kolben A_1 in den größeren Kolben A_2 einströmen, bis der Druck überall gleichmäßig 6 mbar beträgt. In B wird das Gas in umgekehrter Richtung vom größeren zum kleineren Kolben strömen, bis auch hier überall ein Druck von 6 mbar erreicht ist. Es ist allgemein bekannt, daß sich ein Gas in einen Bereich niedrigeren Druckes ausdehnt, bis sich der Druckausgleich einstellt. Obwohl wir fest von der Richtigkeit unserer Überlegung überzeugt sind, wollen wir doch das Experiment ausführen. Die Hähne werden geöffnet, und die vorhergesagten Veränderungen finden statt, wie es in Abb. 3.2 dargestellt ist. Offenbar war unsere Fragestellung sehr einfach. Ohne viel Überlegung ließ sich das Verhalten des Systems richtig vorhersagen.

Wir wollen uns nun dasselbe „Experiment" im mikroskopischen Bild veranschaulichen. Wir stellen uns vor, daß Cl_2-Moleküle im linken Kolben der Apparatur A und in den Kolben der Apparatur B umherschwirren. Jetzt sollen die Hähne geöffnet werden. Innerhalb eines kurzen Zeitintervalls entscheiden sich ¾ aller Moleküle in A_1 aus irgendeinem Grund dazu, in den Kolben A_2 zu wandern. In der gleichen Zeit wandern Moleküle in entgegengesetzter Richtung von B_2 nach B_1. Woher *wissen* die Moleküle in A_1, daß sie in den Kolben A_2 wandern müssen? Haben sie vielleicht wie wir ein Gedächtnis und entscheiden sich aufgrund ihrer Erfahrungen, die sie in der Vergangenheit gesammelt haben? Wohl kaum! Viele Wissenschaftler zweifeln daran, daß Moleküle überhaupt denken können – und doch tun Moleküle stets das Richtige.

Damit stellt sich schon eine schwierigere Frage. Wodurch wird das Verhalten eines Gasmoleküls bestimmt? Wie können wir seine reproduzierbaren Verhaltensweisen unter gegebenen äußeren Bedingungen erklären, wenn wir nicht an das Denkvermögen eines Moleküls glauben? *Welche Faktoren bestimmen die Richtung einer spontanen Zustandsänderung?*

a) Ein Beispiel – Der Zufall ist am Werk

Abb. 3.3 stellt ein Glücksspiel dar. Der Spieltisch hat 25 Vertiefungen, numeriert von 1 bis 25. Ein Spieler setzt eine Mark und wählt drei Zahlen aus, z. B. 3, 7 und 12. Der Spielleiter wirft drei Tischtennisbälle in den Kasten. Wenn die Bälle in den richtigen Mulden mit den Nummern 3, 7 und 12 liegenbleiben, zahlt die Spielbank 2000 Mark an den Spieler. Trotz dieser hohen Gewinnsumme ist

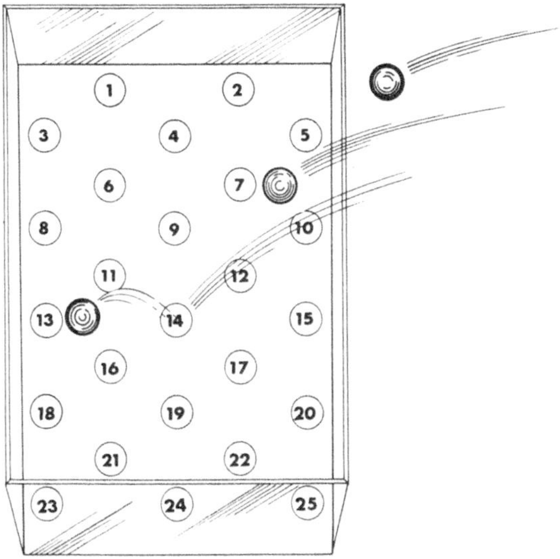

Abb. 3.3. Glückspiel Nummer 1.

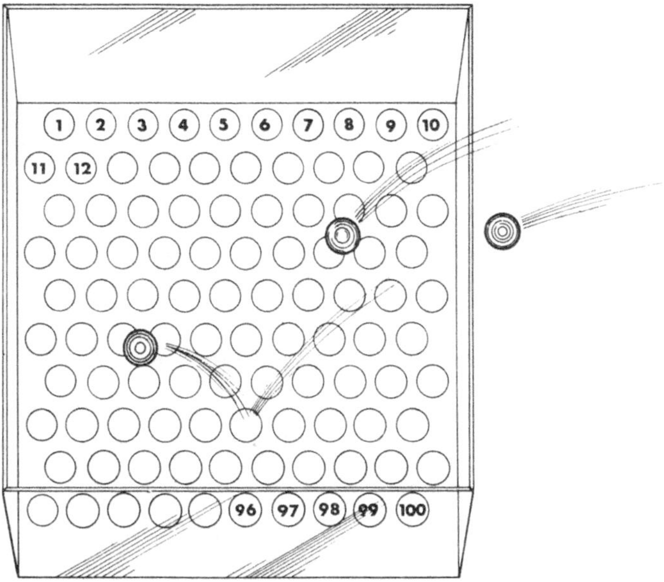

Abb. 3.4. Glücksspiel Nummer 2.

das in Abb. 3.4 dargestellte Spiel 2 noch attraktiver. Hier gibt es hundert Vertiefungen, und ein Spieler, der eine Mark auf die richtigen drei Zahlen setzt, gewinnt 100 000 Mark. Das ist die richtige Art reich zu werden!

Das stimmt natürlich nicht! Der einzige, der sich wirklich darauf verlassen kann, bei diesem Spiel reich zu werden, ist der Spielleiter. Wenn am Ende des Abends Tausende von Wetten abgeschlossen worden sind, dann hat die Bank mit ihren Tischtennisbällen 24 Prozent aller Einsätze in Spiel 1 (Abb. 3.3) gewonnen. Am anderen Tisch mit der ungeheuer hohen Gewinnausschüttung haben die drei Tischtennisbälle dafür gesorgt, daß die Bank sogar 40 Prozent aller Einsätze der Spieler gewonnen hat!

Offenbar sind diese Tischtennisbälle höchst intelligent und der Spielleiter wird dann insbesondere die tüchtigen Bälle von Spiel 2 verwenden. Aber wir alle, auch der Spielleiter, wissen, daß Tischtennisbälle nicht dressiert werden können; vorausgesetzt, sie sind nicht elektrisch aufgeladen oder magnetisiert. Der Spielleiter versteht nur etwas von den Gesetzen der räumlichen Zufallsverteilung. Aufgrund dieser Kenntnisse hat er sorgfältig die Wahrscheinlichkeit berechnet, mit der drei beliebige Zahlen ausgespielt werden, und konnte damit die Gewinnsumme jedes Spiels vorherbestimmen und damit seinen eigenen Erfolg sicherstellen. Der Spielleiter geht dabei von der Annahme aus, daß die Tischtennisbälle nicht etwa besonders listenreich sind, wie wir anfangs angenommen haben, sondern daß sie im Gegenteil ganz dumm sind und daß ihre Endpositionen völlig vom Zufall bestimmt sind, damit die Spieler keine Vorzugspositionen ausmachen können. Der Wunsch der Spielbank ist einzig und allein, daß die Tischtennisbälle ihre Ruhelagen rein zufällig auswählen, so daß der Ausgang des Spieles sicher vorhersagbar ist: Am Ende gewinnt immer die Spielbank!

b) Zurück zu den Molekülen – sind sie auch dumm?

Besteht vielleicht irgendein Zusammenhang zwischen den Experimenten aus Abb. 3.1 und dem Verhalten der Tischtennisbälle? Haben auch die Moleküle, ebenso wie die Tischtennisbälle, keinen eigenen Willen und sind deshalb völlig regellos und ohne jede Bevorzugung irgendeiner Position im Raum verteilt? Wenn wir uns diese Frage stellen, haben wir es mit einem anderen „Spiel“ zu tun, dem „Spiel“ der Wissenschaft. Wir haben das Verhalten eines Teils unserer Umgebung, die Expansion eines Gases ins Vakuum, beobachtet, und wir machen uns nun darüber Gedanken. Wir haben in unserem Erfahrungsschatz nachgeforscht, ob es nicht ähnliche, aber besser verstandene Phänomene gibt, und sind dabei auf die gewinnbringende Beschäftigung mit einem Glücksspiel gestoßen. Aufgrund dieser möglichen Analogie sind wir schließlich zu der wissenschaftlichen Fragestellung vorgedrungen: „Liefert das Spiel mit den Tischtennisbällen ein *Modell*, mit dem wir die Expansion eines Gases ins Vakuum beschreiben und verstehen können?"

Welches ist der nächste Schritt des „Spiels" der Wissenschaft? Wenn wir ein Modell vorgeschlagen haben, müssen wir die sich daraus ergebenden Folgerungen untersuchen – *wir müssen das Modell prüfen.* Ohne derartige Tests wäre die Wissenschaft nichts weiter als eine ziellose Geistesgymnastik, die sie zur Zeit des *Aristoteles* war und auch noch lange blieb bis zur Zeit *Galileis*, der dann aber nicht nur beobachtete und nachdachte, sondern seine Vorstellungen auch überprüfte.

Nehmen wir an, daß sich zu jedem Zeitpunkt jedes beliebige Molekül an einem Ort befindet, den es ganz und gar zufällig und unvoreingenommen unter allen möglichen Orten ausgewählt hat, die es überhaupt erreichen kann. Welche Voraussagen würde unser Modell für die Versuche aus Abb. 3.1 zulassen? Die Antwort auf diese Frage läßt sich nur als Wahrscheinlichkeitsaussage formulieren. Wenn wir nur ein einziges Molekül hätten, so würden wir es in einem Viertel der Zeit im 1-Liter-Kolben und in drei Viertel der Zeit im 3-Liter-Kolben antreffen. Wenn wir es aber mit vier Molekülen zu tun haben, dann ergibt sich die Wahrscheinlichkeit, daß sich alle vier im 1-Liter-Kolben aufhalten, als $^{1}/_{256}$, während man mit der Wahrscheinlichkeit $^{54}/_{256}$ je zwei in einem Kolben antrifft. Eine für uns besonders interessante Verteilung ist die, bei der sich ein Molekül in A_1 und drei in A_2 befinden. Dafür läßt sich (aufgrund unseres Modells der regellos verteilten Moleküle) die Wahrscheinlichkeit als $^{108}/_{256}$ berechnen. *Dieses ist die Verteilung mit der größten Wahrscheinlichkeit.*

Führt man die entsprechende Rechnung für 16 Moleküle aus, so ergibt sich als wahrscheinlichste Verteilung diejenige, bei der 4 Moleküle in A_1 und 12 Moleküle in A_2 enthalten sind (sie sind wieder im Verhältnis 1 : 3 aufgeteilt). Zum Vergleich besitzt die Anordnung, bei der sich alle 16 Moleküle in A_1 befinden, eine 10^9mal geringere Wahrscheinlichkeit, und die Anordnung mit 2 Molekülen in A_1 und 14 Molekülen in A_2 ist $^{91}/_{54}$mal unwahrscheinlicher. Wenn wir immer mehr Moleküle hinzunehmen, so bleibt doch unter *allen* möglichen Verteilungen stets diejenige die wahrscheinlichste, bei der A_2 dreimal so viele Moleküle enthält wie A_1. Relativ zu dieser Anordnung werden alle anderen Verteilungsmöglichkeiten mit wachsender Molekülzahl immer unwahrscheinlicher. Das gilt insbesondere für die Anordnungen mit allen Molekülen in A_1 bzw. ⅛ in B_1 und ⅞ in B_2, die in Abb. 3.1 veranschaulicht sind. Mit steigender Molekülzahl wird die Wahrscheinlichkeitsverteilung

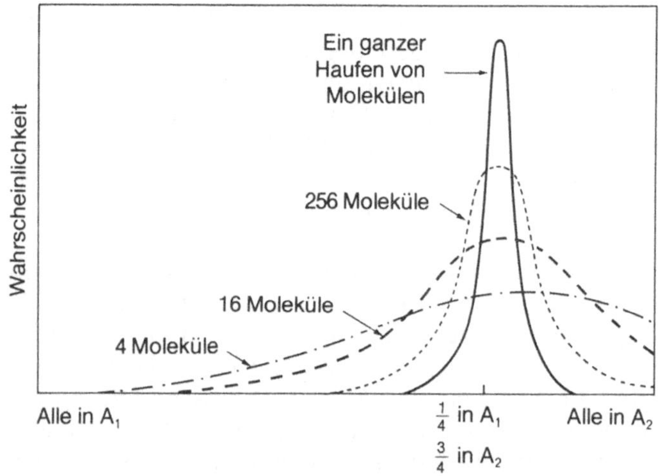

Abb. 3.5. Abhängigkeit der Wahrscheinlichkeit der Molekül-Verteilungen von der Gesamtzahl der Moleküle (Modell der zufälligen Ortsverteilung).

immer schmaler und besitzt stets ein Maximum bei derjenigen Anordnung, bei der die Moleküle gerade im Verhältnis 1 : 3 der Volumina der beiden Kolben aufgeteilt sind. Das ist in Abb. 3.5 dargestellt.

Jetzt sehen wir, wohin uns dieses Modell führt. Wenn die Zahl der Moleküle, mit denen wir es hier zu tun haben, immer größer wird (und sich der *Loschmidt*-Zahl, der Zahl der in einem Mol enthaltenen Moleküle, nähert), dann führt die *Wahrscheinlichkeitsüberlegung* zu dem Resultat, *daß die Moleküle auf die beiden Kolben im Verhältnis der Kolbenvolumina verteilt sind.* Bei dieser Verteilung ist die Zahl der Moleküle pro cm^3 in beiden Kolben dieselbe. Und gerade das ist die Bedingung dafür, daß in beiden Kolben derselbe Druck herrscht.

Es ist auch nützlich, die Umkehrung dieses Prozesses zu betrachten. Warum kehren die Moleküle von Abb. 3.2 nicht wenigstens gelegentlich einmal alle in den Zustand von Abb. 3.1 zurück? Wieder müssen wir die Antwort als Wahrscheinlichkeitsaussage formulieren. Damit dieses Ereignis stattfindet, muß sich jedes einzelne Molekül in derselben Richtung bewegen – durch den Hahn hindurch in den linken Kolben hinein. Natürlich ist es höchst unwahrscheinlich, wenn einige Milliarden sich zunächst regellos bewegender Moleküle plötzlich ihre Sachen packen und sich alle in dieselbe Richtung aufmachen. Wenn sie die freie Wahl haben, werden die Moleküle den Zustand einnehmen, der der völlig ungeordneten räumlichen Verteilung entspricht, d. h. sie bleiben dort, wo sie sind.

Wir sehen also, daß die Vorgänge, die vom Anfangszustand in Abb. 3.1 zum Endzustand in Abb. 3.2 führen, freiwillig in Richtung auf die räumliche Verteilung mit der höchsten Wahrscheinlichkeit ablaufende Prozesse sind. Unser Modell, das von der Vorstellung einer räumlich ungeordneten, regellosen Verteilung für jedes einzelne Molekül ausgeht, sagt für die Expansion eines idealen Gases die Richtung der spontanen Zustandsänderung vorher.

3.2. Eine exotherme chemische Reaktion

In Abb. 3.6 ist ein Behälter dargestellt, der durch eine Membran in zwei Hälften geteilt ist. Der untere Teil ist mit Wasserstoff bis zu einem Druck von 10 mbar gefüllt, während sich oberhalb der Membran Fluor ebenfalls mit dem Druck 10 mbar befindet. Nahe der oberen Behälterwand wird mit Hilfe eines außen angebrachten Magneten ein kleines Gewicht gehalten. Wird der Magnet entfernt, so fällt das Gewicht herunter, durchschlägt die Membran und führt damit zu einer Vermischung der beiden Gase. Werden sie nun freiwillig miteinander reagieren und Fluorwasserstoff bilden?

$$H_2(g) + F_2(g) \overset{?}{\rightarrow} HF(g) \qquad [3.1]$$

Wiederum können viele unter uns diese Frage ohne Zögern beantworten. Fluor ist allgemein als außerordentlich reaktionsfreudiger Stoff bekannt (Eisen z. B. entzündet sich und brennt, wenn es mit flüssigem Fluor in Berührung kommt). Außerdem haben wir im zweiten Kapitel gesehen, daß bei der Reaktion von Fluor mit Wasserstoff eine große Wärmemenge frei wird (545 kJ pro Mol umgewandeltes Fluor). Auch diese Frage war offenbar leicht zu beantworten.

Aber auch hier muß man die tiefergehende Frage stellen, weshalb die Atome sich spontan dazu entschließen, sich umzuordnen und das stabilere Molekül Fluorwasserstoff zu bilden. Da wir zu der Auffassung gelangt sind, daß Moleküle *non compos mentis* sind, sollten wir auch nicht erwarten, daß Atome intelligenter sind. Wie können wir dann aber ihre entschiedene Verhaltensweise verstehen?

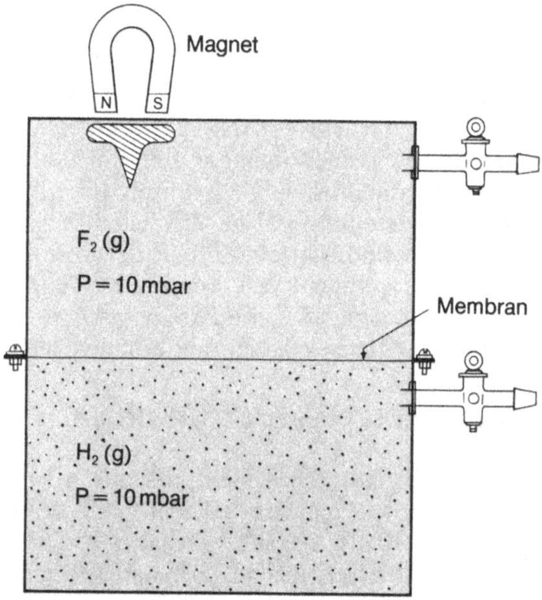

Abb. 3.6. Was passiert bei der Mischung von Wasserstoff und Fluor?

Wir wollen diese Reaktionsmischung näher betrachten. Wenn ein Mol F_2 mit einem Mol H_2 reagiert, wird ein großer Energiebetrag als Wärme frei: Die Atome nehmen – hinsichtlich der Energie – günstigere Positionen ein, wenn sie HF-Moleküle bilden. Einer gegebenen Molekülanordnung kommt ein bestimmter Betrag an potentieller Energie (Energie der Lage) zu. Zwei Mol HF-Moleküle besitzen offenbar eine geringere potentielle Energie als die gleiche Anzahl von Atomen, wenn sie als ein Mol H_2-Moleküle und ein Mol F_2-Moleküle vorliegen. Bei der Bildung von HF „rollen die Atome abwärts". Die Verminderung der potentiellen Energie führt zum Auftreten von thermischer Energie (Abb. 3.7).

Doch wiederum stoßen wir auf dieselbe Fragestellung: „*Warum* zeigen die Moleküle die Tendenz abwärts zu rollen? *Weshalb* gelangen die Atome schließlich in energetisch günstigere Positionen?“ Im Endeffekt gibt es doch keinen Energie-„Gewinn“ – Energie bleibt erhalten. Man braucht sich jedoch nur einmal auszumalen, auf welche Weise die freigesetzte Energie auf die ungeregelten Translationsbewegungen der Produktmoleküle verteilt werden kann. Man denke an die vielfältigen Möglichkeiten, wenn diese Energie auf die vielen molekularen Bewegungsformen aufgeteilt wird.

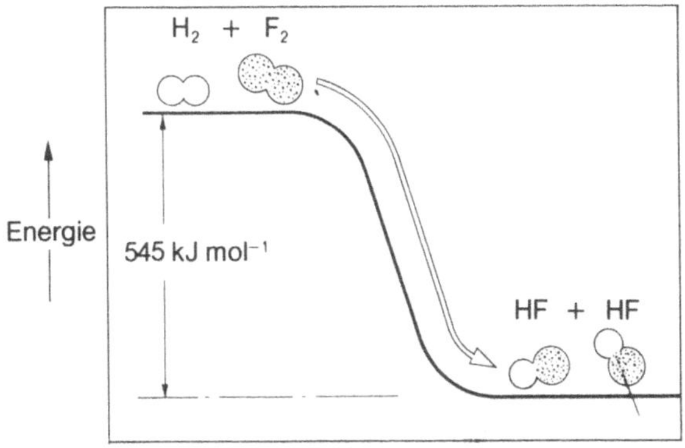

Abb. 3.7. Änderung der potentiellen Energie bei der Reaktion

$H_2(g) + F_2(g) \rightarrow 2HF(g)$

In einem Energiegebirge rollen die Reaktanden bergab und bilden dabei die Reaktionsprodukte.

Hier ergibt sich in der Tat der Ausgangspunkt für eine Erklärung. Vielleicht liefert dasselbe Modell einer ungeordneten Verteilung, das die spontane Expansion eines Gases erklären konnte, auch eine Grundlage zur Beantwortung der Frage, weshalb Moleküle „bergabrollen“.

a) Ein Modell – Energiepakete werden regellos verteilt

Bei der Reaktion eines Mols F_2 mit einem Mol H_2 gemäß [3.1] wird ein Energiebetrag von 545 kJ frei. Zwei Mol HF werden gebildet, und auf diese Produktmoleküle müssen die 545 kJ als Translations-, Rotations- und Schwingungsenergie verteilt werden. Eine Möglichkeit dafür ist, daß jedes Molekül denselben Anteil erhält, nämlich 545 kJ $mol^{-1}/(2 N_0)$ (N_0 ist die *Loschmidt*-Zahl). Vor der Reaktion war diese Energie tatsächlich gerade gleichmäßig verteilt, allerdings in Form von potentieller Energie. Jedes Reaktandenmolekül (H_2 oder F_2) besaß dieselbe potentielle Energie wie irgendein anderes Molekül der gleichen Sorte. Wenn nun nach der Reaktion alle Produktmoleküle dieselbe kinetische Energie besäßen, dann gäbe es hinsichtlich der Energieverteilung so gut wie keinen Unterschied zwischen Reaktanden und Produkten.

Man kann die Bewegungsenergie aber noch in anderer Weise verteilen. Nehmen wir an, daß die 545 kJ in kleine Portionen aufgeteilt sind und daß diese Energiepakete dann völlig regellos eins nach dem anderen auf die Moleküle verteilt werden. Eine vergleichbare Situation liegt vor, wenn man von insgesamt 100 Kindern je 3 Münzen einsammelt und diese 300 Münzen anschließend wieder verteilt, indem man eine nach der anderen in die Menge wirft. Es besteht nur geringe Aussicht, daß am Ende jedes Kind wieder 3 Münzen besitzt. Viel wahrscheinlicher ist, daß einige Kinder mehrere Münzen auffangen, während andere, weniger vom Glück begünstigte, überhaupt keine, nur eine oder nur zwei Münzen erhalten. Vom wirtschaftlichen Gesichtspunkt aus betrachtet, kann das durchaus ungerecht sein – aber in statistischer Hinsicht hat eine derartige Münzenverteilung eine größere Wahrscheinlichkeit. Wenn die 545 kJ in ähnlicher Weise in kleinen Portionen unter

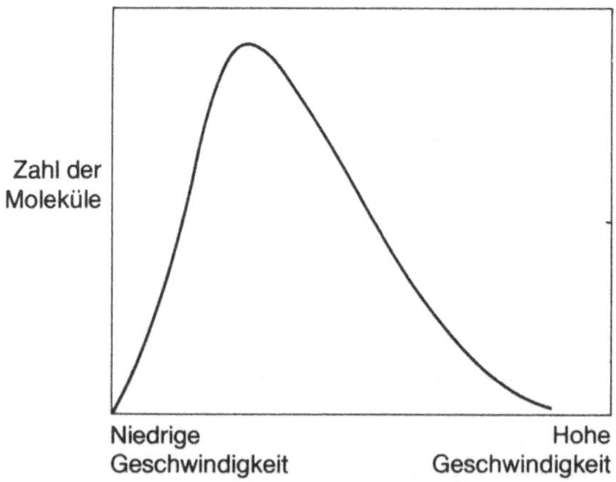

Abb. 3.8. Experimentell bestimmte Geschwindigkeitsverteilung von Gas-Molekülen.

den Molekülen aufgeteilt würden, ohne Rücksicht darauf, ob ein willkürlich herausgegriffenes Molekül schon vorher bereits „reich" an Energie oder aber völlig „verarmt" ist, dann käme es höchstwahrscheinlich zu einer „ungerechten" Verteilung. Ein paar Moleküle besäßen große Mengen an Rotations-, Translations- und Schwingungsenergie. Viele hätten Energieinhalte nahe beim Mittelwert und wieder nur wenige besäßen eine sehr geringe oder überhaupt keine Energie. Nach dieser Modellvorstellung wird *Bewegungsenergie in der wahrscheinlichsten Art und Weise verteilt.* Wir wollen zunächst nur die Translationsbewegung betrachten. Dafür sagt dieses Modell voraus, daß die Geschwindigkeiten der Moleküle eines Gases über einen ganzen Bereich verteilt sind. Diese Vorhersage kann sofort mit experimentellen Daten verglichen werden, die bereits seit vielen Jahrzehnten bekannt sind. Danach zeigen Moleküle in der Gasphase tatsächlich eine Geschwindigkeitsverteilung, die sich über ein großes Intervall erstreckt, – das ist die berühmte „*Maxwell*sche Geschwindigkeitsverteilung", die in Abb. 3.8 dargestellt ist. Zumindest qualitativ können wir daran erkennen, daß die Neigung zu regelloser und ungeordneter Bewegung mit spontanen Umwandlungen verknüpft ist.

Dieses Modell kann man quantitativ (wenn auch zunächst nur näherungsweise) überprüfen. Dazu wollen wir untersuchen, wie die Translations-Energie-„Pakete" auf die Moleküle verteilt sind.

b) Ein quantitatives Beispiel: Geschwindigkeitsverteilung eines Gases

Die kinetische Gastheorie stellt einen Zusammenhang her zwischen den Eigenschaften eines Gases und den Richtungen und Geschwindigkeiten der Molekülbewegungen. Aufgrund dieser Theorie besitzt ein Mol eines idealen Gases bei der Temperatur T die Translationsenergie $\frac{3}{2} RT$.

Das Gas soll nun z. B. in einem würfelförmigen Behälter eingeschlossen sein. Auf jede Behälterwand wirkt derselbe Gasdruck, so daß im Mittel auf jede der drei Richtungen (x, y, z) derselbe Betrag der Translationsenergie von $\frac{1}{2} RT$ entfällt. Da in einem Mol N_0 Moleküle enthalten sind, steht jedem Molekül im Mittel die kinetische Energie

$$\frac{1}{N_0} \frac{1}{2} RT \qquad [3.2]$$

für seine Bewegung in x-Richtung zur Verfügung und für jede der anderen Raumrichtungen noch einmal derselbe Betrag. Da uns oft die Energie eines einzelnen Moleküls interessiert, ist es nützlich, eine neue Konstante zu definieren

$$k = \frac{R}{N_0}, \qquad [3.3]$$

die die Molekülenergie direkt mit der Temperatur verknüpft:

$$\bar{E} = \frac{3}{2} k T \qquad [3.4]$$

oder

$$\bar{E}^x = \bar{E}^y = \bar{E}^z = \frac{1}{2} k T \qquad [3.5]$$

(Der Querstrich soll kennzeichnen, daß es sich um einen Mittelwert handelt).

Unter Berücksichtigung dieses Ergebnisses wollen wir nun ein einfaches System mit vier Molekülen betrachten, das bei der Temperatur T eine gesamte Translationsenergie von $4 \cdot (\frac{3}{2} kT)$ besitzt. Dieser Betrag führt gerade zu der richtigen mittleren Translationsenergie von $\frac{3}{2}\, kT$ pro Molekül. Wir wollen nun aber die $\frac{12}{2}\, kT$ in viele Pakete zerstückeln und anschließend diese Pakete statistisch verteilen, indem wir „eins nach dem anderen in die Menge werfen". Man sieht ohne weiteres ein, daß die Pakete möglichst klein im Vergleich zur mittleren Energie sein sollten. Wir wollen uns aber das Leben etwas einfacher machen und nur ein paar Pakete betrachten, so daß wir ihren Weg innerhalb dieses Energie-Lotteriespiels verfolgen können. Jedes Paket möge die Größe $\frac{1}{2}\, kT$ haben, so daß wir es insgesamt nur mit 12 Paketen zu tun haben. Trotz dieser unrealistisch großen Portionen, gibt es schon viele Möglichkeiten, die Energie unter den vier Molekülen aufzuteilen. Die Zahl der Varianten ist aber andererseits noch so überschaubar, daß wir einige von ihnen in Tab. 3.1 aufführen können. Wir sehen, daß nur in vier Fällen ein Molekül alle 12 Pakete erhält. Dagegen gibt es 12 Realisierungsmöglichkeiten, in denen irgendein Molekül 11 Pakete und irgend ein weiteres Molekül das restliche Paket erhält. Ein Energieinhalt von 11 Paketen pro Molekül ist daher wahrscheinlicher als ein Energieinhalt von 12 Paketen. Mit noch größerer Wahrscheinlichkeit bekommt ein glückliches Molekül 10 Pakete, und die anderen beiden Pakete werden in irgendeiner Weise unter den übrigen drei Kandidaten aufgeteilt – und so geht es

Tab. 3.1. Einige Möglichkeiten, wie 12 Energiepakete unter vier Molekülen aufgeteilt werden können.

Moleküle			
A	B	C	D
12	0	0	0
0	12	0	0
0	0	12	0
0	0	0	12
insgesamt 4 Möglichkeiten			
11	1	0	0
11	0	1	0
11	0	0	1
und 9 weitere Möglichkeiten, bei denen B, C oder D jeweils 11 Pakete erhalten insgesamt 12 Möglichkeiten			
10	1	1	0
10	1	0	1
10	0	1	1
10	2	0	0
10	0	2	0
10	0	0	2
und 18 weitere Möglichkeiten, bei denen B, C oder D jeweils 10 Pakete erhalten insgesamt 24 Möglichkeiten			

weiter. Wir können nicht vorhersagen, wie die Pakete im einzelnen unter den vier Molekülen wirklich aufgeteilt sind; wenn unsere Modellvorstellung richtig ist, dann kommt jede mögliche Kombination mit derselben Wahrscheinlichkeit vor.

Obwohl wir damit noch nicht sehr viel weiter gekommen sind, wollen wir konsequent fortfahren und jetzt N_0 (*Loschmidt*-Zahl) Moleküle betrachten. Wollten wir alle Verteilungsmöglichkeiten erfassen, dann müßten wir hier eine beinahe endlose Tabelle aufstellen – alles Papier der Welt würde dazu nicht ausreichen. Aber wir können die Verhältnisse näherungsweise untersuchen, indem wir die N_0 Moleküle jeweils in Gruppen zu vier Molekülen zusammenfassen. Der auf jede Gruppe entfallende Anteil $4 \cdot (3/2\, kT)$ der Translationsenergie soll gemäß unserem Modell unter den vier Molekülen aufgeteilt werden. Wenn in jeder dieser Gruppen im Mittel der Betrag von $3/2\, kT$ auf jedes Molekül entfällt, so ergibt sich auch für die ganze Schar von N_0 Molekülen als Mittelwert der Translationsenergie pro Molekül $\frac{3}{2}\,kT$ oder pro Mol $\frac{3}{2}\,RT$.

Nun kommt uns die Statistik zu Hilfe. Wenn $\frac{1}{4} \cdot 6 \cdot 10^{23}$ Molekül-Quartetts vorliegen, dann können wir sicher sein, daß dabei jede der in Tab. 3.1 aufgeführten Verteilungsmöglichkeiten der 12 Energiepakete sehr, sehr oft vorkommt. Da jede einzelne Anordnung mit derselben Wahrscheinlichkeit vorkommt, können wir alle diese Verteilungsmöglichkeiten einander überlagern und damit näherungsweise die Eigenschaften des Gases vorhersagen. Diese Argumentation ist nur annähernd richtig, da wir die Gruppen zu je vier Molekülen als arbeitssparendes Konzept eingeführt haben.

Jetzt können wir aber eine Vorhersage treffen: Unser Modell sagt die Verteilung der Molekülenergien vorher. Wenn wir in das Gas hineingreifen und uns irgendein beliebiges Molekül herauspicken, wie groß ist dann die Wahrscheinlichkeit, dabei ein Molekül ohne ein einziges Energiepaket zu erhalten? Oder mit nur einem Energiepaket? Oder mit irgendeiner Anzahl von 0 bis 12? Die Antwort erhält man einfach, indem man anhand einer vollständigen Version der Tab. 3.1 abzählt, wie oft jeder mögliche Energieinhalt vorkommt; denn jede beliebige Verteilung der Energiepakete auf die vier Moleküle tritt ja ebenso häufig auf wie irgendeine andere. Das Ergebnis dieser Abzählung ist in Tab. 3.2 gezeigt. Unser Modell sagt vorher, daß der wahrscheinlichste Energieinhalt eines Moleküls Null Paketen und der am wenigsten wahrscheinliche 12 Paketen entspricht – es gibt viele Verteilungsmöglichkeiten, bei denen ein oder zwei Moleküle überhaupt kein Energiepaket erhalten, aber nur bei einer der ersten vier Verteilungen von Tab. 3.1 erhält ein Molekül alle 12 Energiepakete. Anhand der graphischen Darstellung von Abb. 3.9 lassen sich die Ergebnisse einfacher überschauen. Wir erkennen, daß die Energieverteilung einer Exponentialkurve ähnelt *. Tatsächlich nähert sich die Energieverteilung immer mehr einer Exponentialkurve, wenn wir sechs, acht oder zehn Moleküle betrachten und sie genauso behandeln wie unsere vier Moleküle in Tab. 3.1.

Nun können wir auf die in Abb. 3.8 dargestellten experimentellen Daten zurückkommen. Diese Ergebnisse beziehen sich jedoch auf Molekülgeschwindigkeiten, und wir können zunächst keine Ähnlichkeit mit den Vorhersagen unseres Modells erkennen. Die

---

* Exponentialkurven werden in Anhang A eingehender diskutiert.

Tab. 3.2. Verteilung von Molekülenergien: Ein Mol eines Gases wird so behandelt, als ob es in Gruppen zu je vier Molekülen aufgeteilt wäre.

Zahl der Energie-„Pakete" i	Häufigkeit n	relative Häufigkeit $n/\Sigma n$
0	364	0,200
1	312	0,171
2	264	0,145
3	220	0,121
4	180	0,099
5	144	0,079
6	112	0,062
7	84	0,046
8	60	0,032
9	40	0,022
10	24	0,013
11	12	0,006
12	4	0,002
	$\Sigma n_i = 1820$	

aus unserer Modellvorstellung heraus entwickelte „Theorie" stimmt nicht mit den Gegebenheiten der Natur überein.

An dieser Stelle der Entwicklung einer Theorie ergeben sich für den Wissenschaftler zwei Möglichkeiten. Er kann einerseits nach einer von Grund auf anderen Modellvorstellung („Theorie") suchen; wenn er aber genügend Vertrauen in die Grundgedanken des bislang noch unzulänglichen Modells besitzt, kann er auch andererseits geringe Änderungen am Modell einführen, die Grundvoraussetzungen jedoch beibehalten. Für unser Problem führt dieser zweite Weg zu einer nützlichen Theorie.

c) Eine Schönheitskorrektur an unserem Modell der regellosen Energieverteilung

Die regellose Zuordnung kleiner Energiepakete führt zu einer Exponentialverteilung. Könnte es vielleicht noch einen anderen Faktor geben, der dafür sorgt, daß die Exponentialkurve von Abb. 3.9 in die asymmetrische, experimentelle Kurve mit einem Maximum von Abb. 3.8 übergeht? Wir suchen also einen Faktor, der die Wahrscheinlichkeit für kleine Molekülenergien absenkt und der mit der Vorstellung einer paketweisen Energieverteilung vereinbar ist.

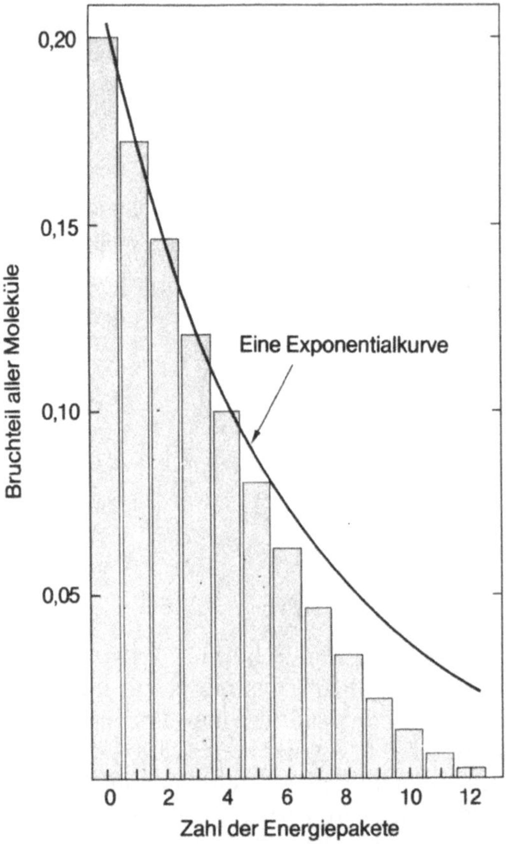

Abb. 3.9. Molekulare Energieverteilung, die sich bei einer regellosen Aufteilung von Energiepaketen ergibt.

Die Lösung ist überraschend einfach – begrifflich aber recht bedeutsam. Wenn ein Molekül in unserem Energie-Lotteriespiel Energie-„Pakete" gewinnt, steigt seine Geschwindigkeit in diskreten Stufen an. Die Geschwindigkeit eines Moleküls bestimmt jedoch dessen Impuls; denn der Impuls ist gleich dem Produkt aus Masse und Geschwindigkeit. Daher nimmt auch der Impuls in „Paketen" zu. Um zu erkennen, wie dadurch unser Modell beeinflußt wird, müssen wir uns daran erinnern, daß sich ein Molekül mit vorgegebenem Geschwindigkeitsbetrag in vielen verschiedenen Richtungen bewegen kann. Die Zahl der möglichen Richtungen bestimmt die Wahrscheinlichkeit, mit der ein vorgegebener Impuls auftritt, und wird durch die „Paket-Vorstellung", von der wir ausgehen, beschränkt. Man kann sich das mit Hilfe eines Baukasten-Modells veranschaulichen. In zwei Dimensionen kann der Translationsimpuls ähnlich wie in Abb. 3.10 anwachsen. Wenn wir den ersten Impulsbaustein zufügen, können wir ihn an jede der möglichen Positionen „setzen" – acht sind in der Abbildung eingezeichnet. Kommt ein weiterer Impulsbaustein hinzu, so ist die Zahl der Möglichkeiten, den zweiten Baustein anzubauen, schon größer geworden – es gibt mehr mögliche „Richtungen" – 16 sind eingezeichnet. Bei drei Bausteinen ergeben sich 24 „Richtungen". In zwei Dimensionen ist die Zahl der Richtungen proportional zur Zahl der Impulsbausteine.

Erweitert man dieses Baukasten-Modell auf drei Dimensionen, so ergibt sich nichts grundsätzlich Neues. Wie Abb. 3.11 zeigt, nimmt jedoch die Zahl der möglichen Richtungen schneller zu, wenn Impulsbausteine hinzugefügt werden. *Tatsächlich hängt nun die Zahl der möglichen Geschwindigkeitsrichtungen vom Quadrat der Zahl der Impulsbausteine ab.* Unser exponentielles Energie-Lotterie-Modell muß daher um einen Faktor v^2 verändert werden, damit es auch die Verhältnisse im „Impulsraum", die in Abb. 3.11 veranschaulicht sind, korrekt wiedergibt. Die Wahrscheinlichkeit $n(v)$, daß ein Teilchen mit der Geschwindigkeit v eine bestimmte Energie besitzt, läßt sich als Produkt darstellen; ein Exponentialfaktor wird durch die regellose Verteilung von Energiepaketen bestimmt und mit einem v^2-Multiplikator gewichtet, der den zugänglichen Bereich des dreidimensionalen „Impulsraumes" berücksichtigt. Daher gilt:

$$n(v) = c\,v^2 \exp\left(-\frac{m v^2}{2kT}\right) \qquad [3.6]$$

Es stellt sich heraus, daß diese Gleichung eine exakte Übereinstimmung mit der experimentellen Geschwindigkeitsverteilung von Abb. 3.8 ergibt. Die Proportionalitätskonstante c soll nicht diskutiert werden *. Sie ändert nichts an der begrifflichen Grundlage unseres jetzt bewährten Modells.

---

* Mit Hilfe der statistischen Mechanik läßt sich zeigen, daß gilt: $c = 4\pi N (m/(2\pi kT))^{3/2}$. Diese Konstante ist mit der Größe der Translationsenergiepakete verknüpft, und es stellt sich heraus, daß diese wirklich außerordentlich klein sind. Im Unterschied zu den $\frac{1}{2}\,kT$-Paketen, die wir betrachtet haben, müssen sie 10^{18}mal kleiner sein. Unabhängig davon zeigt das Modell, daß die Translationsenergie quantisiert werden muß, wie es auch die Quantenmechanik fordert.

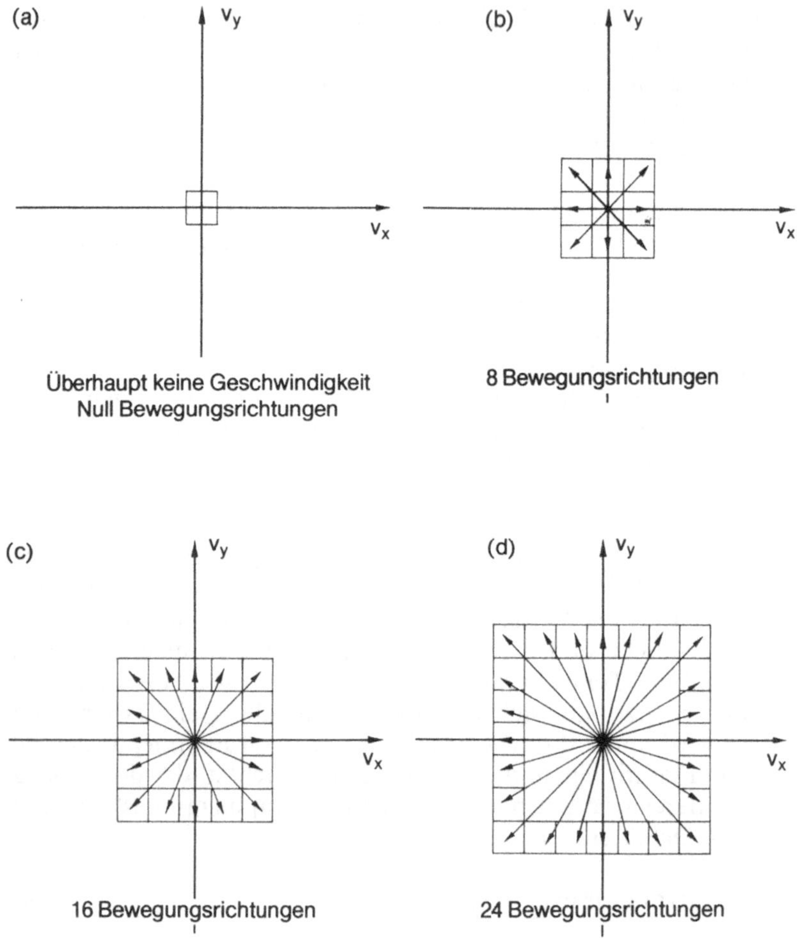

Abb. 3.10. (a) Ein Molekül mit der Energie Null; (b) ein Molekül mit einem Impulsbaustein; (c) ein Molekül mit zwei Impulsbausteinen; (d) ein Molekül mit drei Impulsbausteinen.

d) Zusammenfassung – Regellose Verteilung in einem einatomigen Gas

Unser Modell gibt jetzt die Eigenschaften eines einatomigen Gases richtig wieder. Dabei handelt es sich um ein besonders einfaches System, da man sich nur um Translationsbewegungen zu kümmern

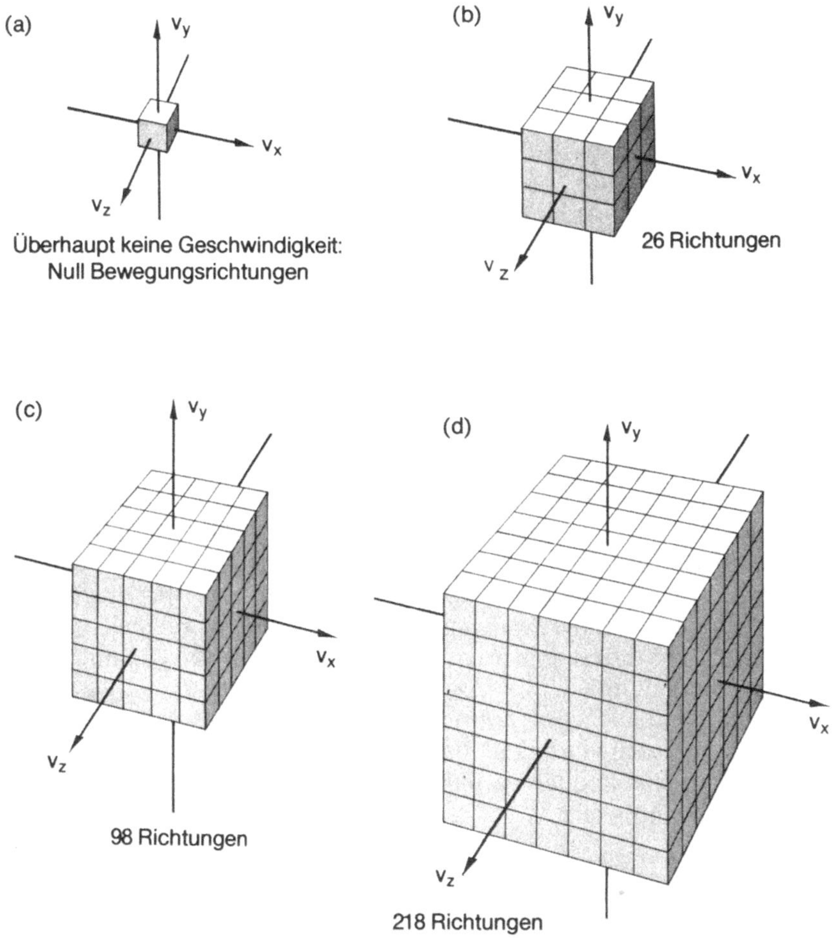

Abb. 3.11. (a) Ein Molekül ohne Impuls; (b) ein Molekül mit einem Impulsbaustein; (c) ein Molekül mit zwei Impulsbausteinen; (d) ein Molekül mit drei Impulsbausteinen.

braucht (es gibt keine Schwingungen oder Rotationen). In einem derartig einfachen System wird die Energie in regelloser Art und Weise ohne jegliche Bevorzugung auf die möglichen Translationsbewegungen verteilt – jede beliebige Verteilung der Energie auf eine riesige Zahl von Molekülen ist dabei gleichwahrscheinlich. Wie bei der Betrachtung der rein vom Zufall bestimmten räumlichen

Anordnung von Molekülen finden wir auch hier wieder, daß eine spontane Umwandlung stets in einer solchen Richtung abläuft, daß dabei zusätzliche Möglichkeiten geschaffen werden, Energie auf die verfügbaren Energiespeicherplätze, d. h. auf die verfügbaren Bewegungsfreiheitsgrade, zu verteilen.

Auf diese Weise haben wir eine interessante Parallele gefunden zwischen regelloser räumlicher Verteilung und ungeordneter Bewegung. Wir konnten die spontane Expansion eines Gases mit der Annahme erklären, daß alle zugänglichen Orte unseres dreidimensionalen Ortsraumes mit gleicher Wahrscheinlichkeit eingenommen werden und daß das System stets die vollständig regellose, ungeordnete (und daher wahrscheinlichste) räumliche Verteilung anstrebt. Im Falle der Energiefreisetzung, wie etwa bei einer exothermen Reaktion, fanden wir heraus, daß die Verteilung dieser Energie in ähnlicher Weise erklärt werden konnte. Hier gingen wir von der Voraussetzung aus, daß alle zugänglichen „Geschwindigkeitspositionen" in einem „dreidimensionalen Geschwindigkeitsraum" (wie in Abb. 3.11) mit derselben Wahrscheinlichkeit eingenommen werden können und daß das System stets die vollständig regellose (und daher wahrscheinlichste) Geschwindigkeitsverteilung anstrebt. Diese entspricht gleichzeitig der wahrscheinlichsten Energieverteilung.

Diese Parallele wird normalerweise anhand des Impulses und nicht der Geschwindigkeit dargestellt. Der Impuls p eines Teilchens ist nichts anderes als das Produkt aus seiner Masse und seiner Geschwindigkeit:

$$p = mv \qquad [3.7]$$

Unsere Vorstellungen von der sowohl im Orts- als auch im „Geschwindigkeitsraum" völlig regellosen und ungeordneten Verteilung eines einatomigen Gases lassen sich nun zusammenfassen. Dazu betrachten wir für jedes Atom einen „sechsdimensionalen Raum", dessen sechs „kartesische Koordinaten" die drei Ortskoordinaten x, y, z und die drei Impulskoordinaten p_x, p_y, p_z sind. In diesem sogenannten „Phasenraum" besitzt jedes Atom also sechs Koordinaten. Damit lassen sich nun unsere Erkenntnisse über die ungeordnete Verteilung innerhalb eines molekularen Systems in einer einzigen Aussage zusammenfassen: *Ein System hat das Bestreben, sich spontan in einen Zustand umzuwandeln, der im zugänglichen Teil des Phasenraumes durch die völlig regellose, ungeordnete (und daher wahrscheinlichste) Verteilung beschrieben wird.*

e) Regellose Verteilung in einem mehratomigen Gas

Dieselben Vorstellungen über eine regellose Verteilung lassen sich genauso gut auf ein mehratomiges Gas anwenden, wenn man zusätzlich die Schwingungs- und Rotations-Energiezustände berücksichtigt. Diese Zustände sind quantisiert und im Fall der Schwingungszustände recht weit voneinander getrennt. Es braucht kaum noch erwähnt zu werden, daß ein Teilchen nur eine geringe Wahrscheinlichkeit besitzt, in einen hochenergetischen Zustand angeregt zu werden. Das läßt sich ebenso begründen wie die Tatsache, daß es unwahrscheinlich ist, daß ein Molekül in unserem Energie-Lotteriespiel alle 12 Energiepakete auf sich vereinigt. Die Konzentration von Energie führt nicht zu einer regellosen Verteilung. Vielmehr bestimmt wieder der Exponential-Gewichtsfaktor die Besetzung dieser Zustände. Bei den Schwingungszuständen gibt es kein Analogon zum v^2-Faktor, der die verschiedenen Raumrichtungen bei den Translationszuständen berücksichtigte. Daher gehorcht die Besetzungswahrscheinlichkeit hier einfach einer Exponentialfunktion bei diskreten Werten. Abb. 3.12 zeigt die relative Besetzung der angeregten Schwingungszustände bei Zimmertemperatur von Jod mit einem relativ geringen Energieabstand der einzelnen Zustände und, im Vergleich dazu, von Chlor, das eine größere Energieaufspaltung zeigt. Beim Jod ist der erste angeregte Zustand etwa ein Drittel Mal so häufig besetzt wir der (unangeregte) Grundzustand. Dagegen sind die Schwingungen des Chlormoleküls bei Zimmertemperatur weniger stark angeregt, was typisch ist für viele einfache Moleküle; mehratomige Moleküle besitzen dagegen im allgemeinen ein paar Schwingungsmöglichkeiten mit Frequenzen, die ebenso niedrig liegen wie beim Jod. Trotzdem kann man in vernünftiger Näherung annehmen, daß die molekularen Schwingungszustände bei Zimmertemperatur nur wenig zur regellosen Energieverteilung beitragen.

Bei der Rotationsbewegung liegen die Verhältnisse ganz anders. Zunächst sind die Energiezustände viel dichter benachbart, und außerdem gibt es noch einen Gewichtsfaktor analog vom v^2-Term (Gleichung [3.6]). Abb. 3.13 zeigt die Besetzung der HCl-Rotationszustände bei Zimmertemperatur. Jeder Zustand wird mit einer „Quantenzahl“ J bezeichnet; jede Rotation kann zusätzlich auf $(2J+1)$ Arten (dem v^2-Analogon) im Raum orientiert werden. Auf einer Skala, die dem Zustand $J=0$ die Besetzungszahl eins zuordnet, besitzt der Zustand $J=3$, abgesehen vom Exponentialfaktor,

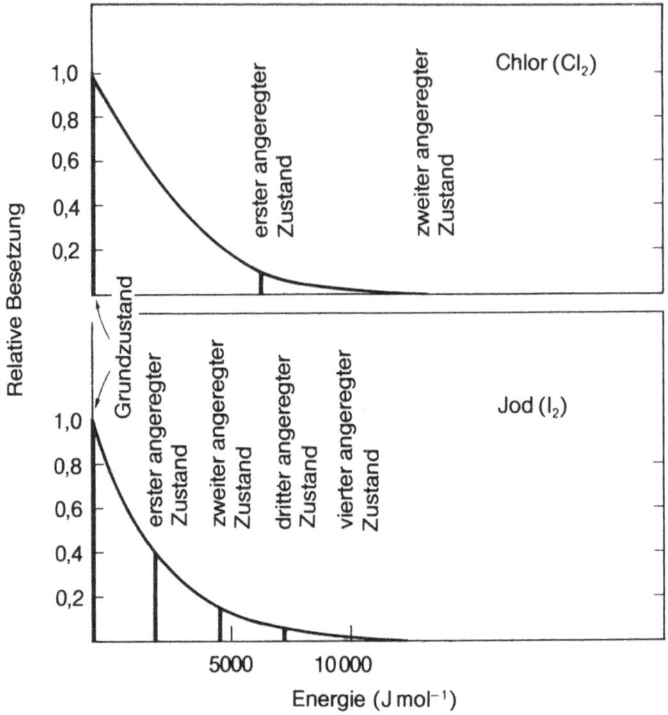

Abb. 3.12. Relative Besetzung der Schwingungszustände von Cl_2 und I_2 bei 300 K.

die Besetzungszahl vier. Sogar Zustände oberhalb $J=6$ sind noch stärker bevölkert als $J=0$. Daher spielen die Rotationszustände eine sehr wichtige Rolle bei der regellosen Energieverteilung *.

Den augenfälligsten experimentellen Beweis für den Beitrag von Rotation und Schwingung zur regellosen und ungeordneten Energieverteilung erhält man, wenn man die Wärmekapazität von Molekülen betrachtet. In Tab. 3.3 sind die molaren Wärmekapazitäten und deren Aufspaltung in die Beiträge der verschiedenen Bewegungsformen für einige gasförmige Stoffe aufgeführt. Offensichtlich spielen die Rotationszustände eine wesentliche Rolle bei der Energie-Lotterie – sie sind ebenso wichtig wie die Translationszustände; und bei den schwereren zweiatomigen, sowie bei den mehrato-

* Diese Ergebnisse für die Schwingungs- und Rotationsbewegungen erhält man sofort, wenn man die Quantentheorie auf die Bewegungen von Atomen in Molekülen anwendet.

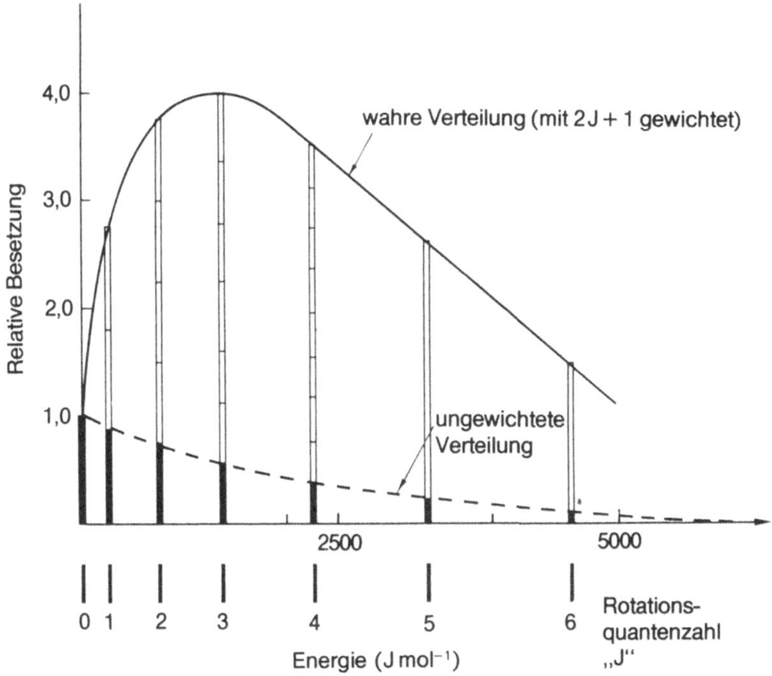

Abb. 3.13. Relative Besetzung der Rotationszustände von HCl bei 300 K.

migen Molekülen (die niedrige Schwingungsfrequenzen besitzen) liefert auch die Schwingungsanregung einen bedeutenden Beitrag.

Zusammenfassend gilt also: Wenn bei einer chemischen Reaktion mehratomige Moleküle beteiligt sind, dann muß jeder dabei frei werdende Energiebetrag so unter den Reaktionsprodukten aufgeteilt werden, daß alle verfügbaren Freiheitsgrade, wie Translation, Rotation und Schwingung berücksichtigt werden *. Diese Verteilung erfolgt wie bei einer Lotterie, wobei alle möglichen Energiezustände miteinander konkurrieren; sie wird daher durch eine exponentielle Abhängigkeit von Energie und Temperatur und durch zusätzliche, jedem Freiheitsgrad angemessene, Gewichtsfaktoren beschrieben. Diese Überlegungen führen zu einer völlig re-

* Elektronische Anregungen haben wir dabei völlig außer acht gelassen. Allerdings besitzen nur wenige Moleküle derartig niederenergetische angeregte elektronische Zustände, daß auch sie mitberücksichtigt werden müssen.

Tab. 3.3. Molare Wärmekapazität bei konstantem Volumen: Beiträge von Rotation und Schwingung (J $mol^{-1}K^{-1}$).

Molekül	C_V (300 K)	= Translations-Anteil	+ Rotations-Anteil	+ Schwingungs-Anteil
He	12,47	= 12,47	+ 0	+ 0
Ar	12,47	= 12,47	+ 0	+ 0
HCl	20,78	= 12,47	+ 8,31	+ 0,002
Cl_2	25,61	= 12,47	+ 8,31	+ 4,83
I_2	28,56	= 12,47	+ 8,31	+ 7,78
CH_4	27,41	= 12,47	+ 12,47	+ 2,47
CCl_4	75,19	= 12,47	+ 12,47	+ 50,25
C_2H_6	44,35	= 12,47	+ 12,47	+ 19,41

gellosen und ungeordneten Energieverteilung – und gerade die strebt die Natur an.

f) Konkurrenz zwischen Energie- und Ortsverteilung

Wir wollen die folgenden drei exothermen chemischen Reaktionen betrachten:

$$NH_2 + NH_2 \rightarrow N_2H_4 \quad \text{Wärmeabgabe} = 234 \text{ kJ mol}^{-1} \qquad [3.8]$$

$$NF_2 + NF_2 \rightarrow N_2F_4 \quad \text{Wärmeabgabe} = 84 \text{ kJ mol}^{-1} \qquad [3.9]$$

$$NO_2 + NO_2 \rightarrow N_2O_4 \quad \text{Wärmeabgabe} = 59 \text{ kJ mol}^{-1} \qquad [3.10]$$

Bei jeder dieser Reaktionen besitzen die Reaktanden eine größere potentielle Energie als die Produkte. Was die energetischen Verhältnisse anbetrifft, so „rollt“ jede Reaktion „bergab“ (siehe Abb. 3.14); aber wir wissen ja inzwischen, daß es in Wirklichkeit auf die ungeordnete Verteilung ankommt. Dabei ist die regellose Energieverteilung nur einer der bestimmenden Faktoren – daneben muß auch die regellose räumliche Verteilung berücksichtigt werden.

Wir wollen zunächst die regellose Energieverteilung betrachten. Bei jeder dieser drei exothermen Reaktionen wird jedem Reaktanden ein gewisser Betrag an potentieller Energie entzogen und statistisch auf Translations-, Rotations- und Schwingungsfreiheitsgrade aufgeteilt (d. h. als Wärme freigesetzt), so daß man dabei eine regellose Verteilung erhält. Soweit dieser Effekt eine Rolle spielt, sollten wir also erwarten, daß alle drei Reaktionen tatsächlich ablaufen.

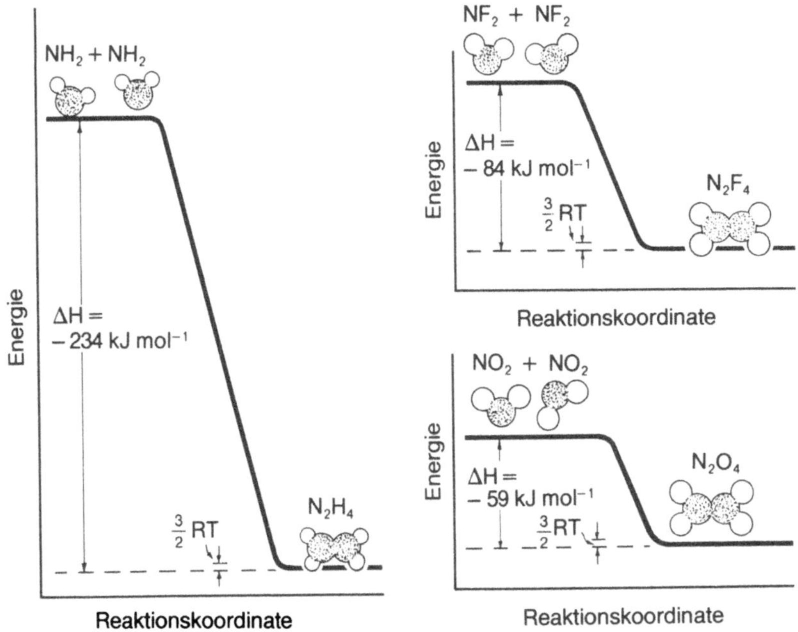

Abb. 3.14. Drei einander ähnliche exotherme Reaktionen.

Wir wollen das Experiment nun ausführen. Wir füllen einen 24,5-l-Kolben mit 0,40 mol NH_2 (wie das praktisch durchzuführen ist, soll uns hier nicht interessieren). Der Kolben wird in ein Wärmebad mit der konstanten Temperatur von 298 K eingebettet. Der Druck wird gemessen und beträgt 0,203 bar. Das ist aber genau derjenige Druck, der zu erwarten ist, wenn die gesamten 0,40 mol NH_2 gemäß [3.8] miteinander reagieren und 0,20 mol N_2H_4 bilden. Unsere Erwartung hat sich also tatsächlich erfüllt. Bei der Reaktion werden die 234 kJ mol^{-1} auf Translations-, Rotations- und Schwingungsfreiheitsgrade innerhalb eines Wärmebades konstanter Temperatur aufgeteilt, so daß sich eine viel ungeordnetere Energieverteilung einstellen kann. Gerade das ist der Grund dafür, daß die Reaktion mit großem, wildem Enthusiasmus abläuft.

Jetzt wollen wir das gleiche Experiment mit 0,40 mol NF_2 in einem zweiten 24,5-l-Kolben und mit 0,40 mol NO_2 in einem dritten Kolben desselben Volumens ausführen. Im zweiten Kolben messen wir mit 0,205 bar einen etwas höheren Druck als im Experiment mit N_2H_4, wo sich ein Druck von 0,203 bar einstellte. Anscheinend ist die Reaktion nicht vollständig abgelaufen! Beim dritten Kolben ist dieser Effekt noch ausgeprägter! Hier erhalten wir einen Druck von 0,263 bar, der daraufhinweist, daß nur etwa 65% aller möglichen N_2H_4 Moleküle tatsächlich gebildet wurden! Anscheinend haben sich nur etwa zwei Drittel aller NO_2 Moleküle dafür entschieden „bergab zu rollen“, das restliche Drittel wollte ihnen jedoch nicht folgen!

Auf den ersten Blick könnten wir dem NO_2 dafür die Schuld geben – vielleicht ist eine ganz andere Reaktion abgelaufen. Aber das stimmt nicht. Spektroskopische Untersuchungen (Lichtabsorption in der Gasmischung) erhärten einwandfrei unsere Interpretation des beobachteten Druckes. Stickstoffdioxid enthält tatsächlich vergleichbare Mengen an NO_2- und N_2O_4-Molekülen; nachdem die Reaktion zu etwa zwei Drittel abgelaufen ist, hört ihre Talfahrt im Energiegebirge plötzlich auf! Hier muß offenbar das Bestreben, auch räumlich eine regellose Verteilung der Moleküle zu erreichen, eine Rolle spielen.

Um diese Interpretation zu bestätigen, wollen wir alle drei Experimente bei 400 K wiederholen. Bei dieser höheren Temperatur verbinden sich die NH_2-Moleküle wieder beinahe vollständig zu Hydrazin, N_2H_4. Die dabei frei werdende Energie wird in Translations-, Rotations- und Schwingungsenergiepakete aufgeteilt. Bei der Untersuchung des NF_2-Kolbens finden wir jedoch, daß bei 400 K nur etwa 60 Prozent aller möglichen N_2F_4-Moleküle tatsächlich gebildet wurden! 40 Prozent der NF_2-Moleküle wollten nicht abwärts rollen! Im NO_2-Kolben beträgt der Druck ziemlich genau 0,40 bar – es hat praktisch überhaupt keine Reaktion stattgefunden!

Anhand dieser Ergebnisse erkennen wir, daß wir den Einfluß der räumlichen statistischen Verteilung nicht vernachlässigen dürfen, der mit steigender Temperatur immer größer wird. Ebenso, wie wenn ein Junggeselle sich zu jenem so folgenschweren Schritt entscheidet zu heiraten, ist auch dann der Verlust an Bewegungsfreiheit beträchtlich, wenn sich zwei NH_2-Moleküle zusammenfinden und in den „heiligen Stand der chemischen Bindung“ treten. Während sich die beiden Moleküle vor der Verbindung sowohl in räumlicher als auch in energetischer Hinsicht völlig unabhängig voneinander verhalten konnten, sind sie nun als N_2O_4-Molekül gezwungen, denselben Energievorrat miteinander zu teilen, eng benachbart in derselben geographischen Gegend zu leben, dieselben „Molekül-Parties“ zu besuchen und so weiter.

Es ergibt sich von selbst eine ungeordnetere Verteilung, wenn man viele Moleküle hat, als wenn (bei gleicher Anzahl von Atomen) nur wenige Moleküle vorhanden sind. Ebenso erhält man natürlich eine regellosere Anordnung, wenn anstatt einer mehrere Molekülsorten vorliegen. Beide Faktoren liefern den Grund dafür, daß die exothermen Reaktionen [3.9] und [3.10] *nicht* vollständig ablaufen. Stattdessen bleiben die Atome in einem Zustand hängen, der den bestmöglichen (den wahrscheinlichsten) Kompromiß darstellt, *wenn man alle Arten der regellosen und ungeordneten Verteilungen berücksichtigt*. Man gelangt auf diese Weise stets zu einem Gleichgewichtszustand, in dem Moleküle von jeder Sorte vorhanden sind. Die relativen Mengenverhältnisse werden dabei durch die Größe der speziellen energetischen und räumlichen Beiträge zur statistischen Verteilung bestimmt.

g) Die Wichtung der regellosen Energieverteilung

Bei der Untersuchung der Reaktionen [3.8], [3.9] und [3.10] enthüllten unsere experimentellen Ergebnisse den außerordentlichen Einfluß der Temperatur. Bei Zimmertemperatur führte die Reaktion [3.8] mit ihrer Reaktionswärme von -234 kJ mol^{-1} zur beinahe vollständigen Bildung von N_2H_4, wohingegen die mit -84 kJ mol^{-1} exotherme Reaktion [3.9] nur unvollständig ablief. Bei 400 K jedoch ergab Reaktion [3.9] nur noch eine 60prozentige Ausbeute und Reaktion [3.10] fand so gut wie überhaupt nicht statt. Mit steigender Temperatur verliert die regellose Energieverteilung im Vergleich zur ungeordneten räumlichen Verteilung beträchtlich an Bedeutung. Zur Erklärung kann man sich einmal überlegen, was eine regellose Energieverteilung „einbringt". Wenn die mittlere Translationsenergie eines Moleküls $\frac{3}{2}\,kT$ beträgt, dann steigt die mittlere Translationsenergie eines Mols mit T an. Das hat zur Folge, daß die Wirksamkeit unserer 234 kJ mol^{-1} als Mittel, um eine ungeordnete Molekülbewegung zu erreichen, immer geringer wird, je mehr sich die mittlere Bewegungsenergie pro Mol der Reaktionswärme nähert. Um es noch deutlicher zu machen: $\frac{3}{2}\,kT$ pro Molekül entspricht einer Energie von $\frac{3}{2}\,RT$ pro Mol und wir können folgenden Vergleich anstellen:

$$\text{bei } T = 300\,\text{K (Zimmertemperatur) ist } \frac{3}{2}\,RT = 3{,}75\,\text{kJ}\,\text{mol}^{-1}$$

$$\text{bei } T = 400\,\text{K} \quad \text{ist } \frac{3}{2}\,RT = 5\,\text{kJ}\,\text{mol}^{-1}$$

Tab. 3.4 zeigt die Bedeutung dieser Größen im Vergleich zu den Reaktionsenthalpien der Reaktionen [3.8], [3.9] und [3.10]. Sowohl bei 300 K als auch bei 400 K entsprechen die bei Reaktion [3.8] freigesetzten 234 kJ mol^{-1} einer großen Zahl von Translationsenergiepaketen mit einer mittleren Größe von $\frac{3}{2}\,RT$. Bei beiden anderen Reaktionen ist $\frac{3}{2}\,RT$ nicht mehr so sehr klein im Vergleich zu $-\Delta H$. Insbesondere besitzt das Verhältnis $-\Delta H/(\frac{3}{2}\,RT)$ für Reaktion [3.10] bei 300 K etwa denselben Wert wie für Reaktion [3.9] bei der höheren Temperatur von 400 K. Das stimmt mit der Beobachtung überein, nach der NF_2 bei 400 K ungefähr mit derselben Ausbeute reagiert wie NO_2 bei 300 K. Dadurch wird unsere frühere Aussage bekräftigt: Wenn die Temperatur ansteigt, verliert die regellose Energieverteilung zugunsten der ungeordneten, statistischen räumlichen Verteilung an Bedeutung. Das Verhältnis $-\Delta H/(RT)$ ist ein Maß für die Bedeutung der regellosen Energieverteilung. Bei sehr hohen Temperaturen, bei denen $-\Delta H$ klein im Vergleich zu RT ist, wird die Energieverteilung völlig unbedeutend. Wenn man dann ein paar Kilojoules innerhalb einer Gruppe energiereicher Moleküle aufteilt, dann wird die Energieverteilung davon gerade so stark beeinflußt wie die Bankkonten von fünf Millionären, unter denen 10 Mark aufgeteilt werden.

Das Verhältnis zwischen dem Betrag von ΔH und der temperaturabhängigen mittleren Energie pro Freiheitsgrad ist also ein Maß für die Unordnung, die man erzeugt, wenn die Änderung der potentiellen Energie (bzw. ΔH) in Bewegungsenergie umgewandelt wird. Bei niedrigen Temperaturen spielt die regellose Verteilung der Energie eine durchaus wichtige Rolle. Das Gleichgewicht wird in Richtung der exothermen Reaktion (d. h. in unserem Beispiel auf die Seite von N_2H_4, N_2F_4 bzw. N_2O_4) verschoben. Bei hohen Temperaturen wird die Energieverteilung immer unbedeutender, da der Quotient $-\Delta H/(RT)$ klein wird. Dann überwiegt das Bestre-

Tab. 3.4. Das Verhältnis von Reaktionswärme und mittlerer thermischer Energie.

Reaktion		ΔH (kJ mol^{-1})	$-\Delta H/(3/2\,RT)$	
			300 K	400 K
[3.8]	$2\,NH_2\,(g) \rightleftarrows N_2H_4\,(g)$	−234	62	50
[3.9]	$2\,NF_2\,(g) \rightleftarrows N_2F_4\,(g)$	− 84	22	17
[3.10]	$2\,NO_2\,(g) \rightleftarrows N_2O_4\,(g)$	− 59	16	12

ben nach einer räumlich ungeordneten Verteilung, und die Reaktion kann bevorzugt in endothermer Richtung ablaufen (d. h. in Richtung der Bildung von NH_2, NF_2, NO_2). Wir erwarten, daß die Größe $-\Delta H/(RT)$ einen Anhaltspunkt dafür liefert, in welchem Temperaturbereich dieser Übergang stattfindet. $\Delta H/(RT)$ beschreibt das Ausmaß der ungeordneten Energieverteilung, die durch die freiwerdende Reaktionswärme bewirkt wird.

3.3. Unordnung, Energieumwandlung und Gleichgewicht

Jetzt haben wir alle Vorstellungen kennengelernt, die uns helfen, die Triebkräfte für spontane Umwandlungen zu verstehen. Im makroskopischen Maßstab führen alle Vorgänge zu einem Zustand erhöhter Unordnung. Freilich ist das Konzept einer regellosen, ungeordneten Verteilung sehr viel weitreichender als es die einfache räumliche Zufallsverteilung in unserem Spiel mit den Tischtennisbällen in Abb. 3.3 andeutet. Die Energieverteilung muß ebenso berücksichtigt werden. Energie, die in dem Wirrwar aus Translations-, Rotations- und Schwingungsbewegungen steckt, macht sich als Wärme bemerkbar, und im allgemeinen führt der Übergang von potentieller Energie chemischer Bindungen in Wärme zu mehr Unordnung. Diese Erzeugung einer stärker ungeordneten Energieverteilung führt daher dazu, daß Reaktionen in exothermer Richtung ablaufen können. Andererseits spielen aber auch räumliche Unordnung und molekulare Anordnungsmöglichkeiten eine Rolle. Mit einzelnen Molekül-Bruchstücken können mehr räumliche Anordnungen realisiert werden als mit einer einzigen Zusammenballung von Molekülen, selbst wenn dieser Cluster eine niedrigere potentielle Energie besitzt. Der Ausgleich zwischen allen Formen der Unordnung hinsichtlich der Reaktanden wie auch der Produkte bestimmt die Lage des Gleichgewichtszustandes.

Alle diese Überlegungen müssen quantitativ erfaßt werden. Wenn es uns gelingt, die Vorstellung der ungeordneten Verteilung auf eine quantitative Grundlage zu stellen, dann sind wir auch in der Lage vorherzusagen, welche Reaktionen spontan ablaufen – wir können den Weg zum Gleichgewichtszustand vorherbestimmen. Wir wollen dazu eine zwar etwas mühsame, dafür aber recht aufschlußreiche Ableitung entwickeln. Die Behandlung folgt nicht dem Gang der historischen Entwicklung dieses Gebietes – das würde uns zu weit von der Chemie weg und bis hin zur Beschäftigung mit Dampfmaschinen führen und dabei eine ganze Menge an mathematischem Formalismus erfordern. Wir ziehen hier wieder den rein logischen dem chronologischen Weg vor und legen mehr Wert auf die anschauliche Bedeutung als auf die mathematische Eleganz der Ableitungen. In der Hoffnung, daß *Carnot* und *Clausius* diese Behandlung entschuldigen mögen, werden wir im vierten Kapitel zeigen, auf welche Weise wirtschaftliche Gesichtspunkte und einige Beispiele zum Entropiebegriff führen und wie die Entropie ihrerseits zum Zweiten Hauptsatz der Thermodynamik führt.

4. Maximale Arbeit, Entropie und Spontaneität

Wenn ein Gebirgsfluß ins Tal hinabstürzt, wird eine ungeheure Menge an potentieller Energie frei und in verschwenderischer Art und Weise in Wärme umgewandelt. Während das Wasser Felsen und Steine umspült und in Schluchten emporspritzt, entsteht aus der gerichteten Strömung des Flusses eine ungeordnete Wärmebewegung: Das Wasser erwärmt sich.

Ein einfallsreicher Ingenieur könnte nun auf die Idee verfallen, eine Reihe von Dämmen zu errichten, die den Flußlauf unterbrechen. Der Weg des Wassers bis hin zum Meer würde dann über eine Folge von Turbinen führen, in denen ein großer Teil der potentiellen Energie des Wassers in elektrische Energie umgewandelt wird. Diese elektrische Energie könnte nach Belieben weiter in Licht, Wärme, chemische Energie oder mechanische Arbeit umgesetzt werden. Für das Wohlergehen der Menschheit haben diese beiden Wege, auf denen das Schmelzwasser des Schnees aus den Gebirgen unser ewiges Meer erreicht, völlig unterschiedliche Folgen. Es ist nun unsere Aufgabe herauszufinden, welche Bedeutung der Arbeit zukommt, die bei einem spontan ablaufenden Vorgang geleistet werden kann (oder aufgewendet werden muß).

Wir werden erkennen, daß bei jedem freiwillig ablaufenden Prozeß Arbeit geleistet werden kann. Der Arbeitsbetrag hängt dabei von den äußeren Bedingungen ab und kann einen Maximalwert erreichen, der charakteristisch für den jeweiligen Prozeß ist. Es wird sich herausstellen, daß die Differenz zwischen dieser theoretisch erreichbaren maximalen Arbeit und dem während einer wirklich ablaufenden Umwandlung praktisch erreichten Arbeitsbetrag eine sehr wichtige Größe ist. Diese Differenz ist ein quantitatives Maß für die „Triebkraft“ oder „Motivation“ einer spontanen Umwandlung. Sie wird uns zwangsläufig zu einer Definition der Entropie führen, und sie wird uns helfen zu verstehen, auf welche Weise die Unordnung den Gleichgewichtszustand bestimmt. Dazu wollen wir untersuchen, wieviel Arbeit einerseits bei der Expansion eines idealen Gases und andererseits bei der Entladung einer elektrochemischen Zelle geleistet wird.

4.1. Expansion eines Gases

Abb. 4.1 zeigt dieselbe Zustandsänderung wie Abb. 3.1. Sie wird lediglich in einer neuen Apparatur ausgeführt. In einem Zylinder befinden sich N Mol Chlorgas, die anfänglich mit Hilfe des Kolbens auf das Volumen V_1 (=1 l) beschränkt sind. Der Kolben hält dem auf die innere Oberfläche wirkenden Gasdruck von $P_1 = 24$ mbar stand, da der entsprechende Gegendruck von der Masse M_1 auf der Waagschale ausgeübt wird.

a) Expansion ins Vakuum

In dieser Apparatur können wir auf einfache Weise die Expansion in ein 3-Liter-Volumen realisieren (wobei sich ein Endvolumen von 4 l ergibt). Wird die Masse M_1 von der Waagschale entfernt, so wird der Kolben nicht mehr zurückgehalten und schnell bis zum Ende des Zylinders verschoben, da der Gasdruck nach wie vor auf der linken Seite des Kolbens wirkt. Der Kolben wird von der Zy-

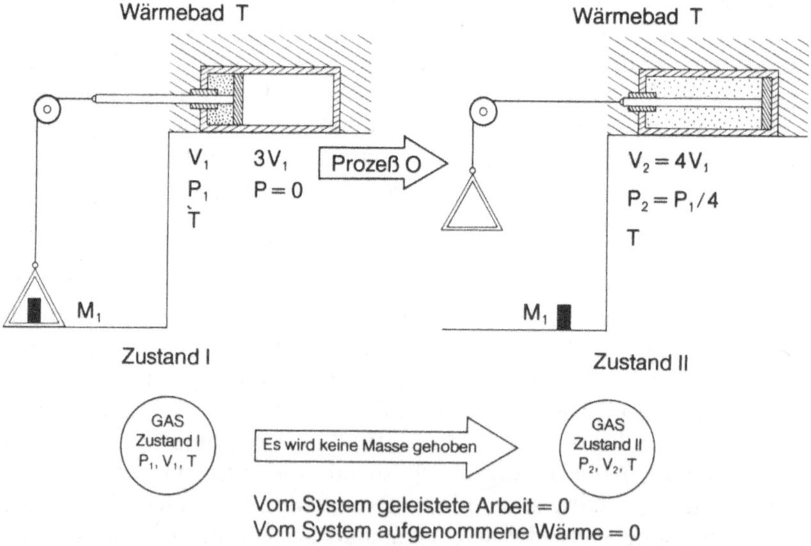

Abb. 4.1. Expansion eines Gases ins Vakuum – es wird keine Arbeit geleistet.

linderwand bei einem Endvolumen von $V_2 = 4\, V_1$ und einem Enddruck von $P_2 = 6$ mbar aufgehalten. Da das gasförmige Chlor unter einem geringen Druck steht, verhält es sich wie ein ideales Gas, so daß keine Temperaturänderung auftritt. Die gesamte Expansion findet bei konstanter Temperatur T statt.

Der Vorteil dieser Experimentieranordnung liegt darin, daß man leicht erkennen kann, wieviel Arbeit geleistet wird, wenn das Gas aus dem Zustand I (N, P_1, V_1, T) in den Zustand II (N, P_2, V_2, T) überführt wird. In dem gerade betrachteten Prozeß wurde die Masse M_1 von der Waagschale genommen, so daß bis auf die vernachlässigbare Masse der Waagschale selbst kein Gewicht emporgehoben wurde. Diese Zustandsänderung erfolgte also analog dem spontanen und ungehemmten Lauf eines Flusses bis zum Meer – es wurde keine Arbeit geleistet.

b) Wie man ein wenig Arbeit leistet

Abb. 4.2 zeigt einen weiteren Prozeß, bei dem das Gas dieselbe Zustandsänderung erfährt. Diesmal entfernen wir nicht einfach die Masse M_1 von der Waagschale, sondern ersetzen sie durch die Masse $M_1/4$. Die auf den Kolben wirkende Rückhaltekraft ist nun geringer als die durch den Gasdruck hervorgerufene Kraft. Daher bewegt sich der Kolben nach rechts. Die Masse $M_1/4$ wird hochgehoben, das Gas dehnt sich weiter aus, bis sein Druck auf $P_1/4$ abgesunken ist. Bei diesem Druck ist das Kräftegleichgewicht wiederhergestellt. Hier übt das Gas wieder eine nach rechts gerichtete Kraft auf den Kolben aus, die gerade gleich derjenigen ist, mit der die kleinere Masse auf der Waagschale den Kolben nach links ziehen möchte.

Soweit sie das Gas selbst betrifft, ist die Zustandsänderung in Abb. 4.2 dieselbe wie in Abb. 4.1. Das Gas dehnt sich wieder ausgehend vom Anfangszustand I (N, P_1, V_1, T) aus, bis es den Endzustand II (N, P_2, V_2, T) erreicht. Bei dem in Abb. 4.2 dargestellten Prozeß wird aber Arbeit geleistet, da die Masse emporgehoben wird. Das Gas leistet Nutzarbeit. Wir wollen diese Arbeit für einen Augenblick mit w_1 bezeichnen. Das Gewicht mit der Masse $M_1/4$ möge um den Betrag h angehoben worden sein. Dabei hat sich seine potentielle Energie gerade um w_1 vergrößert, wobei gilt:

$$w_1 = \frac{1}{4} M_1 g h \qquad [4.1]$$

g ist die Gravitationskonstante.

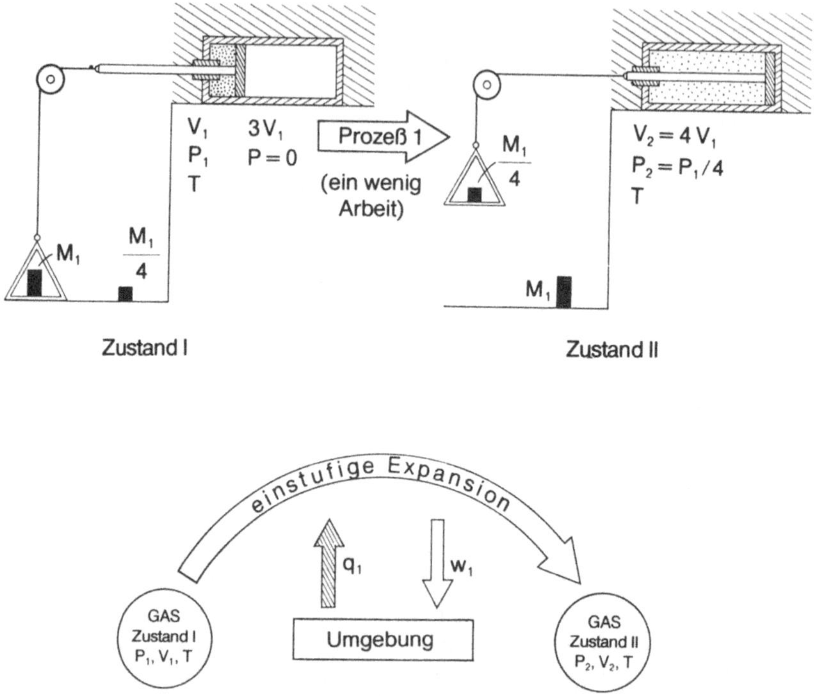

vom System geleistete Arbeit $= w_1 = \frac{3}{4} P_1 V_1$

vom System aufgenommene Wärme $= q_1 = \frac{3}{4} P_1 V_1$

Abb. 4.2. Expansion eines Gases: Prozeß 1, es wird ein wenig Arbeit geleistet.

Man kann jedoch noch einen anderen Ausdruck für die geleistete Arbeit finden. Im Endzustand II befindet sich der Kolben in einem kräftefreien Gleichgewichtszustand. Die Masse $M_1/4$ übt dem Betrage nach genau dieselbe Kraft auf den Kolben aus wie der Gasdruck $P_2 = P_1/4 = 6$ mbar. Der Kolben verhält sich also genauso, als ob auf beiden Seiten derselbe Druck herrschte und kein Gewicht auf der Waagschale läge. Zum Anheben der Masse $M_1/4$ muß daher genausoviel Arbeit geleistet werden wie bei einer Verschiebung des Kolbens gegen den konstanten Druck von $P_1/4$. Die bei diesem Prozeß geleistete Arbeit kann deshalb nun auch direkt mit den Variablen in Zusammenhang gebracht werden, die die Zustandsänderung selbst beschreiben, nämlich Druck und Volumen.

Wenn die geleistete Arbeit gleich derjenigen ist, die zur Verdrängung von Luft konstanten Druckes erforderlich ist, dann kann sie als Kompressionsarbeit angesehen werden. Darüber wissen wir aber bereits Bescheid. Im zweiten Kapitel fanden wir, daß diese Arbeit einfach $P\Delta V$ ist (Gleichung [2.16a]). Dieser Arbeitsbetrag wird *vom System* geleistet, da das Gas den Kolben verschiebt. Wir wollen ihn wieder mit w_1 bezeichnen:

$$w_1 = P\Delta V = \frac{1}{4} P_1 (V_2 - V_1) = \frac{1}{4} P_1 (4 V_1 - V_1)$$

und daher

$$w_1 = \frac{3}{4} P_1 V_1 \qquad [4.2]$$

Im Vergleich mit dem Prozeß von Abb. 4.1 sind wir nun viel günstiger gefahren. In Abb. 4.1 (Prozeß 0) wurde keine Arbeit geleistet. In Abb. 4.2 (Prozeß 1) wurde dagegen eine Masse gehoben und die Arbeit $^3/_4\, P_1 V_1$ geleistet. Das Gas führte spontan dieselbe Zustandsänderung aus; im Prozeß 1 haben wir dabei aber etwas gewonnen: Das Gewicht besitzt nun potentielle Energie, die zu jedem beliebigen Zeitpunkt wieder freigesetzt und mit dazu verwendet werden kann, einen Stein zu spalten, ein Ei zu kochen oder einen Elektrorasierer anzutreiben.

c) Noch mehr Arbeit, bitte!

Wenn man sich ein bißchen mehr Mühe gibt, kann man sogar noch mehr Arbeit erhalten. Wir wollen den Prozeß 2 in Abb. 4.3 betrachten. Hierbei wird die Masse M_1 anfangs durch die Masse $M_1/2$ ersetzt. Der Gasdruck sorgt dafür, daß der Kolben nach rechts verschoben wird, bis sich das Kräftegleichgewicht einstellt. Das ist gerade dann der Fall, wenn der Druck auf die Hälfte des Anfangswertes abgesunken ist und sich das Volumen verdoppelt hat. Wir befinden uns nun im Zustand Ia, und es wurde die Arbeit w_{2a} geleistet:

$$w_{2a} = P\Delta V = \frac{1}{2} P_1 (V_{1a} - V_1) = \frac{1}{2} P_1 (2 V_1 - V_1)$$
$$= \frac{1}{2} P_1 V_1 \qquad [4.3]$$

An dieser Stelle wird die Masse $M_1/2$ durch die kleinere Masse $M_1/4$ ersetzt, und die Expansion läuft weiter bis zum Zustand II.

Dabei wird ein weiterer Arbeitsbetrag w_{2b} geleistet:

$$w_{2b} = P\Delta V = \frac{1}{4} P_1 (V_2 - V_{1a}) = \frac{1}{4} P_1 (4 V_1 - 2 V_1)$$
$$= \frac{1}{2} P_1 V_1 \qquad [4.4]$$

Die gesamte geleistete Arbeit w_2 ergibt sich jetzt einfach als Summe aus w_{2a} und w_{2b}:

$$w_2 = w_{2a} + w_{2b} = \frac{1}{2} P_1 V_1 + \frac{1}{2} P_1 V_1$$
$$= P_1 V_1 \qquad [4.5]$$

Während des Prozesses 1 leistete das System den Arbeitsbetrag von $\frac{3}{4} P_1 V_1$. Im Prozeß 2 erfuhr das Gas genau dieselbe Expansion, aber die geleistete Arbeit erhöhte sich auf $P_1 V_1$.

d) Maximale Arbeit

Natürlich kann dieser Prozeß weiter modifiziert werden, so daß noch mehr Arbeit geleistet wird. Dabei könnte zunächst ein Gewicht mit der Masse $\frac{2}{3} M_1$ emporgehoben werden, das dann erst durch ein kleineres Gewicht der Masse $M_1/2$ und schließlich durch ein weiteres der Masse $M_1/4$ ersetzt wird. Dieser Mehrstufenprozeß erfordert zwar etwas Geduld, zahlt sich jedoch dadurch aus, daß zusätzliche Arbeit geleistet wird, wie man anhand einer graphischen Darstellung erkennen kann. Jeder Schritt eines solchen Prozesses findet bei konstantem Druck statt und liefert den Beitrag $P\Delta V$ zur Arbeit, der in einer graphischen Auftragung von P gegen V, wie in Abb. 4.4, offenbar gerade der Fläche unter der Kurve entspricht. Die bei jedem der besprochenen Prozesse geleistete Arbeit wird durch die entsprechende schraffierte Fläche dargestellt. Die schraffierte Fläche für Prozeß 3 ist deutlich größer als diejenige für Prozeß 2; sie enthält nicht nur die schraffierte Fläche von Prozeß 2 vollständig, sondern darüber hinaus noch ein zusätzliches Gebiet. Es wird mehr Arbeit geleistet.

Offenbar wird immer mehr Arbeit geleistet, wenn das Gewicht auf der Waagschale in immer kleineren Portionen verringert wird. Wenn wir an maximaler Arbeitsleistung interessiert sind (und das ist eine ganz natürliche Aufgabenstellung – es sei nur an den findigen Ingenieur und sein hydroelektrisches Staudamm-Projekt erinnert), dann sollten wir den stufenweisen Prozeß so ausführen, daß

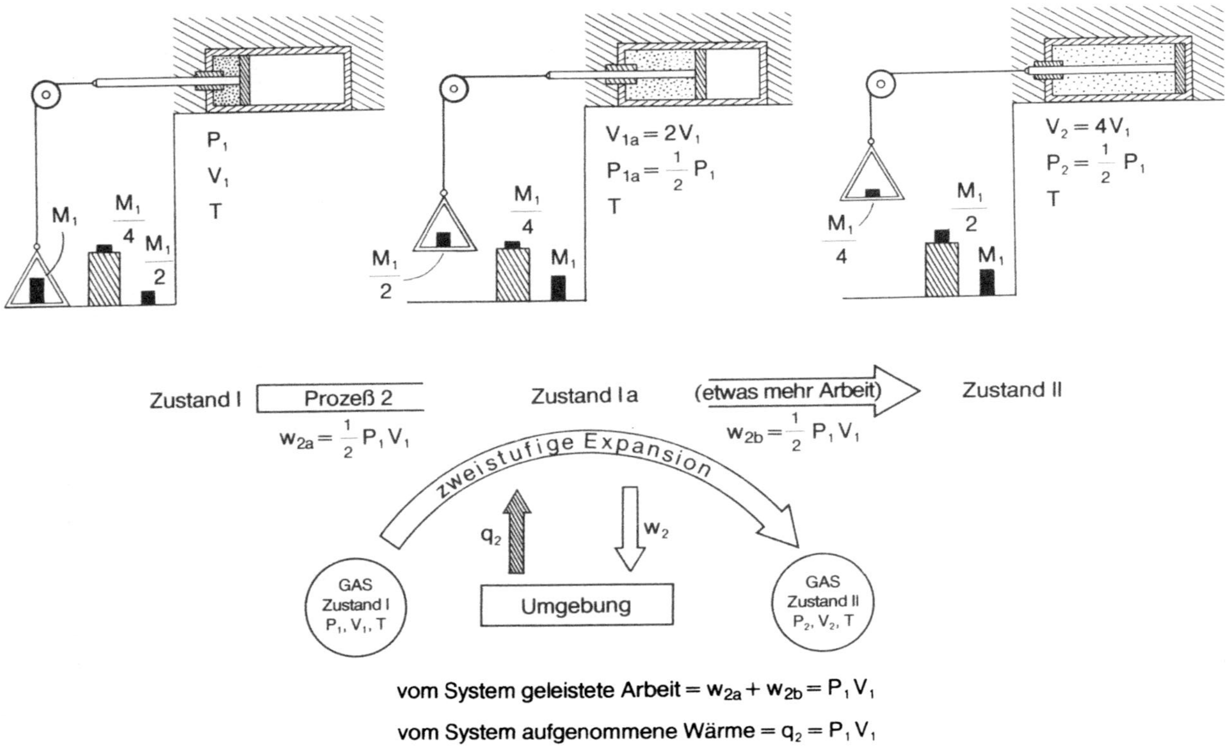

Abb. 4.3. Expansion eines Gases: Prozeß 2, es wird mehr Arbeit geleistet.

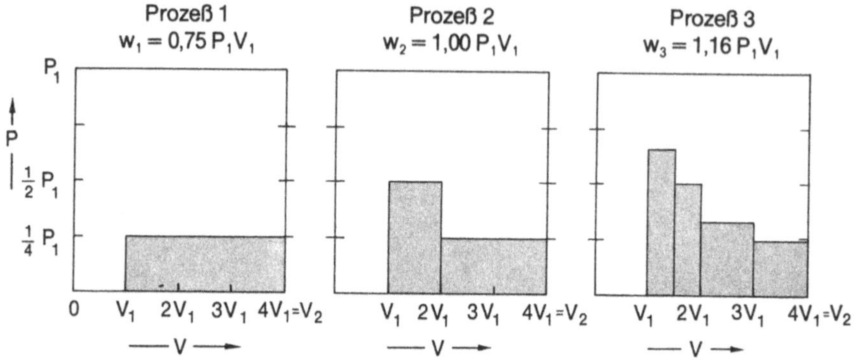

Abb. 4.4. Graphische Darstellung der Arbeit: $P\Delta V$.

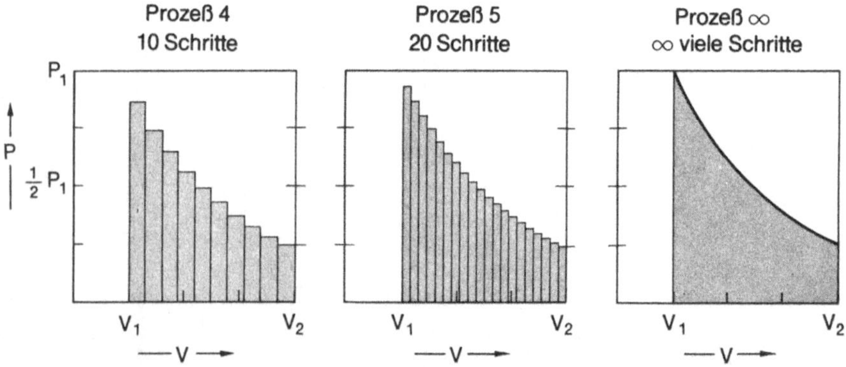

Abb. 4.5. Expansion eines Gases: Annäherung an die maximale Arbeit.

die Gewichtsabnahme bei jedem Schritt extrem klein ist. Dann hebt das expandierende Gas in jedem Moment eine Masse an, die nur geringfügig kleiner ist als diejenige, die zur Aufrechterhaltung des Kräftegleichgewichts erforderlich ist. Diese Massenänderungen heißen „Massendifferentiale“ und werden mit dM abgekürzt. Es folgt, daß jede derartige Expansion bei einem konstantem Druck stattfindet, der nur um dP (Differential des Druckes) unterhalb des Gleichgewichtsdruckes liegt. Natürlich ändert sich auch das Volumen bei jedem Schritt nur um einen differentiellen Betrag dV. Wenn das Differential immer kleiner wird, steigt der Arbeitsbetrag an, wie es in Abb. 4.5 dargestellt ist und nähert sich schließlich dem Flächeninhalt unter der glatten Kurve im rechten Bild. In diesem Grenzfall wird aus der Summation von diskreten kleinen Teilbeträgen eine kontinuierliche Operation. Die Mathematiker haben für diese unendliche Summe infinitesimal kleiner Anteile eine spezielle Bezeichnungsweise eingeführt: Das Integral. Die maximale Arbeit ist durch diesen Grenzwert gegeben:

$$\text{Arbeit} = \int_{\mathrm{I}}^{\mathrm{II}} P\,\mathrm{d}V \qquad [4.6]$$

Diese eigenartige Gleichung liest man folgendermaßen: „Die Arbeit ist gleich dem Integral des Produktes $P\,\mathrm{d}V$ vom Zustand I bis zum Zustand II". Das Wort „Integral" bezeichnet den Grenzwert der Summe, dem man sich nähert, wenn man die Zustandsänderung vom Zustand I zum Zustand II in immer kleineren Schritten ausführt. *

Man kann diesen Grenzwert analytisch ausdrücken. Da der Druck sich vom Gleichgewichtsgasdruck stets nur um einen infinitesimal kleinen Betrag unterscheidet, kann man während der gesamten Umwandlung das ideale Gasgesetz anwenden:

$$P = nRT/V, \qquad [4.7]$$

wobei n die Molzahl des Gases, R die Gaskonstante und T die absolute Temperatur sind. Setzt man [4.7] in [4.6] ein, so ergibt sich:

$$\text{Arbeit} = \int_{\mathrm{I}}^{\mathrm{II}} \frac{nRT}{V}\,\mathrm{d}V \qquad [4.8]$$

Die Summation in [4.8] wird dadurch erheblich vereinfacht, daß die äußeren Randbedingungen dafür sorgen, daß sich weder die Molzahl noch die Temperatur ändert. Wenn aber diese Faktoren (und natürlich auch R) unverändert bleiben, dann haben sie keinen Einfluß auf die Integration und können als konstanter Faktor angesehen und vor das Integral gezogen werden. Daher kann [4.8] auch in der folgenden Form geschrieben werden:

$$\text{Arbeit} = nRT\int_{\mathrm{I}}^{\mathrm{II}} \frac{\mathrm{d}V}{V} \qquad [4.9]$$

---

* Die mathematische Integration wird in Anhang A behandelt.

Dieses Integral wird in jedem Anfänger-Rechenkurs als eines der ersten behandelt. Sein Wert ist relativ leicht zu berechnen. Er ergibt sich gerade als Differenz zweier Ausdrücke, die nur vom Anfangs- bzw. Endvolumen V_1 und V_2 abhängen. Dabei handelt es sich speziell um die Differenz zwischen dem natürlichen Logarithmus des Volumens im Endzustand und dem natürlichen Logarithmus des Volumens im Anfangszustand. * Also gilt:

$$\text{Arbeit} = nRT\int_{\text{I}}^{\text{II}}\frac{\mathrm{d}V}{V} = nRT\int_{V_1}^{V_2}\frac{\mathrm{d}V}{V}$$

$$= nRT(\ln V_2 - \ln V_1) \qquad [4.10]$$

Da die Differenz der Logarithmen zweier Zahlen gleich dem Logarithmus ihres Quotienten ist, ergibt sich:

$$\text{Arbeit} = nRT\ln(V_2/V_1) \qquad [4.11]$$

Logarithmen zur Basis e (ln) sind oft nicht so bequem zu handhaben wie Logarithmen zur Basis 10 (lg), so daß [4.11] insbesondere für numerische Berechnungen gewöhnlich in folgender Form geschrieben wird:

$$\text{Arbeit} = 2{,}303\, nRT\lg(V_2/V_1) \qquad [4.12]$$

Setzt man $V_2 = 4\,V_1$ ein, so wird aus [4.12]:

$$\begin{aligned}\text{Arbeit} = w_\infty &= 2{,}303\, nRT\lg(4\,V_1/V_1)\\ &= 2{,}303\, nRT\lg(4)\\ &= 2{,}303 \cdot 0{,}602\; nRT\\ &= 1{,}40\, nRT \qquad [4.13]\end{aligned}$$

Um dieses Ergebnis direkt mit denen für die früher betrachteten Prozesse vergleichen zu können, wenden wir das ideale Gasgesetz noch einmal in der Form $P_1V_1 = nRT$ an. Dann folgt:

$$w_\infty = \text{maximale Arbeit} = 1{,}40\, P_1V_1 \qquad [4.14]$$

Nun können wir einen Moment innehalten und die bei den verschiedenen Prozessen vom expandierenden Gas geleisteten Arbeitsbeträge einander gegenüberstellen. Abb. 4.6 zeigt eine graphische Darstellung der geleisteten Arbeit als Funktion der Zahl der Teilschritte während der Expansion. Sowohl Abb. 4.5 als auch

---

* Der natürliche Logarithmus und die Zahl e werden im Anhang A definiert. Dort wird das Integral $\int \mathrm{d}V/V$ ausführlicher behandelt.

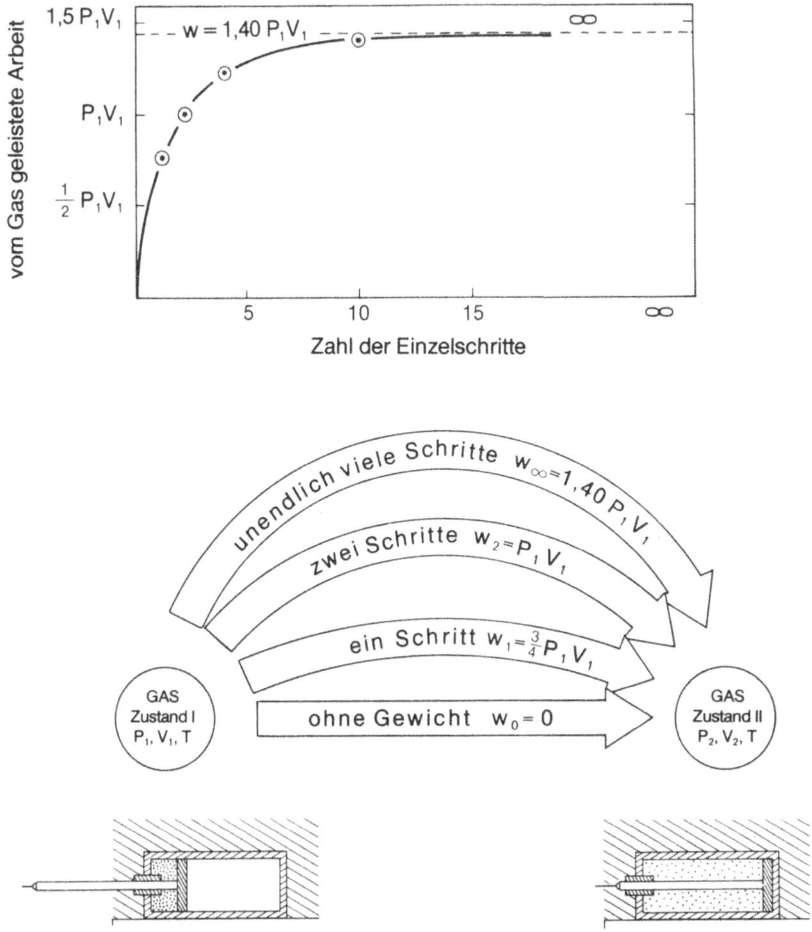

Abb. 4.6. Arbeit, die während der Expansion eines Gases geleistet wird.

Abb. 4.6 zeigen, daß gerade derjenige Prozeß den maximal möglichen Arbeitsbetrag liefert, bei dem der Kolben während der gesamten Ausdehnung fast völlig kräftefrei ist, d. h. bei dem stets nahezu Druckgleichgewicht herrscht. *Maximale Arbeit gewinnt man, wenn das System während des gesamten Prozesses im wesentlichen nur Gleichgewichtszustände durchläuft.*

Es ist doch zu dumm, daß dieser letzte Prozeß so umständlich ist! Unglücklicherweise benötigt man eine unendlich lange Zeit, wenn man die Expansion eines Gases in einer Folge von unendlich vielen Schritten ausführen will.

e) Wer bezahlt die Rechnung?

Bei den einzelnen Prozessen, die wir gerade untersucht haben und die alle dieselbe Zustandsänderung des Gases zur Folge hatten, haben wir uns bisher nur für die Arbeit interessiert. Um Arbeit zu leisten, benötigt man Energie – wer bezahlt aber die Energie-Rechnung? Die Antwort ergibt sich aus dem Ersten Hauptsatz der Thermodynamik, dem Erhaltungssatz.

Unser System besteht aus einer Gasmenge, die als ideales Gas angesehen werden kann; d. h. es handelt sich um ein Gas, in dem die einzelnen Moleküle so weit voneinander entfernt sind, daß sie nicht merklich miteinander wechselwirken. Ein derartiges Gas dehnt sich bei konstanter Temperatur ohne jede Energieänderung aus. Die Energieänderung ΔE während der Zustandsänderung ist also Null:

$$\Delta E = E_2 - E_1 = 0 \tag{4.15}$$

Andererseits muß die Energieänderung stets gleich der vom System aufgenommenen Wärmemenge q minus der vom System geleisteten Arbeit w sein; d. h.

$$\Delta E = q - w, \tag{4.16}$$

und da $\Delta E = 0$ ist,

$$q = w. \tag{4.17}$$

Daher war es notwendig, das Gas bei jedem der betrachteten Prozesse mit Wärme aus einem Wärmereservoir zu versorgen.

Es ist nun klar, wer die Rechnung bezahlt hat. Die Umgebung (das Wärmebad) mußte Energie an das System abgeben, damit es die entsprechenden Arbeitsbeträge aufbringen konnte. Bei jedem Prozeß war die der Umgebung entzogene Wärmemenge gleich der geleisteten Arbeit.

f) Wie kann man den Anfangszustand wiederherstellen?

Nachdem wir die Expansion untersucht haben, ist es nun an der Zeit, das Gas wieder in seinen ursprünglichen Zustand zurückzuführen. Das ist bei weitem nicht nur eine Pflichtübung – auch hierbei gibt es wieder etwas zu lernen.

Wenn unser System wieder in den Zustand I überführt werden soll, muß das Gas bis auf das Anfangsvolumen V_1 komprimiert werden. Dieser Vorgang läuft nicht freiwillig ab – vielmehr muß am Kolben Muskelkraft aufgewendet werden. Das Gewicht auf der Waagschale muß eine größere Kraft ausüben als der Gasdruck im Zylinder, damit sich der Kolben bewegt. Das läßt sich nun wieder einmal auf viele verschiedene Arten realisieren. Um es schnell hinter uns zu bringen, können wir z. B. ein Gewicht auf die Waagschale emporheben, das dem Enddruck P_1 äquivalent ist. Dieses Gewicht würde den Kolben sicherlich zurückziehen und dabei das Gas wieder komprimieren. Das Volumen nimmt ab, bis sich das Kräftegleichgewicht einstellt; und das ist gerade dann der Fall, wenn das Volumen wieder den Wert V_1 erreicht hat.

Dieser Vorgang läßt sich in zwei Schritte zerlegen. Zunächst leisten *wir* die Arbeit w' *an der Masse* M_1, während wir sie emporheben. Wenn sich dann die Waagschale senkt und dabei das Gas komprimiert wird, leistet *diese Masse* denselben Arbeitsbetrag w' *am System.* Wir wollen die Zustandsänderung des Gases mit Hilfe der Größe w' beschreiben, der Arbeit also, die *wir am* System leisten (wir und auch das Gewicht sind Teile der Umgebung des Systems). Wir können jedoch jederzeit den Arbeitsaustauch auch durch die *vom* System geleistete Arbeit w ausdrücken, da gilt $w = -w'$. Mit anderen Worten: *Jeder beliebige* Arbeitsaustausch zwischen einem System und seiner Umgebung kann mit Hilfe der vom System geleisteten Arbeit w, ebensogut aber auch mit Hilfe der von der Umgebung geleisteten Arbeit w' beschrieben werden. Beide Größen müssen stets dem Betrage nach übereinstimmen und unterschiedliche Vorzeichen haben: $w = -w'$.

Arbeit, die wir geleistet haben, um das Gas wieder zu komprimieren	=	Arbeit, die wir geleistet haben, um die Masse auf die Waagschale zu heben	$= w_1'$

$$w_1' = P_1 (4 V_1 - V_1) = 3 P_1 V_1 \qquad [4.18]$$

Aber was ist das denn? Wir müssen einen Arbeitsbetrag von $3 P_1 V_1$ aufwenden, um vom Zustand II zum Zustand I zu gelangen, wohingegen doch das Gas allerhöchstens die Arbeit $1{,}4 P_1 V_1$ leisten kann, wenn es vom Zustand I in den Zustand II übergeht! Auweh, das war aber ein schlechtes Geschäft!

g) Es muß einen billigeren Weg geben!

Und den gibt es tatsächlich. Den Hinweis darauf liefert uns die Methode, mit der wir schon die Expansion ausgeführt haben. Nehmen wir an, auch die Kompression findet in einzelnen Schritten statt. Statt der Masse M_1 können wir beispielsweise zunächst $M_1/2$ auf die Waagschale legen. Dadurch läßt sich das Gas nur so weit komprimieren, bis sich sein Druck gerade verdoppelt hat. Das Volumen beträgt dann $2\,V_1$. Danach kann man die gesamte Masse M_1 verwenden, um den Prozeß zu Ende zu führen. Die geleistete Arbeit setzt sich jetzt aus zwei Anteilen zusammen:

$$w'_2 = \frac{1}{2} P_1 (4\,V_1 - 2\,V_1) + P_1 (2\,V_1 - V_1) = 2\,P_1\,V_1$$

Beide Prozesse sind in Abb. 4.7 dargestellt. Offenbar treiben wir ein ähnliches Spiel, wie es auch schon in den Abb. 4.1 bis 4.3 veranschaulicht ist, nur mit dem Unterschied, daß *wir selbst* jetzt die gesamte Arbeit leisten müssen. Wenn wir das Gas mit noch weniger Anstrengung komprimieren wollen, dann müssen wir die Zustandsänderung wieder in vielen kleinen Schritten ausführen. Das führt zu dem naheliegenden Schluß, daß umso weniger Arbeit geleistet zu werden braucht, je größer die Zahl der Teilschritte ist. Der kleinstmögliche Arbeitsbetrag w'_∞ ist dann aufzuwenden, wenn der Prozeß in unendlich vielen Teilschritten ausgeführt wird. Dabei soll die von der Masse auf der Waagschale ausgeübte Kraft in jedem Moment dem Betrage nach nur infinitesimal größer sein als die durch den Druck des Gases im Zylinder bewirkte entgegengerichtete Kraft. Betrachten wir nun wieder w_∞, die *vom* System geleistete Arbeit, so können wir sie wieder als Integral darstellen. Dabei ist jedoch das Volumen im Anfangszustand $4\,V_1$ und im Endzustand V_1.

$$\begin{aligned}
w_\infty &= \int_{V=4V_1}^{V=V_1} P\,\mathrm{d}V \\
&= nRT\,(\ln V_1 - \ln (4\,V_1)) && [4.19] \\
&= -nRT\,(\ln (4\,V_1) - \ln V_1) && [4.20] \\
&= -2{,}303\,nRT\,\lg (4\,V_1/V_1) \\
&= -1{,}40\,nRT = -1{,}40\,P_1\,V_1 && [4.21]
\end{aligned}$$

Der Ausdruck [4.21] ist fast identisch mit [4.13] und [4.14]; lediglich das Vorzeichen ist in diesem Falle negativ. Das bedeutet, daß ne-

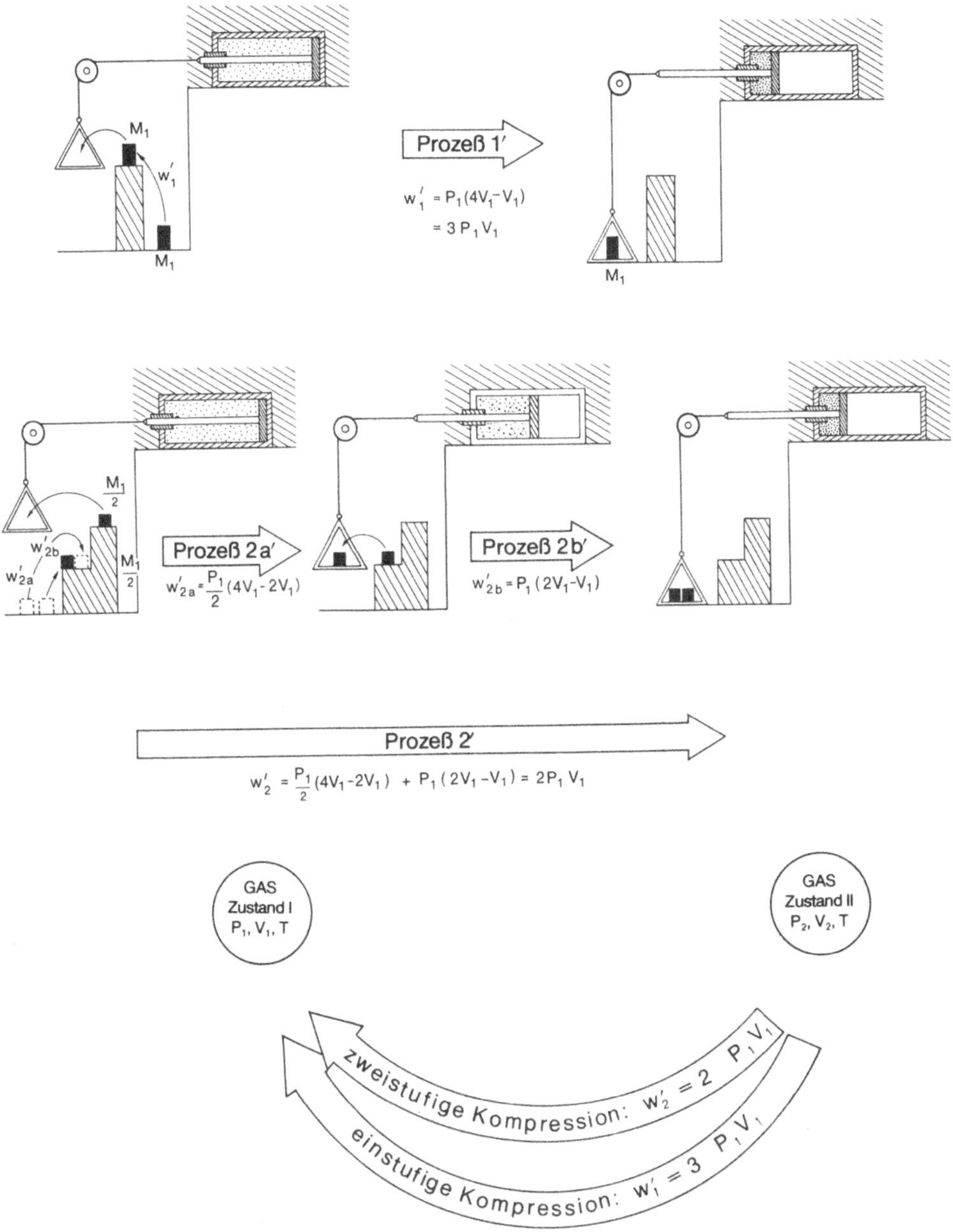

Abb. 4.7. Rückführung des Systems in den Anfangszustand mit möglichst geringem Arbeitsaufwand.

gative Arbeit vom Gas geleistet wird; und das heißt wiederum, daß die *Umgebung* Arbeit am Gas leisten muß. Unser Ergebnis läßt sich also folgendermaßen zusammenfassen:

Minimale Arbeit, die am Gas während der Kompression geleistet werden muß $= w'_\infty$

$$= -w_\infty$$
$$= 1{,}40\, P_1 V_1 \qquad [4.22]$$

Leider gilt aber auch hier Ähnliches wie schon bei der Expansion. Damit man nur die minimale Arbeit bei der Kompression aufzuwenden braucht, sind unendlich viele Einzelschritte erforderlich, und der Prozeß dauert ewig (wenn man es genau nimmt!).

h) Wer hat jetzt die Rechnung bezahlt?

Da die Kompression ebenso wie zuvor die Expansion bei konstanter Temperatur stattfindet, bleibt die Energie des idealen Gases dabei unverändert. Nach dem Ersten Hauptsatz der Thermodynamik gilt daher

$$\Delta E = q - w = 0,$$

oder

$$q = w.$$

w ist wie immer die vom System geleistete Arbeit. In diesem Fall ist sie durch [4.21] gegeben:

$$q = w_\infty = -1{,}40\, P_1 V_1 \qquad [4.23]$$

Gleichung [4.23] sagt aus, daß die vom Gas aufgenommene Wärmemenge negativ ist. Mit anderen Worten: Das Gas gibt Wärme an das Wärmereservoir ab. Wenn man einen der weniger wirkungsvollen Prozesse (wie in Abb. 4.7 dargestellt) betrachtet, so ist die an das Reservoir abgegebene Wärmemenge noch größer. Und wer bezahlt die Rechnung? Nun, natürlich derjenige, der die Kompressionsarbeit leistet! Das sind wir aber selbst!

In Tab. 4.1 sind die jeweiligen Anteile des Energieflusses für verschiedene Prozesse einander gegenübergestellt: Einerseits der Wärmeaustausch zwischen dem Reservoir und dem Gas, andererseits die für die Bewegung der entsprechenden Gewichte erforderliche Muskelarbeit. In jedem Fall sind die von der Umgebung aufgenommene Wärmemenge und die von ihr geleistete Arbeit gerade gleich den entsprechenden negativen Werten der auf das System

Tab. 4.1. Zusammenfassende Übersicht über den Energieaustausch zwischen Gas und Umgebung.

Anzahl der Schritte	w = vom Gas geleistete Arbeit	q = vom Gas aufgenommene Wärmemenge
Expansion		
0 (kein Gewicht)	0	0
1	0,75 $P_1 V_1$	0,75 $P_1 V_1$
2	$P_1 V_1$	$P_1 V_1$
4	1,16 $P_1 V_1$	1,16 $P_1 V_1$
∞	1,40 $P_1 V_1$	1,40 $P_1 V_1$
Kompression	($w = -w'$)	($q = -q'$)
1′	−3 $P_1 V_1$	−3 $P_1 V_1$
2′	−2 $P_1 V_1$	−2 $P_1 V_1$
4′	−1,67 $P_1 V_1$	−1,67 $P_1 V_1$
∞'	−1,40 $P_1 V_1$	−1,40 $P_1 V_1$

bezogenen Größen. Anhand dieser Tabelle kann man mit einem Blick erkennen, wie groß der Nettoeffekt sein wird, wenn man die Expansion und anschließend die Kompression in einer beliebigen Kombination von möglichen Prozessen ausführt. Nehmen wir beispielsweise an, daß die Expansion in einem einzigen Schritt ausgeführt wird (Prozeß 1), wobei die Arbeit $\frac{3}{4} P_1 V_1$ geleistet wird, und daß die Kompression danach *ebenfalls* in einem einzigen Schritt stattfindet (Prozeß 1′), wofür die Arbeit $3\, P_1 V_1$ aufgewendet werden muß. Aus Tab. 4.1 ergibt sich die insgesamt vom Gas zu leistende Arbeit als $\frac{3}{4} P_1 V_1 - 3 P_1 V_1 = -\frac{9}{4} P_1 V_1$. Die vom Gas aufgenommene Wärmemenge beträgt $\frac{3}{4} P_1 V_1 - 3 P_1 V_1 = -\frac{9}{4} P_1 V_1$.

Das negative Vorzeichen bedeutet, daß Arbeit am Gas geleistet wird und daß Wärme an die Umgebung abgeführt wird. Das Gesamtergebnis wird in Abb. 4.8 veranschaulicht. Das Gas hat einen Kreisprozeß durchgemacht – es hat Zustandsänderungen erfahren, ist aber wieder in seinen Anfangszustand zurückgeführt worden. Dagegen hat die Umgebung eine bleibende Veränderung erlitten. Wie durch die Pfeile angedeutet, hat die Umgebung den Arbeitsbetrag $\frac{9}{4} P_1 V_1$ geleistet, *der zum Schluß in Form von Wärme in der Umgebung wieder erscheint.* Der Nettoeffekt des Kreisprozesses bestand also darin, daß Arbeit (gerichtete Bewegung) in Wärme (ungeordnete Bewegung) umgewandelt wurde.

Wir wollen uns nun hauptsächlich mit der Expansion beschäftigen. Dazu wollen wir den *hypothetischen* Kreisprozeß betrachten,

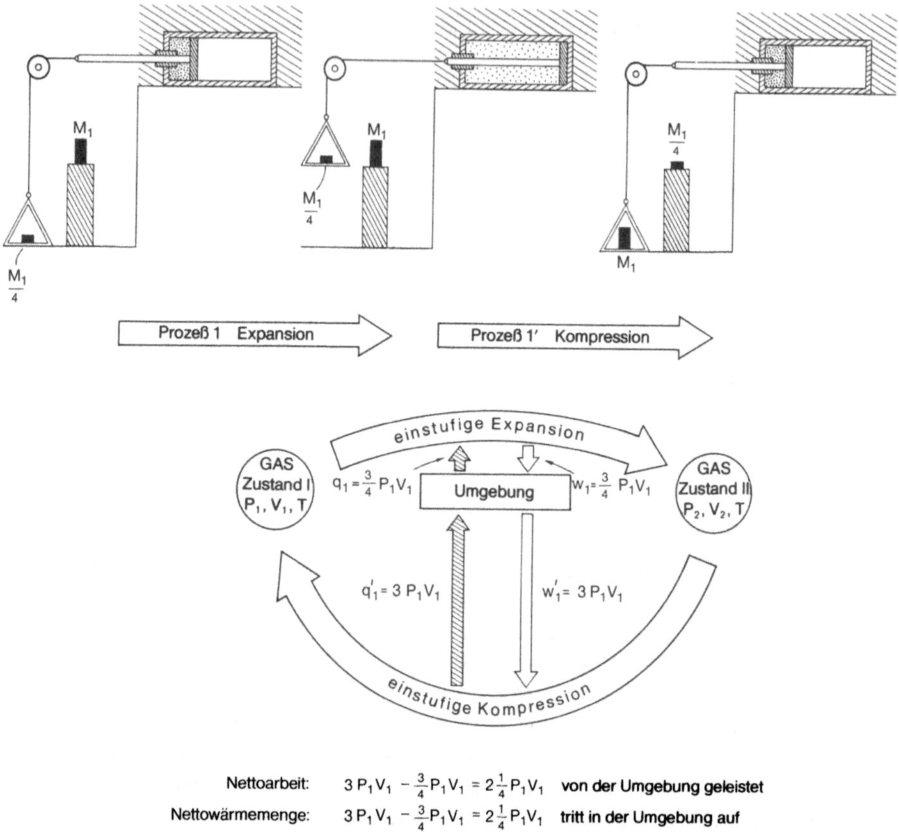

Abb. 4.8. Ein möglicher Expansions-Kompressions-Zyklus.

bei dem die Expansion in einer vorgegebenen Anzahl von Einzelschritten (wie in der oberen Hälfte von Tab. 4.1) und die *Kompression anschließend in der billigsten Art und Weise* ausgeführt wird. Dieser letzte Teil ist nur hypothetisch realisierbar; denn diese Kompression würde eine unendlich lange Zeit in Anspruch nehmen. Nichtsdestoweniger können wir auf diese Weise Einzelheiten des Expansionsvorganges genauer studieren.

Betrachten wir beispielsweise die Expansion gemäß dem Prozeß 2 und die Kompression gemäß Prozeß ∞'. Abb. 4.8 ist nun durch Abb. 4.9 zu ersetzen. Auch hier befindet sich das Gas am Ende des Kreisprozesses wieder in seinem Anfangszustand. Auf dem diesmal eingeschlagenen Weg brauchte die Umgebung im

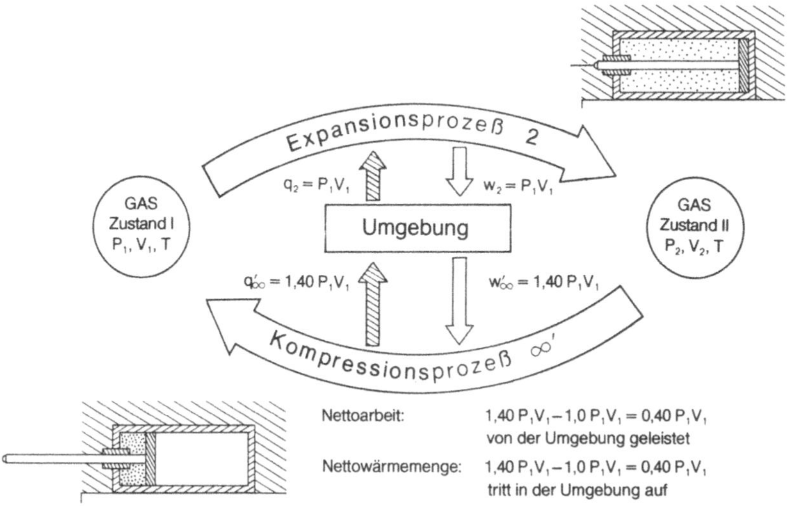

Abb. 4.9. Ein wirkungsvollerer Expansions-Kompressions-Zyklus.

Endeffekt jedoch nur den kleineren Arbeitsbetrag von $0{,}4\,P_1\,V_1$ zu leisten, der schließlich vollständig in Wärme umgewandelt wurde.

Natürlich sind wir daran interessiert, den Kreisprozeß so auszuführen, daß nur ein minimaler Betrag an gerichteter Arbeit zu ungeordneter Wärme entartet. Wir sollten daher die Expansion in so viele Einzelschritte zerlegen, wie die zur Verfügung stehende Zeit erlaubt. Tatsächlich ist der wirksamste Prozeß derjenige, der in Abb. 4.10 veranschaulicht ist.

Dieses ist der ideale Prozeß für faule Leute! Während der Expansion wird an der Umgebung die Arbeit $1{,}40\,P_1\,V_1$ geleistet, gerade derjenige Betrag also, den die Umgebung ihrerseits bei der Kompression leisten muß. Nicht nur das Gas hat demzufolge einen Kreisprozeß durchgemacht, auch die Umgebung liegt am Schluß unverändert vor. Bei diesem langwierigen Stufenprozeß halten wir im System während der gesamten Expansion das Druckgleichgewicht aufrecht, so daß das Gas die maximale Arbeit leistet. Bei der ebenso langwierigen Kompression können wir dann die Zustandsänderungen *sowohl* des Systems *als auch* der Umgebung genau umkehren.

Eine Gleichgewichtsexpansion ist exakt reversibel. Bei jeder Nichtgleichgewichtsexpansion muß Arbeit in Wärme umgewandelt werden, wenn das System wieder in seinen Ausgangszustand

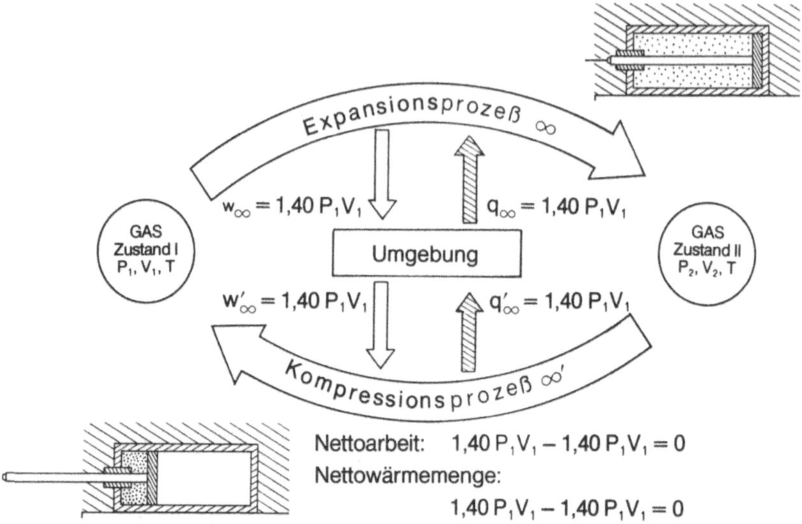

Abb. 4.10. Der wirksamste Expansions-Kompressions-Zyklus.

zurückgeführt werden soll. Wir werden erkennen, daß dieses wichtige Ergebnis ebenso wie auf Gasexpansionen auch auf chemische Reaktionen anwendbar ist.

4.2. Eine Reaktion in einer elektrochemischen Zelle

Wenn man ein Stück metallisches Zink in eine wäßrige Silbernitratlösung eintaucht, findet eine chemische Reaktion statt. Der Zinkstab löst sich allmählich auf, und dabei wachsen silbern glänzende Nadeln aus metallischem Silber auf der Oberfläche des Stabes, wie es in Abb. 4.11 dargestellt ist. Eine chemische Analyse zeigt, daß folgende Reaktion abläuft:

$$Zn(m) + 2Ag^{+}(aq) \rightleftarrows Zn^{2+}(aq) + 2Ag(m)\,^{*} \qquad [4.24]$$

Ähnlich wie wenn ein Fluß ungehindert bis hin zum Meer strömt, wird auch bei dieser spontanen Reaktion im Reagenzglas keine Arbeit geleistet. Zwar wird im Laufe der Reaktion Energie frei (es

* Die Zusätze (m) bzw. (aq) sollen andeuten, daß der Stoff in metallischer Form bzw. in wäßriger Lösung vorliegt.

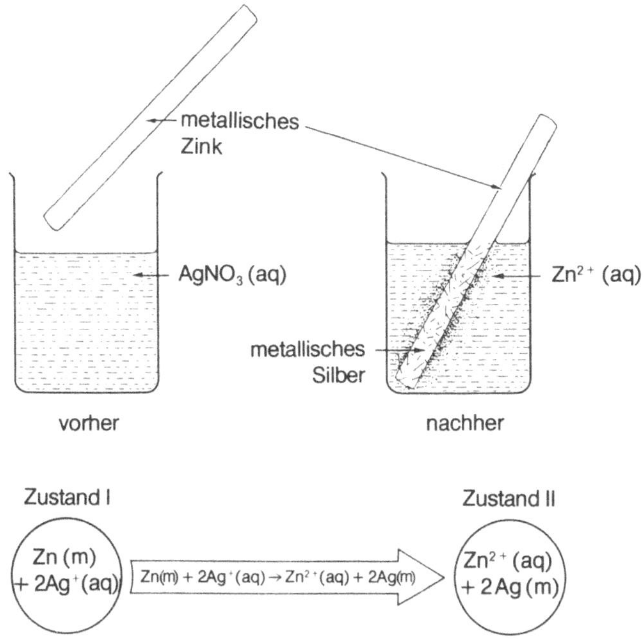

Abb. 4.11. Eine spontane chemische Umwandlung in einem Becherglas.

handelt sich um eine exotherme Reaktion), doch diese Energie wird nur dazu verwendet, die Lösung und die Umgebung zu erwärmen.

An dieser Stelle werden wir wieder an den zu Beginn des Kapitels erwähnten Ingenieur erinnert, der eine Methode ersann, mit der man die mechanische Energie eines Wasserfalls als Arbeit nutzen und in elektrische Energie umwandeln kann. Diese elektrische Energie kann man direkt dazu verwenden, um Motoren anzutreiben, Lampen zum Leuchten zu bringen oder Öfen aufzuheizen. Sie kann aber auch in einer elektrochemischen Zelle gespeichert werden – je nach Bedarf kann daraus die elektrische Energie in Form von Nutzarbeit wiedergewonnen werden. Warum sollten wir nicht z. B. eine elektrochemische Zelle aus Zink und einer Silbernitrat-Lösung konstruieren? Wir könnten dann unsere Reaktion [4.24] für uns arbeiten lassen. Unter welchen Bedingungen das funktioniert, können wir in ähnlicher Weise wie bei der Untersuchung der Gasexpansion herausfinden, die ja zur Arbeitsleistung ausgenutzt werden konnte.

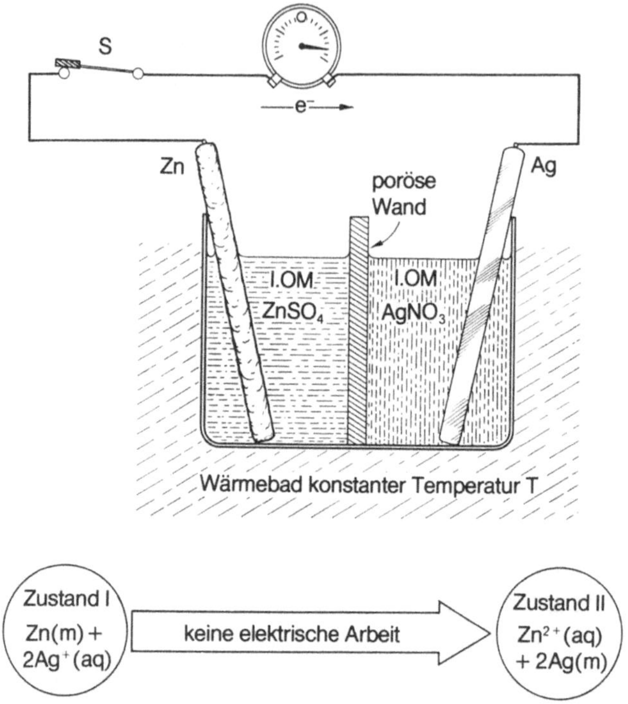

Abb. 4.12. Eine chemische Umwandlung innerhalb einer elektrochemischen Zelle: Es wird keine Nutzarbeit geleistet.

a) Die Wirkungsweise einer elektrochemischen Zelle

Abb. 4.12 zeigt eine elektrochemische Zink-Silber-Zelle. Auf der linken Seite taucht ein Zinkstab in eine einmolare Zinknitrat-Lösung ein und auf der rechten Seite ein Silberstab in eine einmolare Silbernitrat-Lösung. * Beide Gefäße sind durch eine poröse Tonwand voneinander getrennt, die eine elektrisch leitende Verbindung zwischen den beiden Lösungen herstellt. Die Metallstäbe sind extern über einen Schalter S und ein Strom-Meßgerät (Ampèremeter) miteinander verbunden.

Wenn S geschlossen ist, fließt ein elektrischer Strom. Elektronen wandern vom Zinkstab über das Ampèremeter zum Silberstab.

* Die Wahl der Konzentrationen ist natürlich willkürlich. Durch die Verwendung von einmolaren Lösungen werden Standardbedingungen festgelegt, die allgemein als Bezugszustand dienen.

Wir können dabei Veränderungen in den Lösungen erkennen. Links löst sich metallisches Zink auf, es werden Zn^{2+}-Ionen gebildet. Dabei werden diejenigen Elektronen freigesetzt, die den Zinkstab verlassen. Auf der linken Seite findet also folgender Prozeß statt:

$$Zn(m) \rightarrow Zn^{2+}(aq) + 2e^- \qquad [4.25]$$

Auf der rechten Seite fällt metallisches Silber aus, wobei sowohl Ag^+-Ionen als auch die über den äußeren Stromkreis zum Silberstab geflossenen Elektronen verbraucht werden:

$$Ag^+(aq) + e^- \rightarrow Ag(m) \qquad [4.26]$$

Da die Zahl der Elektronen, die den Zinkstab verlassen, das Ausmaß der Reaktion [4.26] bestimmen, werden pro aufgelöstes Mol Zn(m) zwei Mol Ag(m) gebildet. Die gesamte Chemie der Zelle läßt sich daher folgendermaßen zusammenfassen:

$$\begin{array}{ll} Zn(m) & \rightarrow Zn^{2+}(aq) + 2e^- \\ 2Ag^+(aq) + 2e^- & \rightarrow 2Ag(m) \\ \hline Zn(m) + 2Ag^+(aq) & \rightarrow Zn^{2+}(aq) + 2Ag(m) \end{array} \qquad [4.24]$$

Dieses ist genau die gleiche Reaktion, die auch im Becherglas von Abb. 4.11 abläuft. Jetzt aber können wir diese Reaktion unter kontrollierbaren Bedingungen untersuchen.

So können wir z. B. den elektrischen Strom messen. Betreibt man die Zelle wie in Abb. 4.12, so wird der Strom durch die in der Zelle erzeugte Spannung $\mathscr{E}$, 1,56 Volt, sowie durch den inneren Widerstand R_i der Zelle, der 2,0 Ohm betragen möge, bestimmt. Die Stromstärke I ist gegeben durch:

$$I = \frac{\mathscr{E}}{R_i} \qquad [4.27]$$

$$= \frac{1{,}56\,V}{2{,}0\,\Omega}$$

$$= 0{,}78\,A$$

1 Ampère (A) ist diejenige Stromstärke, bei der pro Sekunde die Ladung 1 Coulomb (C) transportiert wird; wenn wir also den Schalter fünf Minuten (300 s) lang geschlossen halten, dann beträgt

die Gesamtladung, die vom Zink- zum Silberstab gewandert ist,

$$(0{,}78\ \mathrm{C/s}) \cdot (300\ \mathrm{s}) = 234\ \mathrm{C} \qquad [4.28]$$

Als Chemiker möchten wir diese Größe jedoch auf ein Mol beziehen. Dazu dividieren wir 234 C durch die Ladungsmenge von einem Mol Elektronen, 96 500 C mol^{-1}. Die Molzahl der innerhalb von 300 s transportierten Elektronen ergibt sich daher als:

$$234\ \mathrm{C}/(96\,500\ \mathrm{C\,mol^{-1}}) = 2{,}4 \cdot 10^{-3}\ \mathrm{mol} \qquad [4.29]$$

Wir können nun auch die verschwendete Energie berechnen. Wird ein Widerstand R von dem Strom I durchflossen, so nimmt er die elektrische Leistung (Energie pro Zeiteinheit) $I^2 R$ auf. Die freigesetzte Energie ist gleich der Leistung multipliziert mit der Zeitspanne während der der Schalter geschlossen ist. Der Energieumsatz innerhalb der Zelle beträgt demnach

$$\begin{aligned}\text{Energie} &= \text{Leistung} \cdot \text{Zeit}\\ &= I^2 R_i t\\ &= (0{,}78\ \mathrm{C\,s^{-1}})^2 \cdot 2{,}0\,\Omega \cdot 300\ \mathrm{s}\\ &= 365\ \mathrm{J} \qquad [4.30]\end{aligned}$$

Nun können wir alle Vorgänge zusammenfassen, die in den 300 s, während denen der Schalter geschlossen war, abgelaufen sind:

i) $2{,}4 \cdot 10^{-3}$ mol Elektronen sind vom Zink- zum Silberstab gewandert.
ii) $1{,}2 \cdot 10^{-3}$ mol metallisches Zink haben sich aufgelöst.
iii) $2{,}4 \cdot 10^{-3}$ mol metallisches Silber haben sich abgeschieden.
iv) 365 J wurden als Wärme im inneren Widerstand der elektrochemischen Zelle frei und haben die Lösungen erwärmt.

Leider wurde dabei ebensowenig Nutzarbeit geleistet wie bei der Erwärmung der Lösungen im Becherglas von Abb. 4.11. Wir haben die verfügbare Energie verschwendet. *Es wurde keine Nutzarbeit geleistet*, obwohl die Reaktion [4.24] in einer elektrochemischen Zelle ablief. Man kann diese Situation vergleichen mit der Expansion in Abb. 4.1, wenn man annimmt, daß dort der Kolben etwas Reibung erfährt. Bei dieser Expansion würde kein Gewicht gehoben (es würde keine Nutzarbeit geleistet), aber die Reibung würde, genauso wie der innere Widerstand der Zelle, nicht-verwertbare Wärme erzeugen. Nach wie vor ist die Frage unbeantwortet, wie man mit einer elektrochemischen Zelle Arbeit leisten kann.

b) Wie man ein wenig Arbeit leistet

In Abb. 4.13 (a) ist wieder unsere Zink-Silber-Zelle dargestellt. Dieses Mal fließt der Strom jedoch durch die Wicklungen eines Motors. Dabei dreht sich der Anker des Motors, und es wird Nutzarbeit geleistet.

Um diese Arbeit zu berechnen, wollen wir den Motor der Einfachheit halber durch einen äquivalenten Widerstand R_m ersetzen (siehe Abb. 4.13 (b)). Wir werden dann die vom elektrischen Strom in R_m erzeugte Wärmemenge mit der vom Motor geleisteten Nutzarbeit gleichsetzen. Nehmen wir an, der Widerstand R_m habe den Wert 8 Ω. Der Gesamtwiderstand R ergibt sich als Summe von R_m und dem inneren Widerstand R_i der Zelle, $(8+2)\,\Omega = 10\,\Omega$. Dementsprechend nimmt der Strom den Wert

$$I = \frac{\mathscr{E}}{R} = \frac{1{,}56\,\text{V}}{10\,\Omega} = 0{,}156\,\text{A}$$

an. Wenn wir wieder die gleiche Ladungsmenge von $2{,}4 \cdot 10^{-3}$ mol Elektronen überführen wollen, müssen wir nun den Schalter 25 Minuten (1500 s) lang geschlossen halten. Während dieser Zeit wird Wärme sowohl im äußeren Widerstand (nutzbare Arbeit) als auch in der Zelle selbst (nicht nutzbare Wärme) erzeugt. Die in R_m erzeugte, prinzipiell nutzbare Wärmemenge beträgt dabei:

$$\begin{aligned} \text{Energie} &= I^2 R_m t \\ &= (1{,}56 \cdot 10^{-1}\,\text{A})^2 \cdot 8\,\Omega \cdot 1500\,\text{s} \\ &= 292\,\text{J} \end{aligned}$$

Die innerhalb der Zelle erzeugte nicht-nutzbare Wärmemenge ergibt sich als:

$$\begin{aligned} \text{Energie} &= I^2 R_i t \\ &= (1{,}56 \cdot 10^{-1}\,\text{A})^2 \cdot 2\,\Omega \cdot 1500\,\text{s} \\ &= 73\,\text{J} \end{aligned}$$

Offenbar wird insgesamt wieder dieselbe Wärmemenge von 365 J abgegeben; davon werden jetzt aber 80% in nutzbarer Form im Motor frei. Nur 20% oder 73 J werden innerhalb der elektrochemischen Zelle verschwendet.

c) Noch mehr Arbeit, bitte!

Wir wollen nun einen stärkeren Motor in Abb. 4.13 verwenden: Dazu nehmen wir beispielsweise einen Motor, der einem Äquivalentwiderstand von 38 Ω entspricht. Der Gesamtwiderstand, $(38+2)\,\Omega = 40\,\Omega$, begrenzt nun den Strom auf $3{,}9 \cdot 10^{-2}$ A. Es dauert

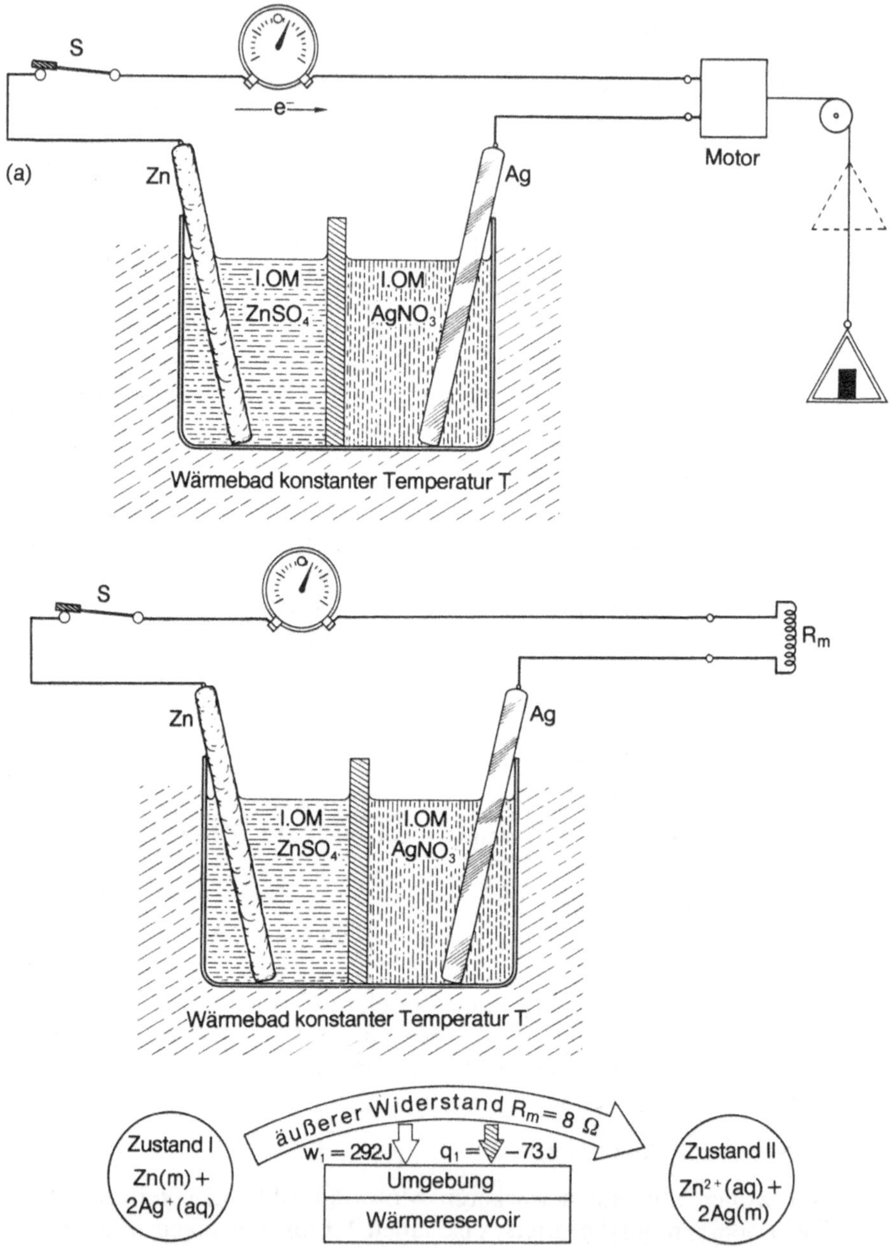

Abb. 4.13. Eine chemische Umwandlung in einer elektrochemischen Zelle: Prozeß 1, es wird etwas Arbeit geleistet.

nun schon 100 Minuten (6000 s), bis $2{,}4 \cdot 10^{-3}$ mol Elektronen durch diesen Motor geflossen sind. Die nutzbare in R_m erzeugte Wärmemenge ist nun:

$$\begin{aligned}\text{Energie} &= I^2 R_m t \\ &= (3{,}9 \cdot 10^{-2}\ \text{A})^2 \cdot 38\ \Omega \cdot 6000\ \text{s} \\ &= 347\ \text{J}\end{aligned}$$

Die nicht-nutzbare in der Zelle erzeugte Wärmemenge ergibt sich als:

$$\begin{aligned}\text{Energie} &= I^2 R_i t \\ &= (3{,}9 \cdot 10^{-2}\ \text{A})^2 \cdot 2\ \Omega \cdot 6000\ \text{s} \\ &= 18\ \text{J}\end{aligned}$$

Und wieder wird insgesamt dieselbe Wärmemenge frei, dieses Mal aber zu 95% als nutzbare Wärme! Das einzige Problem liegt darin, daß man jetzt 1½ Stunden benötigt, um diese Energie freizusetzen.

d) Maximale Arbeit

Natürlich können wir den Anteil an verfügbarer Arbeit so weit erhöhen, wie wir wollen. Wir brauchen nur den äußeren Widerstand R_m relativ zum inneren Widerstand R_i der Zelle zu vergrößern. Die einzige Schwierigkeit besteht darin, daß wir eine immer längere Zeit benötigen, wenn wir dem maximal erreichbaren Arbeitsbetrag immer näher kommen wollen. Mit $R_m = 198\ \Omega$ z. B. werden 99,0% der Energie als nutzbare Wärme frei, der Strom muß aber 8⅓ Stunden lang fließen, wenn 365 J erreicht werden sollen.

Es ist möglich, einen spontan ablaufenden chemischen Prozeß (in einer elektrochemischen Zelle) zur Arbeitsleistung auszunutzen. Wie bei der Expansion eines Gases kann maximale Arbeit aber nur mit infinitesimal kleiner Geschwindigkeit geleistet werden.

Wir sind bisher davon ausgegangen, daß die Umwandlung von elektrischer Arbeit in Wärme äquivalent zur Umwandlung in mechanische Arbeit mittels eines Motors ist. Ein anderer Weg, die verfügbare Energie nutzbringend zu verwenden, besteht darin, sie auf eine zweite elektrochemische Zelle zu übertragen und diese dabei aufzuladen. Selbstverständlich muß die dabei von der aufzuladenden Zelle erzeugte Spannung geringer sein als die Spannung der zu entladenden Zelle, damit der Strom auch in der richtigen Richtung fließt. Ob man nun einen Motor antreibt oder eine andere Zelle auflädt, in jedem Fall kann man mit Hilfe einer chemischen Reaktion nur dann die maximal mögliche Arbeit gewinnen, wenn die Reaktion innerhalb einer Zelle abläuft, der eine äußere Spannung entgegengeschaltet ist, die nur infinitesimal geringer als die Zellspannung selbst ist.

Wir können nun einen analytischen Ausdruck für die maximale Nutzarbeit ableiten, die eine chemische Reaktion leisten kann. Nehmen wir an, in einer Zelle mit der konstanten Spannung $\mathscr{E}$ werden n Mol Elektronen (Ladung eines Elektrons $= e_0$) umgesetzt, und wir möchten dabei den maximal möglichen Arbeitsbetrag gewinnen. Der Strom ergibt sich als

$$\mathrm{I} = \mathscr{E}/R \quad , \qquad [4.27]$$

andererseits aber auch als:

$$I = \frac{\text{abgeflossene Ladungsmenge}}{\text{Zeit}}$$

$$= n N_0 e_0 / t \qquad [4.31]$$

(N_0 = *Loschmidt*-Zahl). Setzt man [4.27] und [4.31] gleich und löst nach t auf, so erhält man:

$$t = n N_0 e_0 R / \mathscr{E}$$

$$\text{Energie} = I^2 R t \qquad [4.30]$$

$$= (\mathscr{E}/R)^2 R (n N_0 e_0 R / \mathscr{E}) = n N_0 e_0 \mathscr{E} \qquad [4.32]$$

Die maximal verfügbare Energie wird also bestimmt durch die Zellspannung $\mathscr{E}$ und n, die Molzahl der in der Zelle umgesetzten Elektronen.

e) Wie kann man den Anfangszustand wiederherstellen?

Unabhängig davon, wie die Zelle betrieben wurde, haben wir jedesmal die Überführung derselben Ladungsmenge, nämlich $2{,}4 \cdot 10^{-3}$ mol Elektronen betrachtet. Entsprechend dem zugrundeliegenden chemischen Prozeß müssen sich dabei genausoviele Mol metallisches Silber abgeschieden und halb so viele Mol metallisches Zink aufgelöst haben.

$$Zn(m) \rightarrow Zn^{2+}(aq) + 2e^-$$
$$2Ag^+(aq) + 2e^- \rightarrow 2Ag(m)$$

Die Nettoreaktion ist

$$Zn(m) + 2Ag^+(aq) \rightarrow Zn^{2+}(aq) + 2Ag(m) \qquad [4.24]$$

Um die Zelle wieder in ihren Ausgangszustand zurückzuführen, müssen wir einen elektrischen Strom in entgegengesetzter Richtung durch die Zelle fließen lassen, wobei dann auch die Reaktion [4.24] umgekehrt wird. Dieser Prozeß muß so lange ablaufen, bis $2{,}4 \cdot 10^{-3}$ mol Elektronen in umgekehrter Richtung geflossen sind, bis sich $1{,}2 \cdot 10^{-3}$ mol Zink abgeschieden und $2{,}4 \cdot 10^{-3}$ mol Silber wieder aufgelöst haben. Diese Umkehrung kann, wie in Abb. 4.14 veranschaulicht, mit Hilfe einer anderen elektrochemischen Zelle realisiert werden, die eine größere Spannung liefert. Wenn wir dazu z. B. eine Autobatterie mit einer Spannung von 6 V und einem Innenwiderstand von, sagen wir, 6 Ω verwenden, dann fließt ein hoher Strom, und unsere Zelle wird schnell wieder in ihren Ausgangszustand überführt. Die Nettospannung ist gerade die Differenz der beiden Zellspannungen $(6{,}0 - 1{,}56)$ V $= 4{,}44$ V, da sie einander entgegengeschaltet sind. Die elektrische Stromstärke (0,56 A) ist durch diese Nettospannung und die Summe der Innenwiderstände beider Zellen, $(6+2)\ \Omega = 8\ \Omega$, bestimmt. Gemäß dem inzwischen wohlbekannten Rechengang können wir ausrechnen, daß dieser Strom 417 s (7 Minuten) lang fließen muß. Während dieser Zeit wird in beiden Zellen nicht-nutzbare Wärme erzeugt:

Energie (nicht-nutzbare Wärme)

$$= I^2 R t$$
$$= (0{,}56\ \text{A})^2 \cdot 8\ \Omega \cdot 417\ \text{s}$$
$$= 1046\ \text{J}$$

Auweh, das war aber wieder sehr aufwendig! Unsere Zelle ist zwar wieder aufgeladen – sie ist wieder in der Lage, 365 J an Arbeit zu leisten, aber wir haben bei der Aufladung 1046 J als nutzlose Wärme verschwendet!

f) Es muß einen billigeren Weg geben!

Wir wollen nun einmal die zur Aufladung unserer Zelle angelegte Spannung verringern. Wie in Abb. 4.15 könnten wir beispielsweise nur zwei Zellen der Autobatterie verwenden. Diese liefern eine Spannung von 4,0 V und ergeben damit eine Nettospannung von 2,44 V, wenn sie der Zn-Ag-Zelle entgegengeschaltet werden. Der Strom muß nun 570 s (9½ Minuten) lang fließen, aber dafür wird

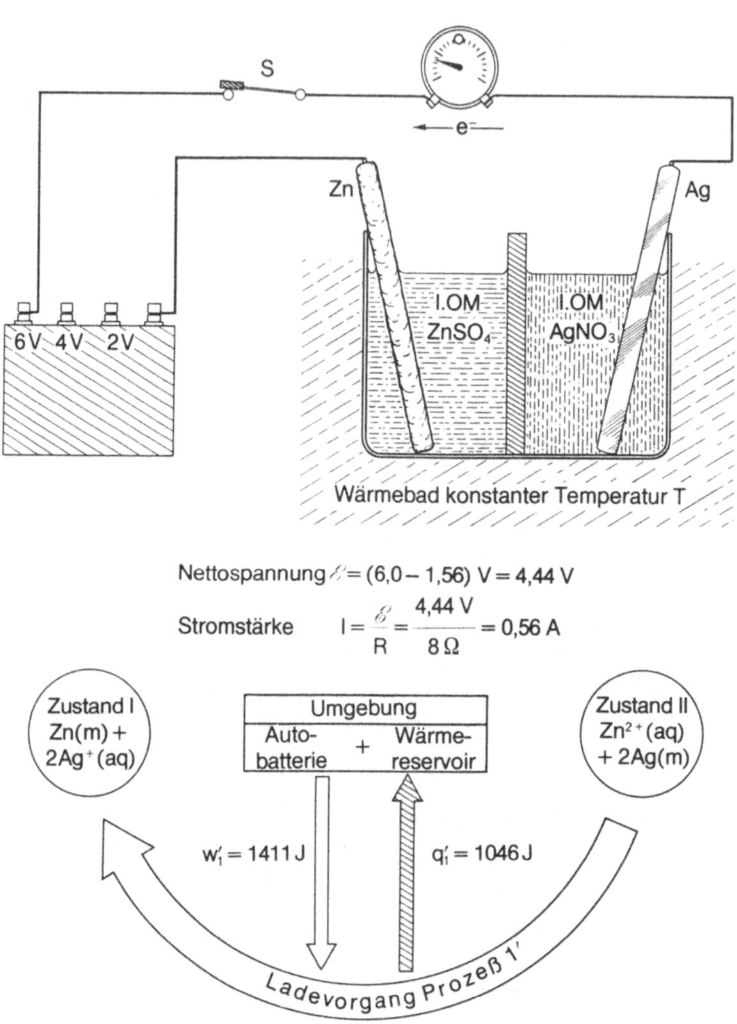

Abb. 4.14. Wiederaufladung einer Zelle: Prozeß 1′.

weniger Energie durch Erwärmung der Zellen vergeudet. Bei der Aufladung unserer Zelle werden jetzt nur noch 566 J verschwendet.

Noch wirtschaftlicher ist die Aufladung, wenn man nur eine Zelle der Autobatterie verwendet. Die Nettoladespannung ist nun mit (2,0 − 1,56) V = 0,44 V recht klein. Natürlich bedeutet das, daß auch die Ladestromstärke viel kleiner ist, 0,11 A, so daß es eine geraume Zeit dauert, bis die gewünschte Ladung von $2{,}4 \cdot 10^{-3}$ mol

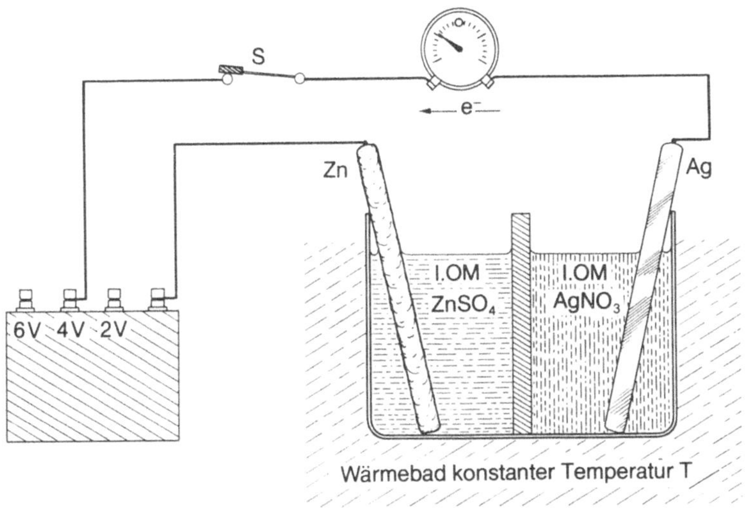

Nettospannung $\mathcal{E}' = (4{,}0 - 1{,}56)\,\mathrm{V} = 2{,}44\,\mathrm{V}$

Stromstärke $I = \dfrac{\mathcal{E}'}{R} = \dfrac{2.44\,\mathrm{V}}{6\,\Omega} = 0{,}41\,\mathrm{A}$

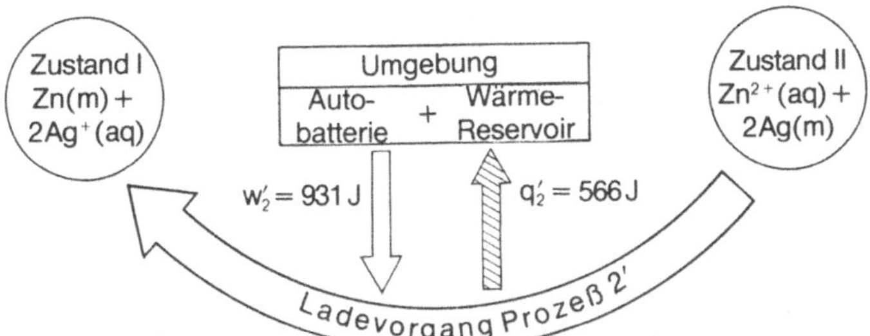

Abb. 4.15. Wiederaufladung einer Zelle: Prozeß 2′.

Elektronen überführt ist. Die Ladezeit beträgt 35½ Minuten (2125 s), aber es werden nur 103 J an nicht-nutzbarer Wärme erzeugt.

Offenbar ist der Energieverlust bei der Aufladung unserer Zelle dann minimal, wenn die Ladespannung so wenig wie möglich oberhalb der Spannung der Zn-Ag-Zelle liegt. Als Spannungsquelle kann dabei eine andere Zelle dienen, wie in Abb. 4.14 oder 4.15, oder ein Generator, der von einer Turbine im Wasserkraftwerk unseres Ingenieurs angetrieben wird. Unabhängig von der Methode aber wird die Ladezeit der Zn-Ag-Zelle um so größer sein, je effektiver der Ladevorgang ausgeführt wird.

g) Zusammenfassung: Kreisprozeß mit einer elektrochemischen Zelle

Analog zur zyklischen Expansion und Kompression des Gases haben wir nun die zyklische Entladung und Aufladung einer elektrochemischen Zelle behandelt. Tab. 4.2 zeigt die Energiebilanz für jeden der untersuchten Prozesse. Wieder erkennen wir, daß jede Kombination von Entladung und Aufladung, die innerhalb einer endlichen Zeitspanne abläuft, eine Vergeudung von Energie durch unerwünschte Erwärmung mit sich bringt. Wenn z. B. die Entladung innerhalb von 25 Minuten stattfindet, dann wird ein Arbeitsbetrag von 292 J geleistet, während die restliche Energie von 73 J in unerwünschte Wärme umgewandelt wird. Laden wir die Zelle anschließend innerhalb von 35 Minuten wieder auf, um die gesamten 365 J zu ersetzen, werden 103 J nicht-nutzbarer Wärme erzeugt. Dieser Kreisprozeß dauert insgesamt 60 Minuten. Seine Auswirkungen auf die Umgebung sind in Abb. 4.16 veranschaulicht.

Bei der Entladung wird in diesem Fall einerseits Arbeit (292 J) an der Umgebung geleistet, andererseits aber auch Wärme (73 J) an die Umgebung abgegeben. Die gesamte Energie entstammt der exothermen Reaktion [4.24] zwischen metallischem Zink und den im Wasser gelösten Silberionen. Bei der Aufladung muß dagegen die Umgebung Arbeit an unserer Zelle leisten: Bei Prozeß 3′ insgesamt 468 J. Davon werden 103 J zur nutzlosen Erwärmung verwendet und treten letzen Endes wieder in der Umgebung in Erscheinung. Der Gesamtvorgang läßt sich folgendermaßen zusammenfassen:

i) Der Ausgangszustand unserer Zelle ist wiederhergestellt.
ii) An der Umgebung wurde Arbeit in Höhe von 292 J geleistet. Sie selbst leistete einen Arbeitsbetrag von 468 J. Insgesamt ergibt sich also ein Nettoarbeitsaufwand von 176 J, der von der Umgebung aufgebracht worden ist.
iii) 73 J wurden bei der Entladung, weitere 103 J bei der Aufladung als Wärme frei, insgesamt also 176 J. Diese gesamte Wärmemenge trat in der Umgebung auf.

Tab. 4.2. Zusammenfassende Übersicht über den Energieaustausch zwischen elektrochemischer Zelle und Umgebung.

Entladung				
Prozeß	Äußerer Widerstand (Ω)	Erforderliche Zeit (Minuten)	Verschwendete Energie (J)	Nutzarbeit (J)
0	0	5	365	0
1	8	25	73	292
2	38	100	18	347
∞	∞	∞	0	365
Aufladung				
Prozeß	Zusatzspannung (V)	Erforderliche Zeit (Minuten)	Verschwendete Energie (J)	Gespeicherte Energie (J)
1′	4,44	7	1046	365
2′	2,44	9	566	365
3′	0,44	35	103	365
∞′	0,00	∞	0	365

Wir erkennen daran, daß der Nettoeffekt des 60-minütigen Kreisprozesses darin besteht, daß innerhalb der Umgebung 176 J an Arbeit in Wärme umgewandelt werden.

Noch einmal wollen wir unser Hauptaugenmerk auf den Entladevorgang richten und einen hypothetischen Kreisprozeß betrach-

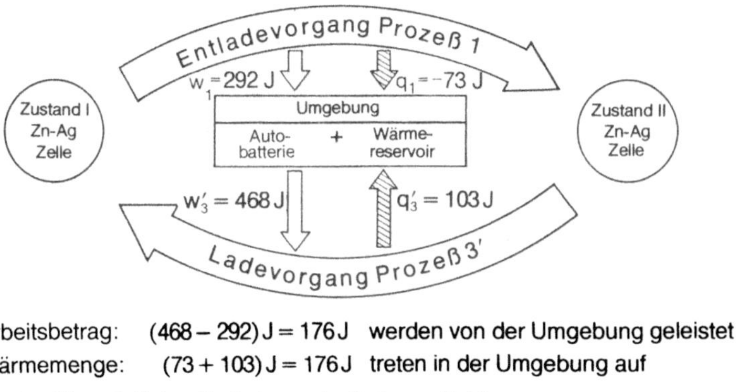

Abb. 4.16. Ein möglicher Entladungs-Aufladungs-Zyklus.

ten, bei dem zur Aufladung Prozeß ∞′ verwendet wird, obwohl er eine unendlich lange Zeit benötigt. Bei der 25-minütigen Entladung werden von den maximal möglichen 365 J 292 J an Arbeit geleistet. Verschwenderisch wird mit den restlichen 73 J die Umgebung erwärmt. Wenn nach langer Zeit die reversible Aufladung nahezu vollständig abgelaufen ist, sind innerhalb der Umgebung 73 J Arbeit in Wärme umgewandelt worden. Lassen wir uns bei der Entladung 100 Minuten Zeit, dann werden nur 18 J Arbeit zu Wärme degradiert. Dann und nur dann, wenn sich die Entladung über einen unendlich langen Zeitraum erstreckt, werden während des zyklischen Entladungs-Aufladungs-Vorganges sämtliche Veränderungen *sowohl innerhalb des Systems als auch in der Umgebung* exakt wieder rückgängig gemacht. Man kann das realisieren, indem man an die Zelle eine Gegenspannung legt, die genau der Zellspannung entspricht. Dadurch wird zu jedem Zeitpunkt des Kreisprozesses das elektrische Gleichgewicht aufrechterhalten. *Eine solche Gleichgewichtsentladung einer Zelle ist exakt reversibel.* **Bei jedem Nichtgleichgewichtsprozeß,** *also einem Vorgang, der freiwillig in einem endlichen Zeitintervall abläuft,* **muß notwendigerweise Arbeit in Wärme umgewandelt werden, wenn das System in seinen Ausgangszustand zurückgeführt werden soll.**

h) Reversibilität

Das Ergebnis, das wir gerade für die Expansion eines idealen Gases und für die Entladung einer elektrochemischen Zelle erhalten haben, gilt ganz allgemein für jede beliebige Zustandsänderung. Wenn es einen Prozeß gibt, bei dem nur Gleichgewichtszustände durchlaufen werden, dann ist dieser Prozeß reversibel. Ein reversibler Prozeß kann zwar beliebig gut angenähert, jedoch nie exakt realisiert werden, da er unendlich langsam ablaufen muß.

Eine reversibel ausgeführte Zustandsänderung kann auf ebenfalls reversible Weise rückgängig gemacht werden, ohne daß die Umgebung irgendwelche bleibende Veränderungen erfährt. *In einem realen* (in endlicher Zeit ablaufendem) *Prozeß kann eine Zustandsänderung nur dadurch umgekehrt werden, daß im Endeffekt Arbeit in Wärme umgewandelt wird.* Man beachte aber, daß es gerade die realen Prozesse sind, welche freiwillig stattfinden. Wenn man die Masse M_1 von der Waagschale in Abb. 4.1 oder Abb. 4.2 entfernt, dann drückt das Gas den Kolben spontan nach rechts und hebt dabei die Waagschale an. Soll nun das Gas innerhalb eines Kreisprozesses wieder komprimiert werden, so muß in jedem Fall von der Umgebung Arbeit geleistet werden, die in Form von Wärme letztlich wieder in der Umgebung erscheint, unabhängig davon wie sorgfältig und wie langsam die Kompression ausgeführt wird. Läßt man eine spontane Reaktion in einem Reagenzglas oder einer elektrochemischen Zelle ablaufen, wie etwa in Abb. 4.11 oder 4.12, so kann man auch sie anschließend umkehren und dabei die Reaktanden zurückgewinnen. Das kann ähnlich wie in Abb. 4.14 mit Hilfe einer zweiten Zelle geschehen, indem man den Stromfluß umkehrt. Aber auch hier gilt wieder das gleiche: Unabhängig davon wie sorgfältig und wie langsam die Rückreaktion des Kreisprozesses ausgeführt wird, stets muß Arbeit von der Umgebung geleistet werden, die in Form von Wärme letztlich wieder in der Umgebung erscheint.

Bei der Umkehrung jedes freiwillig ablaufenden Prozesses muß also stets Arbeit in Wärme umgewandelt werden. Je mehr sich der Prozeß einem Gleichgewichtsprozeß nähert, desto weniger Arbeit muß in Wärme umgewandelt werden, wenn man den Prozeß umkehrt. Im Gleichgewicht nimmt der in Form von Wärme vergeudete Energiebetrag ein Minimum an. Später werden wir den Unterschied zwischen der bei einem spontanen Prozeß tatsächlich auftretenden Wärmemenge q und der reversiblen Wärmemenge q_{rev} bei einem hypothetischen, unendlich langsam ablaufenden Prozeß genauer untersuchen. *Es wird sich herausstellen, daß diese Differenz $q_{rev} - q$ ein Maß ist für das Bestreben einer Reaktion, freiwillig abzulaufen.*

i) Der Zweite Hauptsatz der Thermodynamik

Bevor wir uns der Behandlung von $(q_{rev} - q)$ zuwenden, wollen wir festhalten, daß sich bei der Expansion des Gases und bei der Entladung der elektrochemischen Zelle ein wichtiges Naturgesetz offenbart. Dieses Gesetz hat einen derartig weit gefächerten Anwendungsbereich, daß es als „Zweiter Hauptsatz der Thermodynamik" bezeichnet wird. (Zur Erinnerung: Der Erste Hauptsatz besagt: „Energie bleibt erhalten"). Es gibt mehrere äquivalente Formulierungen des Zweiten Hauptsatzes; hier sind drei davon:

Der Zweite Hauptsatz der Thermodynamik

i) Alle freiwillig ablaufenden Prozesse sind irreversibel. [4.33]

ii) Wenn im Anschluß an einen spontan ablaufenden Prozeß der Ausgangszustand des Systems wiederhergestellt werden soll, muß Arbeit in Wärme umgewandelt werden. [4.34]

Da Arbeit als eine Form von geordneter Energie, Wärme dagegen als eine Form von ungeordneter Energie angesehen werden kann, liegt die wesentliche Aussage des Zweiten Hauptsatzes darin, daß eine freiwillige Zustandsänderung eines Systems stets in Richtung zunehmender Unordnung abläuft. Das führt uns zu einer dritten Formulierung dieses auf viele verschiedene Probleme anwendbaren Naturgesetzes.

iii) Bei einem freiwillig ablaufenden Prozeß nimmt die Unordnung zu. [4.35]

4.3. Entropie und Wahrscheinlichkeit

Im dritten Kapitel kamen wir zu dem Schluß, daß ein System stets versucht, von selbst den Zustand zu erreichen, der einer räumlich und energetisch völlig regellosen Verteilung entspricht. In Abschnitt 3.2(g) äußerten wir die Vermutung, daß die Größe $\Delta H/T$, die Enthalpieänderung geteilt durch die Temperatur, ein Maß für die Unordnung sein könnte. Jetzt können wir als dritte Aussage noch hinzufügen, daß die Umkehrung eines freiwillig ablaufenden Prozesses immer mit der Umwandlung von Arbeit in Wärme verbunden ist.

Es ist nun an der Zeit, eine neue Bezeichnung für diese Änderung des Ordnungszustandes einzuführen und damit eine quantitative Verbindung zwischen Unordnung und Wärmeeffekten herzustellen. Wissenschaftler haben den Namen **Entropie** gewählt und ihre Änderung mit $\Delta \mathbf{S}$ abgekürzt. Wir werden im folgenden untersuchen, welcher Zusammenhang zwischen Entropie und Wärmeeffekten besteht.

a) Entropie und ihr Zusammenhang mit der Wahrscheinlichkeit

Der Begriff der Entropie ist eng verknüpft mit der Wahrscheinlichkeit, ein System in einem bestimmten Zustand anzutreffen. Mit Hilfe einfacher und anschaulicher Vorstellungen von dieser Wahrscheinlichkeit lassen sich Aussagen über Eigenschaften von S gewinnen. Welche Eigenschaften sollte die Entropie besitzen? Einige von ihnen kann man intuitiv aufzählen.

i) *Entropie sollte eine Zustandsfunktion sein.* Eine Änderung ΔS der Entropie muß sich als Differenz der Entropiewerte im Anfangs- und im Endzustand, S_1 und S_2, darstellen lassen. Sie darf nicht von der Art des Prozesses abhängen, durch den die Zustandsänderung realisiert wird.

$$\Delta S = S_2 - S_1 \qquad [4.36]$$

ii) *Entropie sollte eine additive Größe sein.* Betrachtet man ein aus zwei Teilen zusammengesetztes System, so sollte die gesamte Entropie gleich der Summe der Entropiewerte beider Einzelteile, S' und S'', sein.

$$S_{\text{gesamt}} = S' + S'' \qquad [4.37]$$

Die Notwendigkeit dieser zweiten Bedingung sieht man leicht ein, wenn man von Wahrscheinlichkeitsüberlegungen ausgeht: Ein System möge aus zwei Teilen zusammengesetzt sein. Die Wahrscheinlichkeit, Teil 1 in einem gegebenen Zustand vorzufinden, werde mit W' bezeichnet und entsprechend die Wahrscheinlichkeit, Teil 2 in einem gegebenen Zustand zu finden, mit W''. Die Gesamtwahrscheinlichkeit W dafür, daß beide Teile gleichzeitig in den vorgegebenen Zuständen vorliegen, ist dann gegeben durch das Produkt von W' und W''.

$$W = W' \, W'' \qquad [4.38]$$

Wenn die Entropie aber eine Funktion der Wahrscheinlichkeit ist (d. h. $S = S(W)$), dann folgt aus der Kombination von [4.37] und [4.38], daß $S(W)$ eine solche mathematische Form besitzen muß, daß die folgende Beziehung gilt:

$$S(W) = S(W') + S(W'')$$

oder

$$S(W' \, W'') = S(W') + S(W'') \qquad [4.39]$$

Nun gibt es tatsächlich nur eine einzige Funktion, die [4.39] erfüllt. Der Mathematiker erkennt sie sofort. Es ist gerade der Logarithmus, der die gewünschten Eigenschaften besitzt.

$$\log(ab) = \log a + \log b$$

Wenn die Entropie also die mathematische Eigenschaft [4.39] besitzen soll, dann muß sie logarithmisch von der Wahrscheinlichkeit abhängen:

$$\boxed{S = \log W} \qquad [4.40]$$

Damit gilt für $W = W' W''$:

$$S = \log(W' W'') = \log W' + \log W'' = S' + S''.$$

b) Entropie und ihre Beziehung zur Wärmetönung bei der Expansion eines idealen Gases

Die Expansion eines idealen Gases wurde zum ersten Mal in Abschnitt 3.1 (b) unter dem Aspekt zunehmender molekularer Unordnung behandelt. In Abschnitt 4.1 wurde sie noch einmal im Hinblick auf Arbeits- und Wärmeeffekte untersucht. Wir wollen die Ergebnisse zusammenfassen.

Unordnung: Wir kamen in Abschnitt 3.1 (b) aufgrund der *Wahrscheinlichkeitsüberlegung* zu dem Resultat, daß „*die Moleküle auf die beiden Kolben im Verhältnis der Kolbenvolumina verteilt sind*". Mathematisch läßt sich das in Form einer Proportionalität ausdrücken:

W ist proportional zu V

oder

$$W = a\,V \qquad [4.41]$$

wobei a irgendeine Proportionalitätskonstante ist, die wir noch nicht kennen. Betrachten wir nun eine Expansion aus einem Zustand 1 mit dem Volumen V_1 in einen Zustand 2 mit dem Volumen V_2, so ergibt sich nach [4.41]:

$$W_1 = a\,V_1$$
$$W_2 = a\,V_2$$

Jede dieser Proportionalitäten kann in [4.40] eingesetzt werden, so daß sich ergibt:

$$S_1 = \log W_1 = \log(a\,V_1) \qquad [4.42]$$
$$S_2 = \log W_2 = \log(a\,V_2) \qquad [4.43]$$

Nun können wir wieder die Eigenschaft [4.36] benutzen. Die *Änderung* der Entropie während der Expansion ist dann einfach gegeben durch:

$$\begin{aligned}\Delta S &= S_2 - S_1\\ &= \log(a V_2) - \log(a V_1)\\ &= \log\frac{a V_2}{a V_1} = \log(V_2/V_1)\end{aligned} \qquad [4.44]$$

Ist das ein Zufall! Der Ausdruck [4.44] erinnert uns sofort an die maximale Arbeit, die bei einer reversiblen Expansion geleistet werden kann und die durch [4.11] gegeben ist:

$$\begin{matrix}\text{„reversibel“} & & \text{„reversibel“} \\ \text{geleistete} & = & \text{aufgenommene} = n R T \ln (V_2/V_1) \\ \text{Arbeit} & & \text{Wärmemenge}\end{matrix} \qquad [4.11]$$

Verwenden wir in [4.44] speziell den natürlichen Logarithmus und setzen [4.44] in [4.11] ein, so erhalten wir:

$$\begin{matrix}\text{reversibel} \\ \text{aufgenommene} \\ \text{Wärmemenge}\end{matrix} = n R T \ln (V_2/V_1) = n R T \Delta S$$

oder nach ΔS aufgelöst:

$$\Delta S = \frac{\text{reversibel aufgenommene Wärmemenge}}{n R T} \qquad [4.45]$$

Der Ausdruck [4.45] läßt sich vereinfachen, wenn wir die Entropie auf ein Mol beziehen und daher $n = 1$ setzen:

$$\begin{aligned}\Delta S &= \frac{\text{reversibel aufgenommene Wärmemenge}}{R T}\\ &= q_{\text{rev}}/(R T)\end{aligned} \qquad [4.46]$$

Normalerweise wird [4.46] ohne die Konstante $1/R$ (R = Gaskonstante) geschrieben. Der Grund dafür liegt jedoch allein in der traditionellen Definition der Entropie. Hätten wir die Entropie als $S = R \ln W$ definiert, dann nähme [4.46] die allgemein übliche Form

$$\boxed{\Delta S = q_{\text{rev}}/T} \qquad [4.47]$$

an.

Diese Beziehung kann als Definition der Entropie angesehen werden. Wir haben sie am Beispiel eines einfachen Prozesses, der Expansion eines idealen Gases, erläutert. Das Ergebnis [4.47] war bereits vor langer Zeit, im 19. Jahrhundert, bekannt – zu einer Zeit, als die Wärme noch als Substanz („Caloricum" genannt) angesehen wurde und lange bevor man irgendeine Verknüpfung mit der Wahrscheinlichkeit entdeckt hatte. Der Nutzen des Entropiebegriffes hat sich in unzähligen Anwendungen in Chemie und Physik gezeigt. Daher ist die Interpretation der Entropie als Maß für die Wahrscheinlichkeit eines Zustandes und die Gültigkeit des Entropiekonzeptes für alle chemischen Erscheinungen inzwischen experimentell abgesichert und wird von allen auf diesem Gebiet arbeitenden Wissenschaftlern angewendet.

c) Entropie und der Zweite Hauptsatz

Wir haben gesehen, daß die Wahrscheinlichkeit eines gegebenen Zustandes durch eine Größe beschrieben wird, die wir Entropie nennen. Da ein Zustand größerer Unordnung gleichzeitig auch ein Zustand größerer Wahrscheinlichkeit ist, kann der Zweite Hauptsatz (in der Formulierung iii [4.35]) auch mit Hilfe der Entropie ausgedrückt werden. Freiwillig ablaufende Prozesse finden stets in der Richtung zunehmender Unordnung statt. Daher muß auch die Entropie während jedes beliebigen spontanen Vorganges zunehmen. Damit lassen sich nun der Erste und der Zweite Hauptsatz in ganz ähnlicher Form kurz und prägnant formulieren:

Erster Hauptsatz
Die Energie des Universums ist konstant [4.48]

Zweiter Hauptsatz
Die Entropie des Universums nimmt zu [4.49]

4.4. Gibbs-Funktion und spontane Zustandsänderung

Jetzt kommt ein äußerst wichtiger Punkt. Die Entropie besitzt einerseits als Maß für die Wahrscheinlichkeit eines Zustandes eine einfache mikroskopische Bedeutung, kann andererseits aber auch anhand von Wärmeeffekten experimentell bestimmt werden! Fragt man danach, ob ein gegebenes System freiwillig eine bestimmte

Umwandlung ausführt, dann kann man die Antwort finden, wenn man die Entropieänderung der gesamten Welt betrachtet. Kommt man dabei zu dem Schluß, daß die Gesamtentropie von System und Umgebung bei dieser Zustandsänderung zunehmen wird, dann lautet die Antwort „Ja". Nimmt dagegen die Gesamtentropie ab, so läuft der Prozeß nicht freiwillig ab. Bleibt die Gesamtentropie konstant, dann befindet sich das System im Gleichgewicht. Offenbar hat die Entropie für den Chemiker eine ebenso große Bedeutung wie die Energie.

Einfacher wäre es allerdings, wenn dieses Kriterium für freiwillig ablaufende Umwandlungen durch Eigenschaften des Systems allein ausgedrückt werden könnte. Schließlich ist die Umgebung streng genommen die gesamte übrige Welt – und das kann bei der Bestimmung der Entropieänderung erhebliche Rechenprobleme aufwerfen. Glücklicherweise werden diese Rechnungen jedoch außerordentlich vereinfacht, wenn man Umwandlungen bei konstanter Temperatur und bei konstantem Druck untersucht. Diese Bedingungen herrschen normalerweise im Labor und sind daher für uns von besonderem Interesse.

a) Reversible Wärmemenge und freiwillige Umwandlung

In den Abschnitten 4.1 und 4.2 haben wir im einzelnen zwei Prozesse bei konstanter Temperatur betrachtet. In beiden Fällen fanden wir, daß dem Unterschied zwischen der Wärmemenge q_{rev}, die maximal aufgenommen werden kann, und der tatsächlich aufgenommenen Wärmemenge q besondere Bedeutung zukommt. Bei beiden Vorgängen war $(q_{rev}-q)$ gerade gleich demjenigen Nettoarbeitsbetrag, der bei dem Versuch, das System auf reversiblem Wege wieder in seinen Ausgangszustand zu überführen, in Wärme umgewandelt werden muß. Diese Umwandlung von Arbeit in Wärme kann als „Maß für die Irreversibilität" angesehen werden.

$$\text{Maß für die Irreversibilität} = q_{rev} - q \qquad [4.50]$$

Wir wollen nun zeigen, daß man mit Hilfe dieser Größe, Ausdruck [4.50], den Zweiten Hauptsatz als Kriterium für freiwillige Umwandlungen formulieren kann.

Dazu sei an Abb. 4.6 erinnert, in der einige der Wege dargestellt sind, auf denen die betreffende Umwandlung ausgeführt werden kann. Zunächst betrachten wir Prozeß ∞, bei dem das expandierende Gas die maximal mögliche Arbeit, 1,40 $P_1 V_1$, leistet. Dieser

Prozeß ist reversibel, der Wärmeeffekt kann daher mit q_{rev} bezeichnet werden. Aus dieser Wärmemenge läßt sich nun sofort die Entropieänderung des *Systems* berechnen:

$$\text{aufgenommene Wärmemenge} = 1{,}40\, P_1\, V_1 = q_{rev} \qquad [4.51]$$

$$\text{Entropieänderung} = q_{rev}/T \qquad [4.52]$$

Da das System q_{rev} aufgenommen hat, muß die Umgebung dieselbe Wärmemenge abgegeben haben. Wir können auch sagen, daß die Umgebung die Wärmemenge $-q_{rev}$ aufgenommen hat. Die Entropieänderung der *Umgebung* ergibt sich daher als:

$$\text{aufgenommene Wärmemenge} = -q_{rev} \qquad [4.53]$$

$$\text{Entropieänderung} = -q_{rev}/T \qquad [4.54]$$

Die Entropieänderung der gesamten Welt ist gerade die Summe von [4.52] und [4.54]. Die Addition ergibt:

$$\begin{aligned} \Delta S_{\text{Welt}} &= \Delta S_{\text{System}} + \Delta S_{\text{Umgebung}} \\ &= (q_{rev}/T) + (-q_{rev}/T) \\ &= 0 \end{aligned} \qquad [4.55]$$

Der reversible Prozeß hat also keine Änderung der Entropie der Welt als Ganzes zur Folge. Das Kriterium für eine spontane Zustandsänderung ist nicht erfüllt – die Entropie nimmt nicht zu. Vielmehr ist ihre Änderung exakt Null. Dadurch ist aber gerade ein Gleichgewichtsprozeß gekennzeichnet.

Betrachten wir nun einen der irreversiblen Wege von Abb. 4.6. Bei jedem dieser Prozesse wird weniger Arbeit geleistet als maximal möglich ist. Die aufgenommene Wärmemenge q ist kleiner als q_{rev}. Wir wollen wieder die Entropieänderungen des Systems und der Umgebung sowie deren Summe, die Entropieänderung der gesamten Welt, berechnen.

Zunächst das System selbst: Dessen Entropieänderung kennen wir bereits – da die Entropie eine Zustandsfunktion ist, hängt $\Delta S = S_2 - S_1$ nämlich nur vom Anfangs- und Endzustand ab. Folglich muß die Entropieänderung des Systems wie in [4.52] gleich $q_{rev}/T = 1{,}40\, P_1\, V_1/T$ sein, unabhängig davon, wie die Expansion ausgeführt wird.

Mit der Entropie der Umgebung verhält es sich allerdings anders. Dem Wärmereservoir wurde die Wärmemenge q bei konstanter Temperatur entzogen. Der Umgebung (dem Reservoir) ist es dabei völlig gleichgültig, ob diese Wärmemenge q an das System auf reversiblem oder auf irreversiblem Wege übertragen wird. Solange die Wärme bei konstanter Temperatur ausgetauscht wird, ist die Zustandsänderung des Wärmebades reversibel. Daher ist $-q/T$ gleich der Entropiezunahme der Umgebung, während das System selbst eine irreversible Zustandsänderung erfährt.

Bei einem irreversiblen Prozeß ist q/T also gleich der Entropieänderung *nicht etwa des Systems sondern vielmehr der Umgebung.* Das ist kein Widerspruch, auch wenn es auf den ersten Blick so scheinen mag. Innerhalb der gesamten Welt ändert ein Teil (das System) seinen Zustand irreversibel, der Rest (die Umgebung) aber reversibel. Daß diese Überlegung richtig ist, kann man deutlich anhand des irreversiblen Grenzprozesses, der Expansion eines Gases ins Vakuum, erkennen: Bei diesem Vorgang, „Prozeß 0“, wird überhaupt keine Arbeit geleistet, und es gilt $q=0$. Dennoch sind Anfangs- und Endzustand des Systems dieselben wie bei jedem anderen der in Abb. 4.6 veranschaulichten Prozesse. Für *alle* diese Expansionsvorgänge gilt:

$$\begin{aligned}\Delta S_{\text{System}} &= S_2 - S_1\\ &= q_{\text{rev}}/T\\ &= 1{,}40\,P_1 V_1/T\end{aligned}$$

Wir wollen nun aber die Umgebung in diesem speziellen Fall betrachten. Bei Prozeß 0 wird weder dem Wärmebad Wärme entzogen, noch wird an der Umgebung Arbeit geleistet. Ohne jeden Zweifel ist die Entropieänderung der Umgebung Null: *Da Prozeß 0 keine wie auch immer gearteten Veränderungen in der Umgebung bewirkt, kann sich die Entropie (die Unordnung) der Umgebung unmöglich geändert haben.* $\Delta S_{\text{Umgebung}}$ ist exakt gegeben durch

$$\Delta S_{\text{Umgebung}} = q/T = 0.$$

Nachdem wir uns von der Gültigkeit der Beziehung $\Delta S_{\text{Umgebung}} = q/T$ überzeugt haben, wollen wir die Entropiebilanz für jeden der irreversiblen Expansionsprozesse noch einmal zusammenfassen.

Für das System gilt:

$$\text{Aufgenommene Wärmemenge} = q$$

$$\text{Entropieänderung} = q_{\text{rev}}/T \qquad [4.52]$$

Für die Umgebung gilt:

$$\text{Aufgenommene Wärmemenge} = -q \qquad [4.56]$$

$$\text{Entropieänderung} = -q/T \qquad [4.57]$$

Für die gesamte Welt gilt:

$$\Delta S_{Welt} = \Delta S_{System} + \Delta S_{Umgebung}$$
$$= (q_{rev}/T) + (-q/T)$$
$$= (q_{rev} - q)/T \quad [4.58]$$

Dieser Ausdruck erinnert uns an das, was wir als „Maß für die Irreversibilität“ in Ausdruck [4.50] bezeichnet haben. Offenbar ist $(q_{rev} - q)$ ein Maß für die Neigung zur spontanen Zustandsänderung bei konstanter Temperatur; dividiert man diesen Ausdruck nämlich durch T, so ergibt sich ein direkter Zusammenhang mit dem Kriterium für eine spontane Zustandsänderung, dem Zweiten Hauptsatz [4.49]: Ist $(q_{rev} - q)$ positiv, dann nimmt die Entropie der gesamten Welt zu, und die Zustandsänderung kann spontan ablaufen.

Für eine spontane Zustandsänderung bei konstanter Temperatur T gilt:	$q_{rev} - q > 0$	[4.59]

b) Prozesse bei konstanter Temperatur und konstantem Druck

Das in [4.59] zusammengefaßte Resultat erweist sich insbesondere dann als nützlich, wenn man es auf Prozesse anwendet, die bei konstanter Temperatur und konstantem Druck ablaufen. Gerade derartige Zustandsänderungen sind für den Chemiker von besonderem Interesse, da viele chemische Reaktionen in offenen Reagenzgläsern stattfinden. Dabei ist dann der Druck automatisch konstant gleich dem Druck der umgebenden Luft, und man kann außerdem auf höchst einfache Weise auch die Temperatur konstant halten. Die bei diesen Prozessen geleistete Expansionsarbeit ist außerordentlich einfach zu berechnen. Bei konstantem Druck gilt:

$$\text{Expansionsarbeit} = P(V_2 - V_1) = P\Delta V \quad [4.60]$$

Wenn die Reaktion außerdem einfach in einem Reagenzglas (und nicht etwa in einer elektrochemischen Zelle) abläuft, dann wird Arbeit ausschließlich in Form von Expansions- oder Volumenarbeit geleistet. Wie wir bereits im zweiten Kapitel (Abschnitt 2.3 (d)) gezeigt haben, gilt in diesem Fall:

$$\Delta H = q_p \quad [2.27]$$

Benutzen wir q_p im Ausdruck $(q_{rev} - q) > 0$, dem Kriterium für eine freiwillig ablaufende Reaktion, so erhalten wir:

$q_{rev} - q > 0$ für eine spontane Zustandsänderung bei konstantem T

$q_{rev} - q_p > 0$ für eine spontane Zustandsänderung bei konstanten T und P [4.61]

Setzen wir nun [2.27] und [4.47] in [4.61] ein, so ergibt sich:

$T\Delta S - \Delta H > 0$ für eine spontane Zustandsänderung bei konstanten T und P

oder

$$T(S_2 - S_1) - (H_2 - H_1) > 0$$

oder

$$(TS_2 - H_2) - (TS_1 - H_1) > 0 \qquad [4.62]$$

Da sowohl S als auch H eine „Zustandsfunktion" ist, gilt das gleiche auch für $(TS - H)$. Diese Größe, oder genauer das Negative dieser Größe heißt *Gibbs-Funktion* (oder auch freie Enthalpie)* und wird heute mit dem Buchstaben G bezeichnet.

Gibbs-Funktion $= G = H - TS$	[4.63]

Durch Einsetzen von [4.63] in [4.62] ergibt sich:

$$(-G_2) - (-G_1) > 0$$

oder

$$G_2 - G_1 < 0$$

Für eine spontane Zustandsänderung bei konstanten T und P gilt:	$\Delta G < 0$	[4.64]

Eine freiwillige Zustandsänderung ist (bei konstanten T und P) also stets mit einer Abnahme von G verbunden. Über den Zusam-

* Im englischen Sprachraum wird die Größe $G = H - TS$ oft als „Free Energy" bezeichnet. Der Name „*Gibbs*-Funktion" scheint sich jedoch auch international durchzusetzen (Anm. d. Übers.).

menhang mit $(q_{rev} - q)$ ergibt sich, daß die Entropie der gesamten Welt gerade dann zunimmt, wenn ΔG negativ ist. *Die Gibbs-Funktion liefert ein quantitatives Maß für die Triebkraft einer Reaktion.* Mit der Einführung dieser Größe ist ein wesentlicher Vorteil verbunden; denn $\Delta G = \Delta H - T\Delta S$ (für konstantes T) liefert ein Kriterium für eine spontane Zustandsänderung, das einzig und allein von den Eigenschaften des Systems abhängt. Der Einfluß der übrigen Welt wird automatisch mitberücksichtigt.

Die Änderung der *Gibbs*-Funktion besitzt eine weitere wichtige Eigenschaft. Wir hatten ΔG so definiert, daß für eine Zustandsänderung bei konstanter Temperatur und konstantem Druck (bei der ausschließlich Expansionsarbeit geleistet wird) gilt:

$$\Delta G = q_p - q_{rev} \qquad [4.65]$$

Wendet man diese Beziehung auf einen Prozeß an, bei dem nur *Gleichgewichtszustände durchlaufen* und Temperatur und Druck konstant gehalten werden, so wird q_p gleich q_{rev}:

Für einen Gleichgewichtsprozeß bei konstanten T und P gilt:	$\Delta G = q_{rev} - q_{rev} = 0$	[4.66]

Dieser Fall liegt z. B. dann vor, wenn eine Flüssigkeit verdampft und der Druck dabei konstant gleich ihrem Dampfdruck bei der Temperatur des Thermostaten gehalten wird. Gleichung [4.66] ist auch auf eine hypothetische chemische Reaktion anwendbar, die innerhalb einer Gleichgewichtsmischung abläuft. Noch viel wichtiger ist aber, daß [4.66] gerade den Grenzfall beschreibt zwischen Bedingungen einerseits, unter denen eine Reaktion spontan in Vorwärtsrichtung abläuft, und Bedingungen andererseits, unter denen die Reaktion von selbst in umgekehrter Richtung abläuft.

Bei konstanter Temperatur und konstantem Druck gilt (wenn ausschließlich Expansionsarbeit geleistet wird):

Wenn ΔG negativ ist, ($\Delta G < 0$)	dann läuft die Zustandsänderung freiwillig ab	[4.67]

Bei $\Delta G = 0$	herrscht Gleichgewicht	[4.68]

Wenn ΔG positiv ist, ($\Delta G > 0$)	dann läuft die Zustandsänderung nicht von selbst in Vorwärtsrichtung ab – der umgekehrte Vorgang findet freiwillig statt.	[4.69]

c) Die Bedeutung von ΔG

Wir sind nun ein großes Stück vorangekommen. Der Zweite Hauptsatz der Thermodynamik sagt klar und eindeutig aus, daß *jeder* Prozeß von selbst in einer solchen Richtung abläuft, daß dabei die Entropie (Unordnung) der gesamten Welt zunimmt. Die Welt ist jedoch groß, und es ist schwer den Weg jedes ihrer Teile zu verfolgen. Jetzt, nach Einführung der *Gibbs*-Funktion, können wir uns darauf beschränken, nur Eigenschaften des Systems selbst zu betrachten. Im Falle von Zustandsänderungen bei konstanter Temperatur und konstantem Druck können wir sicher sein, daß die Entropie der gesamten Welt genau dann ansteigt, wenn der Wert der *Gibbs*-Funktion des Systems kleiner wird.

Das mit Hilfe der *Gibbs*-Funktion formulierte Kriterium wird von den Chemikern am häufigsten benutzt. Es wird vielfach als Ausdruck der Konkurrenz zwischen einem Energieeffekt und einem Effekt, der zur Änderung des Ordnungszustandes führt, interpretiert. Unter Verwendung unseres neuen Ausdruckes zur Beschreibung der Triebkraft einer Reaktion

$$\Delta G = \Delta H - T\Delta S \qquad [4.70]$$

weist die Ungleichung

$$\Delta G < 0 \qquad [4.71]$$

auf eine freiwillig ablaufende Reaktion hin. Wichtig ist, daß ΔG negativ werden kann (spontane Richtung), einerseits durch einen negativen Wert von ΔH (exotherme Reaktion), andererseits aber auch durch einen positiven Wert von ΔS (zunehmende Unordnung innerhalb des Systems). Das *Gibbs*-Funktion-Kriterium beschreibt also anscheinend den Kompromiß zwischen zwei Effekten; einerseits besteht ein gewisses Bestreben der Reaktion, in exothermer Richtung fortzuschreiten (das entspricht der Aussage von *Berthelot*), andererseits zeigt das System aber auch die Neigung, in den Zustand größter Unordnung überzugehen. Dieses ist eine brauchbare Grundlage, auf der sich Voraussagen für chemische Reaktionen gründen lassen und die auch in Zukunft stets verwendet werden wird. Trotzdem sollten wir uns daran erinnern, daß der Zweite Hauptsatz auf Energieeffekte in keiner Weise Bezug nimmt – *Spontaneität ist einzig und allein Folge des Strebens nach einem Zustand erhöhter Unordnung.*

Wir wollen uns noch einmal vergegenwärtigen, auf welche Weise das Prinzip maximaler Unordnung durch $\Delta G = \Delta H - T\Delta S$ ausgedrückt wird.

Wir dividieren zunächst jeden Term in [4.70] durch $-T$:

$$-\Delta G/T = -\Delta H/T + \Delta S \qquad [4.72]$$

Damit erhalten wir eine Summe von Größen, die alle die Dimension einer Entropie besitzen (J mol^{-1} K^{-1}). Auf der linken Seite steht der negative Wert von $\Delta G/T$. Da ΔG für einen spontan ablaufenden Prozeß negativ sein muß, ist $(-\Delta G/T)$ dann notwendigerweise positiv. Auf der rechten Seite von [4.72] stehen zwei Summanden; davon ist der zweite natürlich die Entropieänderung des Systems. Ihre Bedeutung ist klar – wenn die Entropie des Systems ansteigt (als Maß für die Unordnung im System bezüglich sowohl der räumlichen Verteilung als auch der Bewegung der einzelnen Teilchen), dann nimmt auch die Entropie der gesamten Welt zu. Ein positiver Wert von ΔS begünstigt eine spontane Zustandsänderung. Wir brauchen nun nur noch die Entropieänderung der übrigen Welt zu betrachten. Sie muß im $-\Delta H/T$-Term versteckt sein. Auf welche Weise ist nun aber die Reaktionswärme mit der Entropieänderung der Umgebung verknüpft? Ein solcher Zusammenhang besteht nur für den Spezialfall, daß der Prozeß bei konstanter Temperatur und konstantem Druck stattfindet. Damit die Temperatur konstant bleibt, muß die freigesetzte Reaktionsenthalpie als Wärme von der Umgebung aufgenommen werden. Wenn aber der Betrag ΔH an potentieller Energie in Wärme umgewandelt wird, dann wird in der Umgebung zusätzliche Unordnung in Form von ungeregelter Bewegung der Moleküle erzeugt, die gerade dem Betrag $-\Delta H/T$ entspricht. Damit ist $-\Delta G/T$ (für einen Prozeß bei konstanten T und P) gleich der Entropieänderung der gesamten Welt und kann zur Formulierung des Zweiten Hauptsatzes verwendet werden.

$$-\Delta G/T = (-\Delta H/T) + \Delta S \qquad [4.73]$$

Anstieg der Entropie der gesamten Welt	=	Anstieg der Entropie aufgrund zusätzlicher Unordnung durch ungeregelte Wärmebewegung in der Umgebung	+	Anstieg der Entropie aufgrund zunehmender Unordnung im System

Ist $(-\Delta G/T)$ positiv, so nimmt die Entropie der gesamten Welt zu, die Unordnung wird größer, die Zustandsänderung findet freiwillig statt. Damit aber $(-\Delta G/T)$ positiv ist, muß ΔG selbst negativ sein. Daher ist $\Delta G < 0$ für das System ein Kriterium für eine spontan ablaufende Zustandsänderung.

d) Reaktion in einem Kolben

Unser Interesse an Reaktionen, die unter konstantem Druck ablaufen, ist dadurch begründet, daß in der Praxis viele chemische Umwandlungen in offenen Behältern untersucht werden – also gerade bei konstantem Druck. Andererseits *müssen* aber auch viele chemische Umwandlungen in geschlossenen Behältern ausgeführt werden, damit die Möglichkeit besteht, eine Vielfalt äußerer Bedingungen zu kontrollieren – beispielsweise kann es notwendig sein, bei sehr niedrigem oder sehr hohem Druck zu arbeiten; der Kontakt mit der Luft kann in manchen Fällen zu störenden Nebenreaktionen führen und soll daher ausgeschlossen werden; die Substanzen sind in geschlossenen Behältern möglicherweise einfacher zu handhaben. Chemische Reaktionen innerhalb eines geschlossenen Kolbens finden natürlich bei konstantem Volumen und nicht notwendigerweise bei konstantem Druck statt.

Um die Bedeutung dieses Unterschiedes zu verdeutlichen, betrachten wir nun einen Prozeß bei konstanter Temperatur und konstantem Volumen. Der Erste Hauptsatz nimmt in diesem Fall eine besonders einfache Form an (falls keine elektrische Arbeit o. ä. geleistet wird), da Expansionsarbeit stets nur bei Volumenänderung auftritt. Bei einer Reaktion in einem Kolben wird keine Arbeit geleistet.

$$\Delta E = q - w = q_v \qquad [2.22]$$

Nach dieser Vorüberlegung wollen wir wieder unseren Ausdruck für das „Maß der Irreversibilität" betrachten, der direkt eine Formulierung des Zweiten Hauptsatzes lieferte.

Setzen wir [4.47] und [2.22] in [4.50] ein, so erhalten wir:

$$\text{Maß für die Irreversibilität} = q_{rev} - q = T\Delta S - q_v = T\Delta S - \Delta E \qquad [4.74]$$

Nach [2.65] ergibt sich für konstantes Volumen $\Delta H = \Delta E + V\Delta P$, und [4.74] kann daher auch umgeschrieben werden zu:

$$\begin{aligned} q_{rev} - q &= T\Delta S - (\Delta H - V\Delta P) \\ &= (T\Delta S - \Delta H) + V\Delta P \end{aligned} \qquad [4.75]$$

Der erste Teil der rechten Seite von [4.75] ist gerade $-\Delta G$, wie sich aus dem Vergleich mit [4.70] ergibt. Unser Kriterium für eine spontane Zustandsänderung, wonach $q_{rev} - q$ größer als Null sein muß, läßt sich für einen Prozeß bei konstantem Volumen und konstanter Temperatur daher folgendermaßen ausdrücken:

$$q_{rev} - q = (-\Delta G + V\Delta P) \text{ muß positiv sein}$$

oder mit umgekehrten Vorzeichen:

Für eine spontane Zustandsänderung bei konstanter Temperatur und konstantem Volumen gilt:	$\Delta G - V\Delta P$ ist negativ $\Delta G - V\Delta P < 0$	[4.76]

Relation [4.76] ist das allgemeine Kriterium für eine spontane Zustandsänderung bei konstanter Temperatur und konstantem Volumen, bei der keine Arbeit geleistet wird. In Fällen, bei denen $\Delta P = 0$ gilt, wird es identisch mit der entsprechenden Beziehung für konstanten Druck, [4.71], obwohl die Reaktion innerhalb eines geschlossenen Kolbens abläuft. Es gibt allgemein zwei Bedingungen, unter denen solche Fälle auftreten können. So ist bei einer Zustandsänderung, an der ausschließlich kondensierte Phasen (Flüssigkeiten oder Festkörper) beteiligt sind, die Dichteänderung fast immer vernachlässigbar. Daher ändert sich auch der Druck nicht, obwohl überhaupt kein Versuch unternommen wird, ihn von außen konstant zu halten. In allen diesen Fällen – und dazu ist auch die Vielzahl der Reaktionen in Lösungen zu zählen – gilt mit für praktische Anwendungen ausreichender Genauigkeit $\Delta P = 0$ und $\Delta G - V\Delta P = \Delta G$.

Sind Gase an der Reaktion beteiligt, dann hängt der Wert von $V\Delta P$ ab von der Differenz zwischen der Molzahl verbrauchter Gase, $n_{\text{Reaktanden}}$, und der Molzahl neu gebildeter Gase, n_{Produkte}. Wie im zweiten Kapitel gezeigt wurde, gilt:

$$\begin{aligned} V\Delta P &= (n_{\text{Produkte}} - n_{\text{Reaktanden}})\, RT \\ &= \Delta n\, RT \end{aligned} \qquad [2.68]$$

Für viele Gasreaktionen gilt $\Delta n = 0$; d. h. es werden genauso viele Gasmoleküle neu gebildet wie verbraucht werden. Die Reaktion $H_2(g) + I_2(g) \rightleftarrows 2HI(g)$ ist ein Beispiel dafür. Hier gilt $V\Delta P = \Delta n\, RT = 0$ und damit wieder $\Delta G - V\Delta P = \Delta G$.

Zusammenfassend kann man sagen, daß bei konstanter Temperatur und konstantem Volumen die Beziehung [4.76] das Kriterium für freiwillig ablaufende Prozesse liefert. Für viele chemische Reaktionen ist jedoch $\Delta P = 0$, und in diesen Fällen ist [4.76] mit [4.71] identisch.

4.5. Einige Beispiele: Enthalpie, Entropie und Gibbs-Funktion

Nachdem wir herausgefunden haben, daß die Änderung der *Gibbs*-Funktion ΔG als Maß für die Triebkraft einer Reaktion angesehen werden kann, ist es nun an der Zeit, ein paar Beispiele zu untersuchen. Die *Gibbs*-Funktion setzt sich aus einem Enthalpie- und einem Entropie-Term zusammen. Für Reaktionen, die bei konstanter Temperatur und bei konstantem Druck ablaufen, sind beide Terme auf einfache Weise mit Wärmetönungen verknüpft. Die Enthalpieänderung kann direkt mit Hilfe eines Kalorimeters bestimmt werden, wie es in Abschnitt 2.4 beschrieben wurde. Sie ist gleich der bei konstantem Druck zuzuführenden Wärmemenge q_P.

$$\Delta H = q_P \qquad [2.27]$$

Dagegen kann die Entropieänderung nicht so einfach mit einem Kalorimeter gemessen werden. Sie ist nämlich mit der *reversibel* zuzuführenden Wärmemenge verknüpft. Reaktionen aber, die in einem Kalorimeter freiwillig ablaufen, sind nicht reversibel. Dennoch gibt es mehrere elegante Meßmethoden für ΔS, von denen einige im nächsten Kapitel beschrieben werden. Im Augenblick ist es für unsere Zwecke ausreichend, wenn wir wissen, daß es ausführliche Tabellen mit experimentell bestimmten Werten von Reaktionsentropien gibt, die wir für unsere Berechnungen heranziehen können. Wenn wir aber experimentelle Werte für Enthalpie und Entropie tabelliert finden können, dann muß es auch möglich sein, sofort Vorhersagen über die Triebkraft einer Reaktion zu machen. Einige Beispiele mögen das verdeutlichen.

a) Das Schmelzen von Eis: $H_2O(f) \rightarrow H_2O(fl)$

Bei 0 °C (273 K) ist die Schmelzwärme von Eis unzählige Male bestimmt worden und ist daher sehr genau bekannt. Diese Wärmemenge wird dem Eis bei konstantem Druck zugeführt und ist daher gleich der Schmelzenthalpie:

$$\Delta H_{273} = q_{\text{Schmelz}} = 6008 \text{ J mol}^{-1}$$

Auch die Schmelzentropie ist wohlbekannt:

$$\Delta S_{273} = 21{,}99 \text{ J mol}^{-1} \text{ K}^{-1}$$

Nach Gleichung [4.70] kann nun auch die mit dem Schmelzvorgang verbundene Änderung der *Gibbs*-Funktion berechnet werden:

$$\begin{aligned} \Delta G_{273} &= \Delta H_{273} - T\Delta S_{273} \\ &= 6008 \text{ J mol}^{-1} - 273{,}16 \text{ K} \cdot 21{,}99 \text{ J mol}^{-1} \text{ K}^{-1} \\ &= 6008 \text{ J mol}^{-1} - 6008 \text{ J mol}^{-1} \\ &= 0 \end{aligned}$$

Da die Änderung der *Gibbs*-Funktion Null ist, befinden sich Eis von 273 K und flüssiges Wasser von 273 K offenbar miteinander im Gleichgewicht.

Wir wollen nun die gleiche Zustandsänderung, aber bei 25 °C (298 K) betrachten. Dafür haben Messungen folgende Werte ergeben:

$$\Delta H_{298} = 6983 \text{ J mol}^{-1}$$

$$\Delta S_{298} = 25{,}42 \text{ J mol}^{-1} \text{ K}^{-1}$$

Daraus können wir wieder die Änderung der *Gibbs*-Funktion berechnen:

$$\begin{aligned}\Delta G_{298} &= \Delta H_{298} - T\Delta S_{298}\\ &= 6983\ \mathrm{J\,mol^{-1}} - 298{,}16\ \mathrm{K} \cdot 25{,}42\ \mathrm{J\,mol^{-1}\,K^{-1}}\\ &= -596\ \mathrm{J\,mol^{-1}}\end{aligned}$$

Die Änderung der *Gibbs*-Funktion ist negativ – der Prozeß wird von selbst ablaufen. Die Änderung der *Gibbs*-Funktion sagt aus, was wir natürlich schon längst wissen, – bei 25 °C ist das Eis geschmolzen.

Es ist aufschlußreich, die Vorzeichen und Beträge der einzelnen Anteile von ΔG zu untersuchen. Der Wert von ΔH ist positiv – Wärme wird aufgenommen, so daß das Eis beim Schmelzen „bergauf laufen muß“, jedenfalls soweit es die potentielle Energie betrifft. Die Umgebung muß Wärme abgeben, so daß die Entropieänderung der Umgebung die Reaktion behindert. Dieser Effekt wird bei 25 °C jedoch von der Entropieänderung des Systems überkompensiert, die den Schmelzvorgang vorantreibt. Das positive Vorzeichen von ΔS deutet an, daß beim Schmelzen ein Zustand größerer Wahrscheinlichkeit erreicht wird. Das ist auch anschaulich unmittelbar einleuchtend, wenn man den regelmäßigen Aufbau eines Festkörpers mit dem ungeordneten Zustand einer Flüssigkeit vergleicht. Diese Verhältnisse liegen ganz *allgemein* bei jedem Schmelzprozeß vor. Der regelmäßig aufgebaute Kristall besitzt eine geringere potentielle Energie, so daß ΔH positiv ist, aber die ungeordnete räumliche Anordnung der Moleküle in der Flüssigkeit äußert sich in einem positiven ΔS und begünstigt den Schmelzvorgang.

Damit können wir jetzt den Schmelzpunkt in einem ganz neuen Licht betrachten. Mit steigender Temperatur ändern sich sowohl ΔH als auch ΔS nur sehr wenig. Der Entropie-Term $T\Delta S$ zeigt jedoch eine zusätzliche, starke Temperaturabhängigkeit. Wegen des Faktors T ist der $T\Delta S$-Term bei tiefen Temperaturen unbedeutend. Dann ist ΔG praktisch allein durch ΔH gegeben und der Festkörper bildet den stabilen Zustand des Systems. Mit steigendem T kann man eine Temperatur erreichen, bei der $T\Delta S$ genau gleich dem Beitrag der potentiellen Energie zu ΔG ist. Bei dieser Temperatur gilt $\Delta G = 0$; sowohl Festkörper als auch Flüssigkeit sind stabil und können nebeneinander vorliegen. Dadurch ist der Schmelzpunkt charakterisiert. Bei noch höheren Temperaturen überwiegt der $T\Delta S$-Term, ΔG ist negativ, und die Flüssigkeit bildet den thermodynamisch stabilen Zustand des Systems.

b) Verdampfung von flüssigem Wasser

Die Tab. 4.3 zeigt die Werte von ΔH und ΔS für die Verdampfung von Wasser jeweils bei 100 °C (373 K) bzw. bei 25 °C (298 K). Dabei muß jedes Mal zusätzlich noch der Wasserdampfdruck angegeben werden, da die Entropie eines Gases entscheidend vom Druck abhängt. Wenn der Druck eines Gases ansteigt, nimmt die innere Unordnung ab. Anschaulich kann man sich das folgendermaßen vorstellen: Mit steigendem Druck wird das Gas einer Flüssigkeit immer ähnlicher, und der Unterschied im Ordnungszustand von Gas und Flüssigkeit wird immer kleiner.

Tab. 4.3. Thermodynamische Daten für die Verdampfung von Wasser $H_2O\,(fl) \xrightarrow[T,P]{} H_2O\,(g)$

Temperatur	100 °C, 373 K	25 °C, 298 K	25 °C, 298 K
H_2O-Dampfdruck (mbar)	1 013	1 013	31,7
ΔH (J mol^{-1})	40 673	43 886	43 886
ΔS (J mol^{-1} K^{-1})	109,0	118,2	147,2
$\Delta G = \Delta H - T\Delta S$ (J mol^{-1})	0	8 643	0

Die letzte Zeile von Tab. 4.3 zeigt uns, daß bei 100 °C die Verdampfung von flüssigem Wasser in Gas mit einem Druck von 1013 mbar ein Gleichgewichtsprozeß ist, $\Delta G = 0$. Flüssiges Wasser und Wasserdampf können bei dem Druck von 1013 mbar nebeneinander vorliegen. Wird der gleiche Prozeß zwar ebenfalls bei 1013 mbar, aber bei einer Temperatur von 25 °C ausgeführt, so ergibt sich ein großer, *positiver* Wert für ΔG. Eine Zustandsänderung läuft aber gerade dann von selbst ab, wenn ΔG negativ ist; einen freiwillig ablaufenden Prozeß erhalten wir daher, wenn wir die umgekehrte Reaktion betrachten.

Wenn $H_2O(fl) \xrightarrow{298\,K} \underset{1013\,mbar}{H_2O(g)}$ mit $\Delta G = +8643\,J\,mol^{-1}$,

dann $\underset{1013\,mbar}{H_2O(g)} \xrightarrow{298\,K} H_2O(fl)$ mit $\Delta G = -8643\,J\,mol^{-1}$,

Mit Hilfe der Gibbs-Funktion läßt sich also vorhersagen, daß Wasserdampf von 1,013 bar Druck bei 25 °C in einem spontan ablaufenden Prozeß zu flüssigem Wasser kondensiert. Die letzte Spalte von

Tab. 4.3 zeigt, wie lange diese Kondensation freiwillig abläuft. Mit fortschreitender Kondensation fällt der Dampfdruck, so daß die Entropiedifferenz zwischen Flüssigkeit und Gas zunimmt. Bei 31,7 mbar ist die Entropieänderung schließlich so groß geworden, daß $T\Delta S$ genau gleich ΔH ist. Damit gilt $\Delta G=0$, und folglich ist ein Gleichgewichtszustand erreicht. Der Druck von 31,7 mbar entspricht dem Gleichgewichtsdampfdruck von Wasser bei 25 °C.

Wir wollen nun noch einmal die Beträge von ΔH und ΔS genauer betrachten. Bemerkenswert ist, daß die Wärmetönung mehr als fünf Mal größer ist als diejenige für den Schmelzvorgang. Das liegt daran, daß die Moleküle auch nach dem Schmelzen immer noch dicht benachbart bleiben, wobei die Abstände durch Anziehungskräfte bestimmt sind – es braucht lediglich die potentielle Energie zur Auflösung der weitreichenden regulären Anordnung des Kristallgitters aufgewendet zu werden. Beim Verdampfen müssen jedoch die Moleküle weit voneinander getrennt werden – und das ist mit einem sehr viel größeren Energieaufwand verbunden.

Auch die Zunahme an Unordnung ist bei der Verdampfung größer. In der Gasphase, und das ist charakteristisch für sie, besitzen die Moleküle eine größere Bewegungsfreiheit und sind dort deshalb weit ungeordneter räumlich verteilt als in der Flüssigkeit. Dieser Faktor hängt jedoch empfindlich vom Druck ab. Bei jeder beliebigen Temperatur gibt es einen bestimmten Druck, bei dem gilt: $\Delta H=T\Delta S$ und damit $\Delta G=0$. Dieses Kriterium legt den Gleichgewichtsdampfdruck fest.

c) Einige chemische Umwandlungen, an denen Festkörper beteiligt sind

Zwei wohlbekannte chemische Reaktionen, an denen sowohl Gase als auch Festkörper beteiligt sind, sind die folgenden:

$$\mathrm{CaCO_3(f)} \underset{}{\overset{298\,\mathrm{K}}{\rightleftharpoons}} \mathrm{CaO(f)} + \underset{1{,}013\ \mathrm{bar}^*}{\mathrm{CO_2(g)}} \qquad [4.77]$$

$$\mathrm{C(Graphit)} + \underset{1{,}013\ \mathrm{bar}}{\mathrm{O_2(g)}} \overset{298\,\mathrm{K}}{\rightleftharpoons} \underset{1{,}013\ \mathrm{bar}}{\mathrm{CO_2(g)}} \qquad [4.78]$$

Gleichung [4.77] beschreibt die Zersetzung von Kalkstein (Kalziumkarbonat), der als stabiler Festkörper häufig in der Natur auf-

* Vgl. Fußnote Seite 57 (Anm. d. Übers.)

tritt. Reaktion [4.78] ist die Oxidation von Kohlenstoff bei 25 °C. Sie hängt offenbar mit der Brennbarkeit des Kohlenstoffes, oder umgekehrt ausgedrückt, auch mit der Stabilität der Graphitmine eines gewöhnlichen Schreibstiftes zusammen.

In Tab. 4.4 sind die thermodynamischen Daten für beide Reaktionen aufgeführt. Die erste Reaktion besitzt in Übereinstimmung mit der Erfahrung ein positives ΔG. Eine Zustandsänderung mit positivem ΔG läuft von selbst in *umgekehrter* Richtung ab. Mit anderen Worten, Kalziumoxid reagiert mit Kohlendioxid unter einem Druck von 1,013 bar zu Kalziumkarbonat. Das gilt trotz des großen positiven Wertes von ΔS, der durch die Bildung des gasförmigen, und daher räumlich stark ungeordneten Produktes zustande kommt. Natürlich spielt der Entropiefaktor eine immer stärkere Rolle, wenn man die Temperatur erhöht. Es gibt eine bestimmte Temperatur, oberhalb der Kalkstein instabil wird und sich nach Reaktion [4.77] zersetzt. Verschiedene Experimente, einschließlich Messungen thermodynamischer Größen, haben gezeigt, daß diese Temperatur bei 850 °C liegt. Berechnungen dieser Art sind hilfreich, wenn man einen Ofen auslegen will, in dem Kalkstein ($CaCO_3$) in Kalk (CaO) zur Herstellung von Mörtel umgewandelt werden soll. Tatsächlich gewinnt man Kalk großtechnisch dadurch, daß man Kalkstein auf Temperaturen oberhalb von 800 °C erhitzt (und zwar in Mengen von Millionen Tonnen pro Jahr allein in den USA).

Für die zweite Reaktion ergibt sich ein völlig überraschendes Ergebnis: ΔG ist negativ; unsere thermodynamischen Überlegungen weisen daher darauf hin, daß die Reaktion tatsächlich ablaufen sollte. Graphit besitzt eine sehr starke Neigung, mit dem Sauerstoff der Luft zu reagieren (zu „verbrennen"). Wenn z. B. die Graphitmine in unserem Schreibstift etwas von Thermodynamik verstände, dann würde sie sofort reagieren und dabei eine große Wärmemenge freisetzen.

Tab. 4.4. Thermodynamische Eigenschaften zweier chemischer Reaktionen mit Festkörpern ($T = 298$ K).

	$CaCO_3$ (f) $\rightleftarrows$ CaO (f) + CO_2 (g) 1,013 bar	C (f) + O_2 (g) $\rightleftarrows$ CO_2 (g) 1,013 bar 1,013 bar
ΔH (kJ mol^{-1})	180	− 393,5
ΔS (J mol^{-1} K^{-1})	161	2,9
ΔG (kJ mol^{-1})	132	− 394,4

Hier stoßen wir nun auf eine der wichtigsten Unterscheidungen, die der Chemiker stets beachten muß. So sind generell zwei verschiedene Aspekte chemischer Reaktionen von besonderem Interesse, die sorgfältig auseinandergehalten und verstanden werden müssen und die einzeln vorteilhaft beeinflußt werden können. Zum einen ist es die Richtung einer spontanen Umwandlung und zum anderen die Geschwindigkeit, mit der die Umwandlung stattfindet. Thermodynamische Überlegungen sind meist Gleichgewichtsüberlegungen; sie liefern den Wegweiser zum Gleichgewichtszustand. Sie machen aber keine Aussage darüber, welche Klippen auf diesem Weg überwunden werden müssen. Diese Hindernisse (Berge der *Gibbs*-Funktion) sind jedoch sehr bedeutsam und bestimmen die Reaktionsgeschwindigkeit. Sicherlich ist es von Vorteil zu wissen, daß Graphit tatsächlich in der Lage ist, mit der Luft zu reagieren und dabei reichlich Energie freizusetzen. Aber wir benötigen außerdem Kenntnisse darüber, auf welche Weise die Reaktion beschleunigt werden kann, wenn man diese Energie nutzen will.

Es gibt noch einen weiteren wesentlichen Gesichtspunkt bei der Oxidation von Graphit. Wenn wir Tab. 4.4 betrachten, dann fällt der sehr geringe Entropieanteil an der Triebkraft dieser Reaktion auf, insbesondere wenn wir die Zersetzung von Kalkstein zum Vergleich heranziehen. Dieser kleine Wert von ΔS kommt dadurch zustande, daß ein Mol Gas verbraucht und ebenfalls ein Mol Gas neu gebildet wird. Ein Mol eines gasförmigen Produktes besitzt aber ziemlich genau denselben Grad an Unordnung wie ein Mol eines gasförmigen Reaktanden.

d) Weitere chemische Umwandlungen ausschließlich zwischen Gasen

In Tab. 4.5 sind vier Gasreaktionen aufgeführt, die ein paar interessante Unterschiede aufweisen. Diese Reaktionen sind zunächst wegen ihrer Ähnlichkeit ausgewählt worden. Es reagieren jeweils zwei dreiatomige Moleküle miteinander, wobei drei zweiatomige Moleküle entstehen. Bei der Erzeugung von drei Gasmolekülen zweier verschiedener Arten aus zwei Gasmolekülen derselben Art sollte die Unordnung im System erheblich zunehmen. ΔS sollte daher in allen Fällen große positive Werte annehmen – was auch tatsächlich beobachtet wird.

Dagegen zeigt die Spalte für ΔH, daß diese Werte für die einzelnen Reaktionen sehr stark verschieden sind. Diese Unterschiede

Tab. 4.5. Thermodynamische Daten für einige einfache Gasreaktionen bei 298 K *.

Reaktion	ΔH (kJ mol^{-1})	ΔS (J mol^{-1} K^{-1})	ΔG (kJ mol^{-1})	
$2\,CO_2\,(g) \rightleftarrows 2\,CO\,(g) + O_2\,(g)$	+566	+173	+514	[4.79]
$2\,NO_2O\,(g) \rightleftarrows 2\,N_2\,(g) + O_2\,(g)$	−164	+148	−208	[4.80]
$2\,NO_2\,(g) \rightleftarrows 2\,NO\,(g) + O_2\,(g)$	+114	+147	+ 71	[4.81]
$2\,NO_2\,(g) \rightleftarrows 2\,O_2\,(g) + N_2\,(g)$	− 66	+122	−102	[4.82]

* Alle Partialdrucke betragen 1,013 bar.

haben einen starken Einfluß auf das Vorzeichen und den Betrag von ΔG und damit auch auf die Triebkräfte der Reaktionen. Der stark positive Wert von ΔH für die Zersetzung von Kohlendioxid hat zur Folge, daß auch die Änderung der *Gibbs*-Funktion positiv ist, so daß die Reaktion freiwillig von rechts nach links abläuft, wenn der Partialdruck eines jeden Reaktionsteilnehmers 1,013 bar beträgt. Für N_2O gilt gerade das Gegenteil. Hier ist mit ΔH auch ΔG negativ; folglich ist N_2O instabil und zersetzt sich von selbst. Daß man es trotzdem wie ein normales Gas im Labor verwenden kann, liegt an kinetischen Effekten. Unter geeigneten Bedingungen und bei Anwesenheit eines Katalysators, kann man sich die Neigung von N_2O zur spontanen Zersetzung zunutze machen.

Als wichtiges Ergebnis wollen wir festhalten, daß die Reaktionswärme (die Enthalpieänderung) für uns von entscheidender Bedeutung ist. Wir müssen nun versuchen, eine Erklärung für diesen makroskopischen Effekt, den Unterschied zwischen den Reaktionen [4.79] und [4.80], anhand von mikroskopischen Überlegungen zu finden, wenn wir chemische Reaktionen allgemein verstehen und vorhersagen wollen. Gerade derartige Differenzen wie z. B. bei den ΔH-Werten für die CO_2- und die N_2O-Zersetzung in Tab. 4.5, rufen ein so starkes Interesse der Chemiker an der Natur der chemischen Bindung von Molekülen hervor.

Auch die letzten beiden Reaktionen in Tab. 4.5, [4.81] und [4.82], vermitteln uns neue Erkenntnisse. Wir sehen daran, daß ein Molekül, NO_2, auf zwei verschiedene Arten zerfallen kann: Entweder zu

NO plus O_2 oder zu N_2 plus O_2. Die thermodynamischen Daten zeigen, daß aus NO_2 nicht spontan NO und O_2 entstehen können, wenn jeder Reaktionspartner mit einem Partialdruck von 1,013 bar vorliegt – vielmehr sollte die entgegengesetzte Reaktion ablaufen. Andererseits ist NO_2 aber tatsächlich instabil bezüglich der Zersetzung in N_2 und O_2; die Änderung der *Gibbs*-Funktion für Reaktion [4.82] ist negativ. Auch den Grund für diesen Unterschied muß man im Bindungscharakter der Moleküle suchen. Den Wert thermodynamischer Überlegungen können wir gerade heutzutage am Beispiel eines aktuellen und außerordentlich schwerwiegenden Problems der menschlichen Gesellschaft erkennen. Eine unserer immer größer werdenden Sorgen ist die Luftverschmutzung in den Städten. Autos mit Benzinmotoren geben täglich Tonnen von Stickoxid in die Atmosphäre ab, in die Luft, die wir einatmen. Die Reaktionen in Tab. 4.5 könnten Abhilfe schaffen. Gemäß Tab. 4.5 kann Stickoxid spontan mit Sauerstoff zu NO_2 reagieren. NO_2 wiederum ist instabil und zerfällt in N_2 und O_2, beides völlig normale Bestandteile der Luft. Unser Hauptaugenmerk muß daher darauf gerichtet sein, Bedingungen zu finden, unter denen Reaktion [4.82] beschleunigt wird. Mit erstaunlicher Sicherheit läßt sich vorhersagen, daß der Smog ebenso wie auch andere Gefahren für die Menschheit letztendlich keine Chance haben, wenn wir nur unsere Kenntnisse auf den Gebieten der Thermodynamik, der Reaktionskinetik und der chemischen Bindung richtig anwenden.

5. Gibbs-Funktion und Gleichgewicht

Prozesse, die bei konstanter Temperatur und konstantem Druck freiwillig ablaufen, führen stets zu dem Zustand mit dem kleinstmöglichen Wert der *Gibbs*-Funktion. In allen diesen Fällen ist mit der Verringerung des Wertes der *Gibbs*-Funktion des Systems ein Zuwachs der Entropie der gesamten Welt verbunden. Man kann daher auch sagen, daß das System bei chemischen Umwandlungen stets dazu neigt, in einer Landschaft der *Gibbs*-Funktion „bergab zu rollen". Betrachtet man in Gedanken eine Umwandlung mit positivem ΔG, die also bergauf führen müßte, so kann man sicher sein, daß die Reaktion in Wirklichkeit in umgekehrter Richtung abläuft (solange uns die Reaktionsgeschwindigkeit keinen Strich durch die Rechnung macht). Ist $\Delta G = 0$, so zeigt das System keinerlei Bestreben zu irgendeiner Zustandsänderung, weder in der einen noch in der anderen Richtung. In der Talsohle des Gebirges der *Gibbs*-Funktion herrscht Gleichgewicht.

5.1. Es geht immer nur bergab

Dieses Bild des „Abwärts-Rollens" erweist sich als recht nützlich, wenn man den Gleichgewichtszustand selbst und auch die Annäherung an das Gleichgewicht erklären will. Wir wollen beides nun im einzelnen untersuchen.

a) Gibbs-Funktion, eine extensive Größe

Eine Größe, die proportional zur Substanzmenge eines Systems ist, heißt „extensive Größe" (sie hängt vom Umfang, der „Extensität", des Systems ab). Die Masse ist ein naheliegendes Beispiel dafür. Ein Mol flüssiges Äthanol C_2H_5OH hat eine Masse von 46 g; zwei Mol besitzen die Masse $2 \cdot 46\ g = 92\ g$; zehn Mol die Masse 460 g. (Ein wohlbekanntes Beispiel für eine *nicht*-extensive Größe ist die

Dichte. Die Dichte von einem Mol Äthanol beträgt 0,789 g cm^{-3}; sie besitzt denselben Wert für zwei oder zehn Mol.) Die *Gibbs*-Funktion ist eine extensive Größe. Sie ist die Summe aus einem Energie-Term und einem Term, der die Wahrscheinlichkeit des Zustandes beschreibt. Die Energie wird sicherlich durch die Größe des Systems bestimmt: Die kinetische Energie von zwei Mol eines Gases ist bei gegebener Temperatur doppelt so groß wie die von einem Mol des Gases, da ja doppelt so viele Moleküle umherschwirren. Die potentielle Energie von einem Kilogramm Natriumchlorid ist tausendmal so groß wie diejenige von einem Gramm.

Auch der Term, der die Wahrscheinlichkeit des Zustandes eines Systems beschreibt, stellt eine extensive Größe dar. Die Entropie ist über den Logarithmus der Wahrscheinlichkeit definiert. Wahrscheinlichkeiten für unabhängige Ereignisse setzen sich aber multiplikativ zur Gesamtwahrscheinlichkeit zusammen, und der Logarithmus eines Produktes ist gleich der Summe der Logarithmen der einzelnen Faktoren (siehe Abschnitt 4.3). Man kann sich nun zwei Mol eines Gases zusammengesetzt denken aus zwei Teilsystemen mit jeweils einem Mol. Daher ist die Entropie von zwei Mol gerade doppelt so groß wie diejenige von einem Mol. Wenn aber sowohl die Energie als auch die Entropie eine extensive Größe ist, muß dasselbe auch für ihre Summe gelten. Daher stellt die *Gibbs*-Funktion eine extensive Größe dar.

Das bedeutet, daß wir die *Gibbs*-Funktion einer Gasmischung als Summe der *Gibbs*-Funktionen der einzelnen Komponenten unter Berücksichtigung ihrer Molzahlen berechnen können. Wenn die Mischung z. B. aus den drei Komponenten A, B und C besteht, dann läßt sich die gesamte *Gibbs*-Funktion darstellen als:

$$G = n_{\mathrm{A}} G_{\mathrm{A}} + n_{\mathrm{B}} G_{\mathrm{B}} + n_{\mathrm{C}} G_{\mathrm{C}} \qquad [5.1]$$

Dabei ist die Größe G_{A} die *Gibbs*-Funktion von einem Mol des Stoffes A, und n_{A} ist die Molzahl von A. Mit Hilfe dieser Beziehung können wir die Veränderung der *Gibbs*-Funktion im Verlauf einer Reaktion verfolgen.

b) Die Gibbs-Funktion bei der Bildung von Jodwasserstoff

Es ist sehr lehrreich, wenn man den Ausdruck [5.1] auf eine konkrete Reaktion anwendet. Als ein einfaches Beispiel soll wieder die uns nun schon wohlbekannte Reaktion zwischen Wasserstoff und

Jod dienen, bei der Jodwasserstoff gebildet wird. Zu Anfang sollen dabei ein Mol H_2 mit einem Druck von 1 mbar und ein Mol I_2 ebenfalls mit dem Druck von 1 mbar miteinander gemischt werden. Wir wollen einmal annehmen, daß bei der Reaktion eine vollständige Umwandlung in zwei Mol Jodwasserstoff mit dem Druck von 2 mbar erfolgt. Die Reaktion möge bei 700 K stattfinden, einer Temperatur, bei der die Reaktionsgeschwindigkeit genügend groß ist.

Zu Beginn nimmt [5.1] eine einfache Form an, da nur jeweils ein Mol H_2 und I_2 vorliegen. Ist die Reaktion vollständig abgelaufen, so haben wir nur noch HI, und zwar zwei Mol. In der Zwischenzeit wird von jeder Sorte, H_2, I_2 und HI, etwas vorhanden sein. Dabei hängt die Menge an HI davon ab, wieviel H_2 und I_2 bei der Reaktion schon verbraucht worden sind. Wenn x Mol H_2 reagiert haben, sind $2x$ Mol HI gebildet worden, und es sind noch jeweils $(1-x)$ Mol H_2 und I_2 übrig.

$$G = n_{H_2} G_{H_2} + n_{I_2} G_{I_2} + n_{HI} G_{HI}$$

Am Anfang:

$$\begin{aligned} G_a &= 1\,\text{mol} \cdot G_{H_2} + 1\,\text{mol} \cdot G_{I_2} + 0 \cdot G_{HI} \\ &= 1\,\text{mol} \cdot (G_{H_2} + G_{I_2}) \end{aligned} \qquad [5.2]$$

Am Ende:

$$G_z = 0 \cdot G_{H_2} + 0 \cdot G_{I_2} + 2\,\text{mol} \cdot G_{HI} = 2\,\text{mol} \cdot G_{HI} \qquad [5.3]$$

In der Zwischenzeit, nachdem x Mol H_2 reagiert haben:

$$G_x = (1-x)\,\text{mol} \cdot G_{H_2} + (1-x)\,\text{mol} \cdot G_{I_2} + (2x)\,\text{mol} \cdot G_{HI} \qquad [5.4]$$

Wenn man G_a, G_z und einige Zwischenwerte G_x berechnet, so kann man sich ein Bild von der Veränderung der *Gibbs*-Funktion während der Reaktion machen. Dazu ist es nützlich, die beiden Terme in der *Gibbs*-Funktion, $H-TS$, getrennt zu betrachten. Die Aussagekraft der Gleichungen [5.2], [5.3] und [5.4] wird noch vergrößert, wenn man die *Gibbs*-Funktion als Summe eines Enthalpie-Terms und eines Entropie-Terms darstellt:

$$G_a = 1\,\text{mol} \cdot (G_{H_2} + G_{I_2}) = 1\,\text{mol} \cdot [(H_{H_2} - TS_{H_2}) + (H_{I_2} - TS_{I_2})]$$

oder

$$G_a = 1\,\text{mol} \cdot [(H_{H_2} + H_{I_2}) - T(S_{H_2} + S_{I_2})] \qquad [5.5]$$

Ebenso:

$$G_z = 2\,\text{mol} \cdot H_{HI} - 2\,\text{mol} \cdot T S_{HI} \qquad [5.6]$$

und

$$G_x = ((1-x)\,\text{mol} \cdot H_{H_2} + (1-x)\,\text{mol} \cdot H_{I_2} + 2x\,\text{mol} \cdot H_{HI}) - T((1-x)\,\text{mol} \cdot S_{H_2} + (1-x)\,\text{mol} \cdot S_{I_2} + 2x\,\text{mol} \cdot S_{HI}) \qquad [5.7]$$

c) Der Enthalpie-Anteil

Kümmern wir uns zuerst um die Enthalpie-Terme in den Ausdrükken [5.5], [5.6] und [5.7]. Wie groß ist $(H_{H_2} + H_{I_2})$ in [5.5]? Die Enthalpie von einem Mol gasförmigem Jod bei 700 K setzt sich aus vielen Energieanteilen zusammen. Zunächst besitzen die Moleküle Translationsenergien, die über einen weiten Bereich verteilt sind. Im Mittel beträgt die Translationsenergie pro Mol jedoch $^3/_2\,RT$. Die Moleküle können außerdem noch rotieren und schwingen, so daß noch zwei weitere Energiebeiträge hinzukommen. Zusätzlich zu diesen Anteilen der „Energie der Bewegung“ besitzt jedes Jodmolekül noch „Energie der Lage“; jedes Molekül besteht aus zwei Atomen, die im Gleichgewichtsabstand die minimale Energie besitzen. Gehen wir noch einen Schritt weiter, so finden wir, daß auch den Elektronen in den Atomen Energie der Bewegung und der Lage zukommt. Und, um es auf die Spitze zu treiben, besitzt schließlich auch noch jeder Atomkern eine außerordentlich große Bindungsenergie, die ihn zusammenhält, über deren Natur aber bisher nur wenig bekannt ist.

Schon wenn wir einen Ausdruck für die Enthalpie eines Mols Jod relativ zu den ursprünglich bei 0 K vorliegenden Bestandteilen finden wollen, stehen wir am Anfang eines regelrechten Irrweges. Unsere Situation ist so ähnlich wie die des Bauunternehmers in Denver, Colorado, der gerne wissen wollte, ob sich sein Baugrund ober- oder unterhalb des auf der anderen Seite des Tals gelegenen Wasserreservoirs befindet. (Siehe Abb. 5.1.) Er könnte versuchen, die Höhe des Reservoirs über dem Meeresspiegel an der Küste von Kalifornien zu bestimmen. Möglicherweise wird er aber auch zu dem Schluß kommen, daß es viel zu viel Zeit kostet, das gesamte Land über die Rocky Mountains hinweg bis zum Laguna Beach zu vermessen. Für seine Zwecke sollte es völlig ausreichen, wenn er sich einen lokalen Bezugspunkt aussucht und die Meereshöhe dabei ganz außer Acht läßt. Dabei könnte er insbesondere die Lage des Reservoirs selbst als Bezugshöhe verwenden.

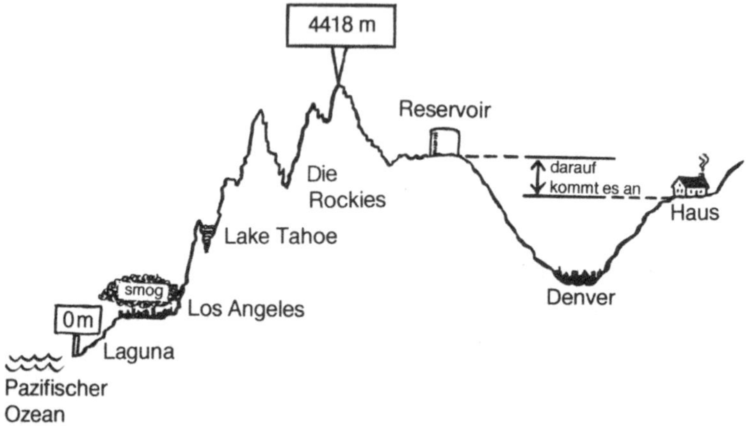

Abb. 5.1. Alles ist in gewisser Weise relativ

Auch wir wollen dem Gedankengang des Baumeisters folgen. Für unsere gegenwärtigen Zwecke wollen wir alle Enthalpien auf denjenigen Zustand beziehen, in dem die Elemente gasförmiges H_2 und gasförmiges I_2 jeweils mit einem Druck von 1 mbar bei 700 K vorliegen. Dieser Zustand definiert uns den Enthalpie-Nullpunkt.

Die Enthalpie-Anteile in den Ausdrücken [5.5], [5.6] und [5.7] lassen sich nun recht einfach bestimmen.

$$H_a = 1\ \text{mol} \cdot (H_{H_2} + H_{I_2}) = 0 + 0 = 0 \qquad [5.8]$$

und

$$H_z = 2\,\text{mol} \cdot H_{HI} \qquad [5.9]$$

Der Wert von H_z ist also durch die Enthalpie von zwei Mol gasförmigem Jodwasserstoff gegeben, wobei man das Gemisch aus H_2 und I_2 als Bezugszustand verwendet. Gerade diese Größe mißt man aber experimentell, wenn man bekannte Mengen H_2 und I_2 in einem Kalorimeter bei konstanter Temperatur und konstantem Druck miteinander zu HI reagieren läßt. Dazu kann man z. B. ein halbes Mol H_2 und ein halbes Mol I_2 jeweils mit einem Druck von 1 mbar mischen. Bei der Reaktion wird dann ein Mol HI mit dem Druck von 2 mbar gebildet. Der Gesamtdruck bleibt während der gesamten Reaktion konstant gleich 2 mbar, und auch die Temperatur kann in einem thermostatierten Kalorimeter konstant gehalten werden. Unter diesen Bedingungen ist die Reaktionswärme bestimmt worden:

$$\tfrac{1}{2} H_2(1\,\text{mbar}) + \tfrac{1}{2} I_2(1\,\text{mbar}) \rightarrow HI(2\,\text{mbar}) \qquad [5.10]$$

$$\Delta H = -6{,}65\,\text{kJ pro Mol HI}$$

Die Reaktion ist exotherm; die potentielle Energie von HI ist also niedriger als die der Ausgangsstoffe. Setzt man nun [5.10] in [5.9] ein, so ergibt sich:

$$H_z = 2\,\text{mol} \cdot (-6{,}65\,\text{kJ}\,\text{mol}^{-1}) = -13{,}3\,\text{kJ} \qquad [5.11]$$

Damit können wir nun auch H_x für jeden beliebigen Zeitpunkt während der Reaktion einfach berechnen:

$$H_x = (1-x)\,\text{mol} \cdot H_{H_2} + (1-x)\,\text{mol} \cdot H_{I_2} + 2x\,\text{mol} \cdot H_{HI}$$

Wenn z. B. 75% des gesamten H_2 bereits reagiert haben, $x = 0{,}75$, so gilt:

$$\begin{aligned} H_{0,75} &= (1-0{,}75)\,\text{mol} \cdot H_{H_2} + (1-0{,}75)\,\text{mol} \cdot H_{I_2} \\ &\quad + 2 \cdot 0{,}75\,\text{mol} \cdot H_{HI} \\ &= 0{,}25\,\text{mol} \cdot 0 + 0{,}25\,\text{mol} \cdot 0 \\ &\quad + 1{,}50\,\text{mol} \cdot (-6{,}65\,\text{kJ}\,\text{mol}^{-1}) \\ &= -9{,}98\,\text{kJ} \end{aligned} \qquad [5.12]$$

In Abb. 5.2 ist die Änderung der Gesamtenthalpie mit fortschreitender Reaktion graphisch dargestellt. Dabei ergibt sich einfach

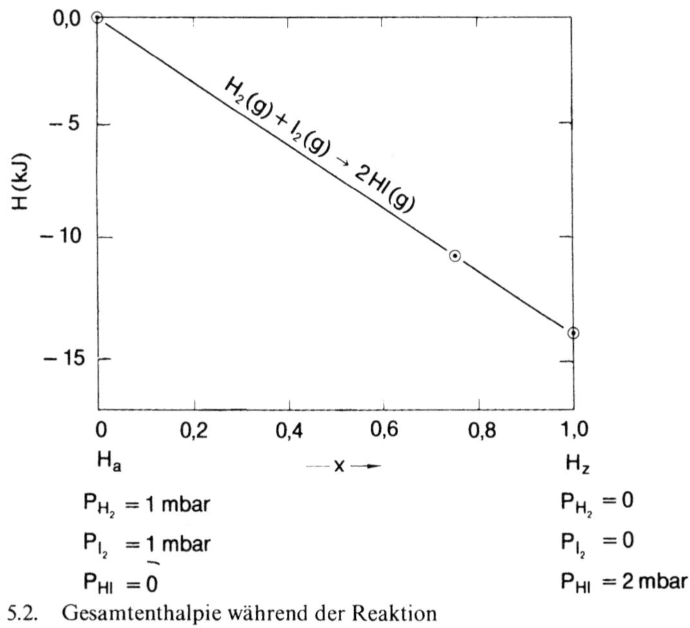

Abb. 5.2. Gesamtenthalpie während der Reaktion H_2(1 mbar) + I_2(1 mbar) $\xrightarrow{700\,K}$ 2HI (2 mbar).

eine gerade Linie. Aufgrund dieser Überlegung sollte auch ΔG zunächst einmal abnehmen, wenn H_2 und I_2 verbraucht werden und HI neu gebildet wird. Der Enthalpie-Term begünstigt die Bildung von HI; wenn nur die Enthalpie eine Rolle spielte, sollte daher die Reaktion vollständig ablaufen und das gesamte H_2 und I_2 verbraucht werden.

d) Aber es gibt auch noch die Entropie

Die Entropie läßt sich in ähnlicher Weise behandeln wie die Enthalpie. Anstatt alle Größen in absolutem („auf Meereshöhe bezogenem") Maßstab zu betrachten, werden wir wieder den Anfangszustand mit H_2 und I_2 bei jeweils 1 mbar Druck als Bezugspunkt verwenden. Damit können jetzt die Entropie-Anteile von [5.5], [5.6] und [5.7] bestimmt werden:

$$S_a = 1\,\text{mol} \cdot (S_{H_2} + S_{I_2}) = 0 + 0 = 0 \qquad [5.13]$$

und

$$S_z = 2\,\text{mol} \cdot S_{HI} \qquad [5.14]$$

Wieder stützen wir uns auf experimentelle Untersuchungen, die uns einen Wert für die Entropie von HI am Ende der Reaktion liefern. Der experimentelle Wert beträgt $1{,}84\,\text{J}\,\text{K}^{-1}$ pro Mol HI bei dem Druck von 2 mbar.

$$\begin{aligned} S_z &= 0\,\text{mol} \cdot S_{H_2} + 0\,\text{mol} \cdot S_{I_2} + 2\,\text{mol} \cdot S_{HI} \\ &= 2\,\text{mol} \cdot (1{,}84\,\text{J}\,\text{mol}^{-1}\,\text{K}^{-1}) \\ &= 3{,}68\,\text{J}\,\text{K}^{-1} \end{aligned} \qquad [5.15]$$

Leider ist es nun nicht mehr so einfach wie im Falle der Enthalpie, die Entropie in einem mittleren Stadium der Reaktion zu berechnen. Das liegt daran, daß die Entropie eines Mols Gas von seinem Druck abhängt, wohingegen der Energie- und Enthalpieinhalt von einem Mol eines idealen Gases bei konstanter Temperatur unabhängig vom Druck ist. Die Entropie (Unordnung) eines Gases nimmt zu, wenn das pro Mol verfügbare Volumen zunimmt.

In welcher Weise dieser Effekt zum Wert von S beiträgt, kann man am besten anhand eines speziellen Falles veranschaulichen. Dazu betrachten wir z. B. die Situation, wenn die Reaktion zu drei Viertel abgelaufen ist. ¾ Mol H_2 haben zu diesem Zeitpunkt mit ¾ Mol I_2 reagiert. Je ¼ Mol beider Gase ist noch nicht verbraucht und liegt jeweils unter einem Partialdruck vor, der jetzt nur noch einem Viertel des Anfangsdruckes entspricht. Im Reaktionsgefäß herrschen demnach die folgenden Bedingungen:

$$\begin{aligned} n_{H_2} &= 0{,}25 \text{ mol} \quad & p_{H_2} &= 0{,}25 \text{ mbar} \\ n_{I_2} &= 0{,}25 \text{ mol} \quad & p_{I_2} &= 0{,}25 \text{ mbar} \\ n_{HI} &= 1{,}5 \text{ mol} \quad & p_{HI} &= 1{,}5 \text{ mbar} \end{aligned}$$

Die Entropie von 0,25 Mol H_2 bei 0,25 mbar unterscheidet sich von der Entropie von 0,25 Mol H_2 bei 1 mbar (die in unserem Bezugssystem Null ist). Es ist aber nicht schwer, diese Differenz zu berechnen, da sie der Entropieänderung für eine Expansion eines idealen Gases bei konstanter Temperatur entspricht. Wir brauchen dazu nur die folgende Zustandsänderung zu betrachten:

$$\begin{bmatrix} 0{,}25 \text{ mol } H_2 \\ P_1 = 1 \text{ mbar} \\ T = 700 \text{ K} \end{bmatrix} \xrightarrow[\Delta S]{\Delta E} \begin{bmatrix} 0{,}25 \text{ mol } H_2 \\ P_2 = 0{,}25 \text{ mbar} \\ T = 700 \text{ K} \end{bmatrix} \qquad [5.16]$$

Wir sehen sofort, daß $\Delta E = 0$ gilt, da H_2 als ideales Gas angesehen werden kann und da sich die Energie eines idealen Gases bei konstanter Temperatur nicht ändert. In Verbindung mit dem Ersten Hauptsatz der Thermodynamik erlaubt uns diese Aussage, die aufgenommene Wärmemenge zu berechnen:

$$\Delta E = q - w$$

Damit

$$\begin{aligned} 0 &= q - w \\ q &= w. \end{aligned} \qquad [5.17]$$

Wir wollen nun noch annehmen, daß die Expansion reversibel ausgeführt wird. Wie in Abschnitt 4.1 gezeigt wurde, wird dabei die maximal mögliche Arbeit geleistet und die reversible Wärmemenge aufgenommen.

Für eine reversible Expansion gilt:

$$q = q_{\text{rev}}$$

und

$$w = w_{\max} = nRT \ln (V_2/V_1)$$

und daher

$$q_{\text{rev}} = nRT \ln (V_2/V_1) \qquad [5.18]$$

Für die Anwendung auf die in [5.16] spezifizierte Zustandsänderung ist es bequemer, wenn man [5.18] mit Hilfe der Drücke formuliert und dabei die für ideale Gase gültige Beziehung $P_1 V_1 = P_2 V_2$ anwendet.

$$q_{rev} = nRT \ln (P_1/P_2) \qquad [5.19]$$

Mit diesem Ausdruck für die reversible Wärmemenge können wir nun ΔS für die Zustandsänderung [5.16] berechnen, da für einen bei konstanter Temperatur ablaufenden Prozeß gilt:

$$\Delta S = q_{rev}/T \qquad [5.20]$$

und daher

$$\begin{aligned} \Delta S &= \frac{nRT \ln (P_1/P_2)}{T} \\ &= nR \ln (P_1/P_2) \end{aligned} \qquad [5.21]$$

Jetzt können wir die Entropie von einem Mol H_2 mit dem Druck von 0,25 mbar (bezogen auf 1 mbar) bestimmen. Setzen wir $R = 8{,}314\ \mathrm{J\,mol^{-1}\,K^{-1}}$, $P_1 = 1$ mbar und $P_2 = \frac{1}{4}$ mbar in [5.21] ein, so ergibt sich:

$$\begin{aligned} \Delta S &= 8{,}314\ \mathrm{J\,mol^{-1}\,K^{-1}} \cdot \ln \frac{1}{1/4} \\ &= 8{,}314\ \mathrm{J\,K^{-1}} \cdot \ln 4 \\ &= 11{,}53\ \mathrm{J\,K^{-1}}\ \text{pro Mol}\ H_2 \end{aligned} \qquad [5.22]$$

Der Entropiezuwachs des gasförmigen Jods ist genauso groß, da auch dessen Druck von 1 mbar auf 0,25 mbar abgenommen hat. Wendet man [5.21] auf das gasförmige HI an, so ergibt sich ein Entropieanstieg von 2,39 J K^{-1} pro Mol HI, wenn dessen Druck von 2 mbar auf 1,5 mbar reduziert wird.

Damit kann man nun die Entropie für $x = 0{,}75$ berechnen.

$$\begin{aligned} S_{0,75} &= n_{H_2} S_{H_2,\,0,25\,\mathrm{mbar}} + n_{I_2} S_{I_2,\,0,25\,\mathrm{mbar}} + n_{HI} S_{HI,\,1,5\,\mathrm{mbar}} \\ &= n_{H_2}(S_{H_2,\,1\,\mathrm{mbar}} + R \ln 4) \\ &\quad + n_{I_2}(S_{I_2,\,1\,\mathrm{mbar}} + R \ln 4) \\ &\quad + n_{HI}(S_{HI,\,2\,\mathrm{mbar}} + R \ln (2/1{,}5)) \\ &= 0{,}25\ \mathrm{mol} \cdot (0 + 11{,}53)\ \mathrm{J\,mol^{-1}\,K^{-1}} \\ &\quad + 0{,}25\ \mathrm{mol} \cdot (0 + 11{,}53)\ \mathrm{J\,mol^{-1}\,K^{-1}} \\ &\quad + 1{,}50\ \mathrm{mol} \cdot (1{,}84 + 2{,}39)\ \mathrm{J\,mol^{-1}\,K^{-1}} \\ &= 12{,}1\ \mathrm{J\,K^{-1}} \end{aligned} \qquad [5.23]$$

Fassen wir noch einmal kurz zusammen. Als Bezugspunkt haben wir $S_a = 0$ gewählt. Experimentell haben wir S_z als 3,68 J K^{-1} bestimmt. Weiterhin haben wir berechnet, daß die Entropie $S_{0,75} = 12{,}1\ \mathrm{J\,K^{-1}}$ beträgt, wenn die Reaktion zu drei Viertel abgelaufen ist. Dieser Wert ist größer als S_a und auch größer als S_z! Trägt man S_x gegen x auf, so muß sich deshalb eine kompliziertere Kurve ergeben als bei der entsprechenden Darstellung von H_x in Abb. 5.2. Entropieberechnungen für verschiedene Werte von x führen zu Abb. 5.3. Dieses Bild ist eine direkte Folge der in Gleichung [5.21] ausgedrückten Tatsache, daß die Unordnung des Systems zunimmt, wenn der Gasdruck fällt.

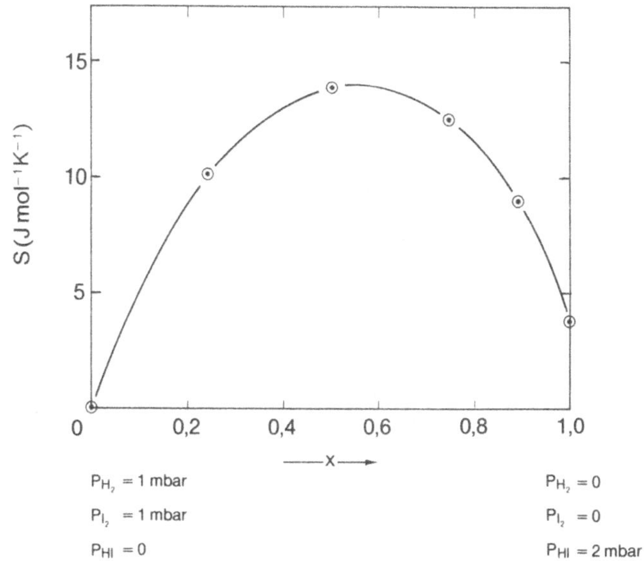

Abb. 5.3. Änderung der Gesamtentropie im Verlauf der Reaktion $H_2(1\,\mathrm{mbar}) + I_2(1\,\mathrm{mbar}) \xrightarrow{700\,K} 2\,HI\,(2\,\mathrm{mbar})$.

e) Und schließlich die Gibbs-Funktion

Die *Gibbs*-Funktion läßt sich einfach aus den Daten von Abb. 5.2 und 5.3 berechnen, da bei jedem Wert von x $G_x = H_x - TS_x$ gilt. Abb. 5.4 zeigt die graphische Darstellung von G_x gemeinsam mit der Auftragung der Enthalpiewerte aus Abb. 5.2 und der mit der Temperatur multiplizierten Entropiewerte aus Abb. 5.3. Beide Anteile, H wie TS, sind in kJ angegeben, so daß man ihren relativen Einfluß direkt ablesen kann.

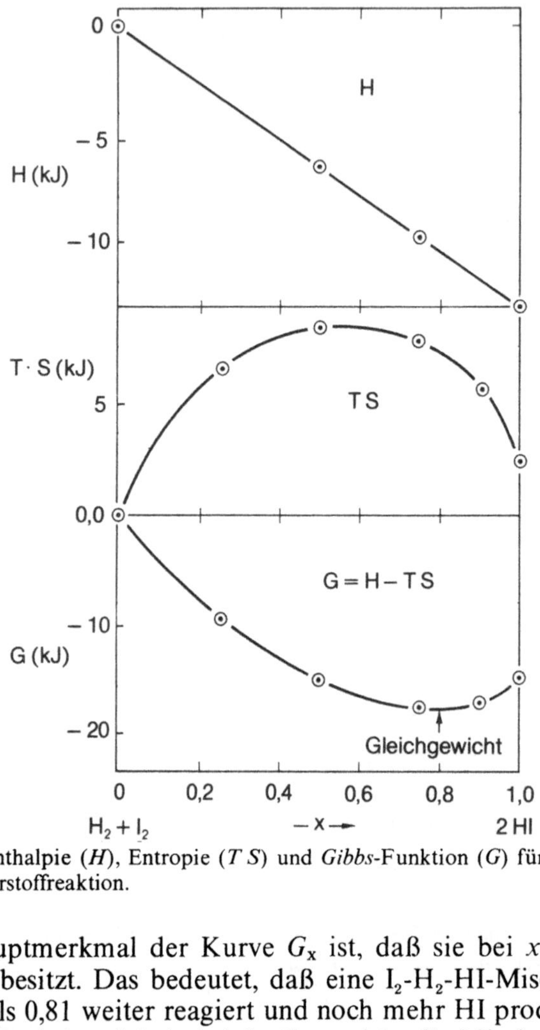

Abb. 5.4. Enthalpie (*H*), Entropie (*T S*) und *Gibbs*-Funktion (*G*) für die Jodwasserstoffreaktion.

Das Hauptmerkmal der Kurve G_x ist, daß sie bei $x = 0{,}81$ ein Minimum besitzt. Das bedeutet, daß eine I_2-H_2-HI-Mischung mit x kleiner als 0,81 weiter reagiert und noch mehr HI produziert, da die *Gibbs*-Funktion dabei absinkt. Entspricht die Mischung jedoch anfangs einem Wert von x größer als 0,81, dann schreitet die Reaktion in entgegengesetzter Richtung fort, HI wird verbraucht und die Substanzen H_2 und I_2 werden neu gebildet. Auch dieses ist wieder die Richtung abnehmender *Gibbs*-Funktion.

Im Minimum der *Gibbs*-Funktions-Kurve zeigt die Reaktion keinerlei Bestreben, in der einen oder anderen Richtung fortzuschreiten. *Ist das Minimum der Gibbs-Funktion erreicht, so herrscht Gleichgewicht.*

5.2. Gibbs-Funktion – Der Wegweiser für die Richtung der Reaktion

Da wir wissen, daß Reaktionen in einer *Gibbs*-Funktions-Landschaft stets bergab führen, ist es auch einleuchtend, daß die *Gibbs*-Funktion ein nützliches Hilfsmittel für Vorhersagen chemischer Umwandlungen darstellt. Wir können damit z. B. eine Frage wie „Ist Ammoniak ein möglicher Brennstoff?" beantworten. Wenn wir nämlich die Änderung der *Gibbs*-Funktion für die Verbrennungsreaktion auf irgendeine Weise ermitteln können, dann läßt sich anhand des Vorzeichens erkennen, ob der Reaktionsweg bergab führt. Wenn ΔG dem Betrage nach groß und negativ wäre, dann würden bei der Reaktion bevorzugt die Produkte gebildet und Ammoniak könnte als brauchbarer Brennstoff dienen. Die Reaktion müßte dann aber außerdem natürlich auch noch bei erreichbaren Temperaturen genügend schnell ablaufen. Die Thermodynamik kann jedoch nicht alle unsere Fragen beantworten, sie macht keine Aussagen über die Wirtschaftlichkeit einer Reaktion. Nichtsdestoweniger bildet die Thermodynamik eine logische Ausgangsbasis für weitere Überlegungen; denn *die Thermodynamik bestimmt, was möglich ist.*

a) Standardwert der Gibbs-Funktion für die Bildung einer Verbindung aus den Elementen

Die Ergebnisse von Gleichgewichtsuntersuchungen und kalorimetrischen Messungen sind in ausführlichen Tabellen zusammengefaßt. Ein derartiges Tabellenwerk, aus dem die meisten Daten für diese Monographie entnommen sind, ist unter dem Titel „Thermodynamic Properties of Inorganic Substances" von *I. Barin* und *O. Knacke* herausgegeben worden*. In dieser nützlichen Zusammenstellung findet man Größen wie „Standardwerte der *Gibbs*-Funktion für die Bildung aus den Elementen ΔG_f^0"** oder „Standardwerte der Bildungsenthalpie ΔH_f^0". In Tab. 5.1 sind ein paar

* *I. Barin, O. Knacke,* Thermodynamik Properties of Inorganic Substances, Springer, Berlin 1973, sowie *I. Barin, O. Knacke, O. Kubaschewski,* Thermodynamic Properties of Inorganic Substances, Supplement, Springer, Berlin 1977. Ein etwas älteres Tabellenwerk, das häufig verwendet wird, ist: Selected Values of Chemical Thermodynamic Properties, National Bureau of Standards.

** In der älteren englischen Nomenklatur werden diese Größen als „standard free energy of formation" bezeichnet. Der Index f kommt von „formation". (Anm. d. Übers.)

Tab. 5.1. Standardwerte der Enthalpie und der *Gibbs*-Funktion für die Bildung aus den Elementen (T = 298,16 K = 25 °C).

	ΔH_f° (kJ mol^{-1})	ΔG_f° (kJ mol^{-1})
N_2 (g, 1,013 bar)	(0,0)	(0,0)
O_2 (g, 1,013 bar)	(0,0)	(0,0)
H_2 (g, 1,013 bar)	(0,0)	(0,0)
H_2O (g, 1,013 bar)	– 241,81	– 228,58
NH_3 (g, 1,013 bar)	– 45,9	– 16,4
NO (g, 1,013 bar)	90,3	86,6
NO_2 (g, 1,013 bar)	33,1	51,2
N_2O_4 (g, 1,013 bar)	9,1	97,7
N_2O (g, 1,013 bar)	82	104

Werte aus diesen Tabellen aufgeführt, die für die Beantwortung unserer Frage nach der Verwendbarkeit von Ammoniak als Brennstoff von Wichtigkeit sind.

Offenbar mußte man schon einige zusätzliche Informationen besitzen, um aus den Tausenden von Einträgen gerade diese neun Verbindungen herauszusuchen. Damit man das Nachschlagewerk überhaupt sinnvoll benutzen konnte, mußte man sich schon im voraus ein paar Gedanken darüber machen, welche Reaktionen in Frage kommen. Aufgrund von Vorkenntnissen über Verbrennungsprozesse, die man vielleicht anhand von Lehrbüchern oder möglicherweise auch anhand von Experimenten erworben hatte, ließen sich die Überlegungen von vornherein auf die folgenden Reaktionswege beschränken:

$$NH_3(g) + \tfrac{7}{4}\,O_2(g) \rightleftarrows NO_2(g) + \tfrac{3}{2}\,H_2O(g) \qquad [5.24]$$

$$NH_3(g) + \tfrac{5}{4}\,O_2(g) \rightleftarrows NO(g) + \tfrac{3}{2}\,H_2O(g) \qquad [5.25]$$

$$NH_3(g) + O_2(g) \rightleftarrows \tfrac{1}{2}N_2O(g) + \tfrac{3}{2}\,H_2O(g) \qquad [5.26]$$

Jede dieser drei Reaktionen muß genauer untersucht werden. In jedem Fall reagiert Ammoniak mit Sauerstoff. Aber welche Umwandlung könnte in Wirklichkeit eine Rolle spielen? Vielleicht gibt uns Tab. 5.1 eine Antwort auf diese Frage.

Die in den Tabellen angegebenen thermodynamischen Daten irgendeines Moleküls sind jeweils auf die Elemente bezogen, aus denen dieses Molekül gebildet wird. Genau wie bei unserer Behandlung der Jodwasserstoffreaktion ist es eine Frage der Konvention, welcher Bezugspunkt für ΔH und ΔG gewählt wird. Es ist einzig und allein eine Konvention, wenn sich die Chemiker auf die Wahl des folgenden Bezugszustandes geeinigt haben: Der Bezugszustand ist derjenige, in dem nur die Elemente in der bei 25 °C und dem Druck von 1,013 bar * stabilen Form vorliegen. Irgendeinen Bezugspunkt braucht man jedoch notwendigerweise; denn *man kann stets nur Änderungen von Enthalpie und Gibbs-Funktion bestimmen* (und bei chemischen Anwendungen spielen auch nur derartige Änderungen eine Rolle). Da die Elemente als Bezugspunkt gewählt wurden, wird ihnen jeweils der Wert Null für die Enthalpie und die *Gibbs*-Funktion *zugeordnet.* (Man beachte, daß die Wahl der Bezugsbedingungen von 700 K und 1 mbar Druck zwar für unsere Fragestellung in Abschnitt 5.1 besonders bequem war – daß das aber im allgemeinen nicht der Fall ist.)

Die Anwendung dieser tabellierten Werte beruht auf der Tatsache, daß Enthalpie und *Gibbs*-Funktion beides Zustandsfunktionen sind. Das bedeutet, daß die Änderung der Enthalpie (oder der *Gibbs*-Funktion) bei einer Zustandsänderung unabhängig vom Weg ist (zur Wiederholung dieses Punktes siehe Abschnitt 2.2 (g)). Wegen dieser Eigenschaft können wir eine chemische Umwandlung nach Belieben als einen Mehrstufenprozeß betrachten. So kann man beispielsweise die Umwandlung [5.24] folgendermaßen in zwei Schritte aufteilen:

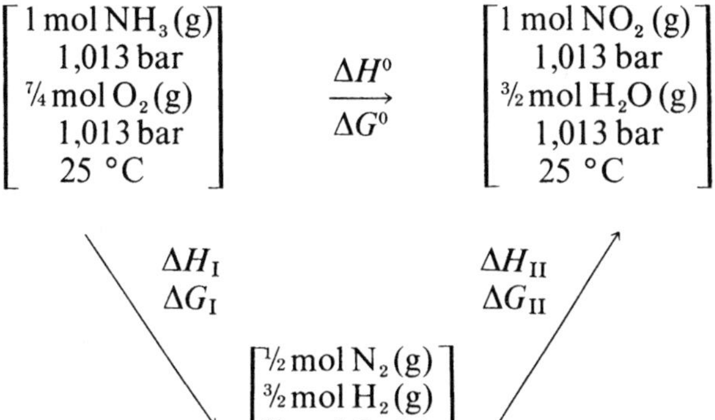

[5.27]

Wenn ΔH^0 nur von Anfangs- und Endzustand abhängt, kann man seinen Wert auch als Summe von ΔH_I und ΔH_II bestimmen, also

---

* Vgl. Fußnote Seite 57 (Anm. d. Übers.).

als Enthalpieänderung bei der Bildung der Elemente aus den Reaktanden und der anschließenden Verbindung dieser Elemente zu den Produkten. Wir können demnach schreiben

$$\Delta H^0 = \Delta H_{\mathrm{I}} + \Delta H_{\mathrm{II}}. \qquad [5.28]$$

Offenbar ist ΔH_{II} nichts anderes als die Summe der Enthalpien für die Bildung von einem Mol NO_2 und 3/2 Mol H_2O aus den Elementen. Die Größe ΔH_{I} ist der *negative Wert* der Bildungsenthalpie von einem Mol NH_3. Daher erhalten wir:

$$\Delta H^0 = (-\Delta H_f^0(\mathrm{NH_3})) + (\Delta H_f^0(\mathrm{NO_2}) + 3/2\,\Delta H_f^0(\mathrm{H_2O})) \qquad [5.29]$$

Mit den Werten von Tab. 5.1:

$$\Delta H^0 = ((-(-45{,}9)) + (33{,}1 + 3/2(-241{,}81)))\ \mathrm{kJ\,mol^{-1}}$$
$$= -283{,}7\ \mathrm{kJ\,mol^{-1}}$$

Wir kommen zu dem Schluß, daß die Reaktion [5.24] mit 283,7 kJ pro Mol verbrauchtes NH_3 exotherm ist. Das deutet mit Sicherheit darauf hin, daß die Reaktion [5.24] eine mögliche Energie-(Wärme-) Quelle darstellt. Dieses Ergebnis haben wir allein dadurch erhalten, daß wir ein Nachschlagewerk mit Tabellen für Bildungsenthalpien zu Rate gezogen und die Eigenschaft der „Zustandsfunktion" ausgenutzt haben. Auf diese Weise läßt sich die Enthalpieänderung für *jede beliebige* Reaktion in ein paar Minuten berechnen, wenn die tabellierten Bildungsenthalpien verfügbar sind.

Die Thermodynamik kann uns außerdem auch Informationen liefern über die Triebkraft einer Reaktion, die ja durch ΔG beschrieben wird. Wenn Ammoniak als Brennstoff verwendet werden soll, muß bei der Verbrennung nicht nur Wärme erzeugt werden, die Reaktion muß außerdem auch von selbst ablaufen. Im vierten Kapitel haben wir gelernt, daß Reaktionen bei konstantem Druck und konstanter Temperatur dann freiwillig stattfinden, wenn ΔG negativ ist.

Mit Hilfe der tabellierten Werte der *Gibbs*-Funktion für die Bildungsreaktion kann ΔG für jede beliebige Reaktion leicht ermittelt werden; denn *auch die Gibbs-Funktion ist eine Zustandsfunktion*, weil jeder ihrer beiden Anteile, ΔH und $T\Delta S$ seinerseits eine Zustandsfunktion ist. (Es sei daran erinnert, daß H letzlich aufgrund des Energieerhaltungssatzes eine Zustandsfunktion sein muß. Die Entropie S war gerade so definiert worden, daß sie die Eigenschaften einer Zustandsfunktion besitzt und dabei allein durch die Wahrscheinlichkeit des betreffenden Zustandes bestimmt ist.) Die Summe (oder Differenz) zweier Zustandsfunktionen (wie etwa $G = H - TS$) ist notwendigerweise wieder eine Zustandsfunktion.

Greifen wir nochmals auf das Diagramm [5.27] und die Tab. 5.1 zurück, so erhalten wir:

$$\begin{aligned}\Delta G^0 &= \Delta G_{\mathrm{I}} + \Delta G_{\mathrm{II}}\\ &= (-\Delta G_f^0(NH_3)) + (\Delta G_f^0(NO_2) + \tfrac{3}{2}\Delta G_f^0(H_2O))\\ &= -(-16{,}4\,\mathrm{kJ\,mol^{-1}}) +\\ &\quad + (51{,}2 + \tfrac{3}{2}(-228{,}58))\,\mathrm{kJ\,mol^{-1}}\\ &= -275{,}3\,\mathrm{kJ\ pro\ Mol\ NH_3}\end{aligned} \qquad [5.30]$$

Für die Reaktion [5.24] ist ΔG^0 also negativ. Die Reaktion zwischen Ammoniak und Sauerstoff, bei der Stickstoffdioxid und Wasserdampf gebildet werden, kann also von selbst ablaufen. Wenn das tatsächlich geschieht, werden 283,7 kJ an Wärme pro Mol verbranntem Ammoniak frei. Wir haben absichtlich einschränkend gesagt „wenn das tatsächlich geschieht", weil die Thermodynamik keine Aussage über die Geschwindigkeit der spontanen Umwandlung macht. Tatsächlich wissen wir ja alle, daß sich Ammoniak nicht entzündet, wenn es als Haushaltsreiniger verwendet wird, obwohl es dabei dem Sauerstoff der Luft ausgesetzt ist. Die Reaktion ist zu langsam. Es ist jedoch vielleicht nicht allgemein bekannt, daß man einen normalen Bunsenbrenner anstatt mit Methan auch mit Ammoniak betreiben kann. Ist der Ammoniak erst einmal entzündet, dann verbrennt er durchaus wie ein normaler Brennstoff.

In gleicher Weise können wir ΔH^0 und ΔG^0 für jede der drei möglichen Verbrennungsreaktionen [5.24], [5.25] und [5.26] berechnen. Die Ergebnisse sind in Tab. 5.2 zusammengestellt. Alle drei

Tab. 5.2. Änderung der Enthalpie und der *Gibbs*-Funktion für mögliche Verbrennungsreaktionen des Ammoniaks (alle Komponenten liegen bei 298,16 K und unter einem Druck von jeweils 1,013 bar vor).

	ΔH^0 ($\mathrm{kJ\,mol^{-1}}$)	ΔG^0 ($\mathrm{kJ\,mol^{-1}}$)
$NH_3(g) + \frac{7}{4}\,O_2(g) \rightleftarrows NO_2(g) + \frac{3}{2}\,H_2O(g)$	−283,7	−275,3
$NH_3(g) + \frac{5}{4}\,O_2(g) \rightleftarrows NO(g) + \frac{3}{2}\,H_2O(g)$	−226,5	−239,9
$NH_3(g) + O_2(g) \rightleftarrows \frac{1}{2}\,N_2O(g) + \frac{3}{2}\,H_2O(g)$	−276	−275

Abb. 5.5. Der Standardwert der *Gibbs*-Funktion als Wegweiser. Es geht immer bergab.

Reaktionen sind exotherm, und jede neigt dazu, spontan abzulaufen, da alle drei Werte für ΔG^0 negativ sind! Trotzdem, und darauf soll nochmals ausdrücklich hingewiesen werden, entzündet sich Ammoniak nicht, wenn man ihn bei Zimmertemperatur der Luft aussetzt. Es muß daher Energiebarrieren geben, die die Reaktionen hemmen und dafür sorgen, daß alle drei bei Zimmertemperatur nur außerordentlich langsam ablaufen (Abb. 5.5). Experimentell hat man gefunden, daß bei der Verbrennung von Ammoniak bei hoher Temperatur, bei der die Reaktionsgeschwindigkeiten genügend groß sind, NO_2 und NO (aber kein N_2O) als Gasgemisch gebildet werden. Das Mengenverhältnis hängt dabei davon ab, wieviel Sauerstoff zur Verfügung steht. Die Thermodynamik sagt uns (anhand von Tab. 5.2), daß jede der drei Reaktionen [5.24], [5.25] oder [5.26] prinzipiell ablaufen *könnte* und daß dann, wenn sie tatsächlich stattfinden sollten, Wärme frei wird. Sie kann jedoch keine Aussage über die Geschwindigkeit irgendeiner der drei Reaktionen machen.

5.3. Gibbs-Funktion und Gleichgewicht

Auf den ersten Blick scheinen sich die Ergebnisse der Abschnitte 5.1 und 5.2 zu widersprechen. In Abschnitt 5.1 fanden wir, daß nicht nur die Reaktanden H_2 und I_2 spontan miteinander reagieren können, so daß sich dabei das System in der G-Landschaft talwärts bewegt, sondern daß auch reines HI von selbst reagieren kann und dabei ebenfalls zu einer Talfahrt führt. Der Minimalwert der *Gibbs*-Funktion ergibt sich dann, wenn sowohl Reaktanden als auch Produkte nebeneinander vorliegen. Andererseits versuchten wir in Abschnitt 5.2 die Frage nach der Brennbarkeit von Ammoniak zu beantworten, indem wir lediglich untersuchten, ob ΔG^0 positiv oder negativ ist. Wir werden aber sehen, daß die Ergebnisse dieser Überlegungen durchaus miteinander verträglich sind, jedenfalls solange wir uns darüber im klaren sind, was jeweils wirklich gemeint ist.

a) Reaktion bei Standardbedingungen

Wenn wir von Reaktion [5.27] sprechen, so ist ganz eindeutig diejenige Umwandlung gemeint, bei der ein Mol Ammoniak mit 7/4 Mol Sauerstoff bei konstanten Drücken von jeweils 1,013 bar reagiert. Darüber hinaus werden bei dieser Reaktion auch die Produkte bei konstanten Drücken gebildet, und zwar wieder von jeweils 1,013 bar. Wollte man eine derartige Reaktion im Labor ausführen, so müßte man alle Reaktanden und Produkte jeweils mit einem Druck von 1,013 bar in einem Reaktionsgefäß miteinander mischen. Die Änderung der *Gibbs*-Funktion für dieses „Standard"-Reaktionsgemisch heißt „Standardwert der *Gibbs*-Funktion" und wird mit ΔG^0 bezeichnet. Das Vorzeichen dieses „Standardwertes"

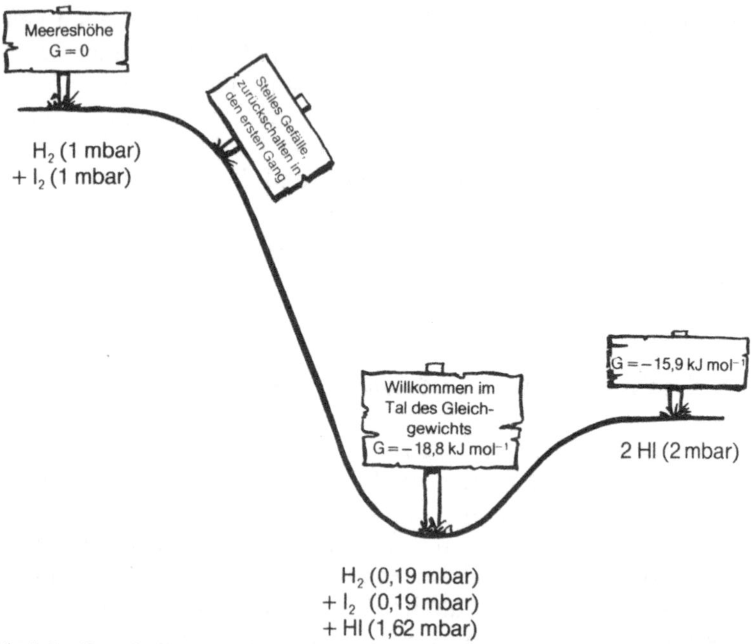

Abb. 5.6. Den Berg der *Gibbs*-Funktion hinunter bis ins Tal des Gleichgewichts.

der *Gibbs*-Funktion bestimmt die „Richtung", die die chemische Umwandlung *ausgehend von diesen Startbedingungen* einschlägt – es legt fest, ob die Reaktanden mit dem Druck von jeweils 1,013 bar bei 298 K verbraucht werden, um die Produkte ebenfalls mit dem Druck von jeweils 1,013 bar zu bilden, oder umgekehrt.

Abb. 5.4 ist wahrscheinlich aufschlußreicher. Sie veranschaulicht die Tatsache, daß es eine ganz bestimmte Mischung gibt, für die die *Gibbs*-Funktion ein Minimum annimmt. Wenn wir mit einer äquimolaren Mischung von H_2 und I_2 (jeweils mit einem Druck von 1 mbar) beginnen, dann finden wir, daß die Reaktion fortschreitet, bis der Molenbruch von HI 0,81 beträgt. Starten wir andererseits mit reinem HI (mit dem Druck von 2 mbar), dann wird es sich unter Bildung von H_2 und I_2 zersetzen – aber nur solange, bis der Molenbruch von HI wiederum gleich 0,81 ist (Abb. 5.6). Bei dieser Zusammensetzung herrscht Gleichgewicht – es besteht keinerlei Neigung mehr zu einer Umwandlung.

Offenbar müssen wir so viel wie möglich über den Gleichgewichtszustand erfahren. ΔG^0 „weist lediglich den Weg" in Richtung

Gleichgewicht, d. h. zum Minimum der *Gibbs*-Funktion. Wir möchten jedoch gerne wissen, wie weit der Gleichgewichtszustand entfernt ist. Überraschenderweise stellt sich heraus, daß gerade ΔG^0 diejenige Größe ist, die uns auch diese Frage beantwortet. Auf welche Weise? – Das wollen wir im folgenden untersuchen.

b) Reaktion bei Drücken, die nicht den Standardbedingungen entsprechen

Es wäre äußerst nützlich, wenn man, ausgehend von einem vorgegebenen Wert von ΔG^0, der Änderung der *Gibbs*-Funktion unter Standardbedingungen (1,013 bar, 25 °C), ΔG für irgendwelche anderen, uns interessierenden Bedingungen berechnen könnte. Zunächst wollen wir den Spezialfall betrachten, bei dem nur die Drükke verändert sind. Als Beispiel soll die Oxidation von Stickoxid (NO) zu Stickstoffdioxid (NO_2) dienen:

$$\begin{array}{llll} NO(g) \; + & \tfrac{1}{2}O_2(g) & \underset{\Delta G^0}{\overset{\Delta H^0}{\longrightarrow}} & NO_2(g) \\ 1{,}013\,\text{bar} & 1{,}013\,\text{bar} & & 1{,}013\,\text{bar} \\ 25\ °C & 25\ °C & & 25\ °C \end{array} \qquad [5.31]$$

Tab. 5.1 enthält alle notwendigen Informationen zur Berechnung der Änderung der *Gibbs*-Funktion und der Enthalpie bei diesen Standardbedingungen: $\Delta H^0 = -57{,}2$ kJ mol^{-1} und $\Delta G^0 = -35{,}4$ kJ mol^{-1}. Die Reaktion ist exotherm und zeigt das Bestreben, von selbst in der in [5.31] dargestellten Richtung abzulaufen.

Wir wollen nun die gleiche Reaktion noch einmal untersuchen – dieses Mal jedoch mit einem Unterschied: Sie soll unter Bedingungen stattfinden, bei denen NO_2 mit *der Hälfte* des Standarddruckes (0,507 bar) gebildet wird.

$$\begin{array}{llll} NO(g) \; + & \tfrac{1}{2}O_2(g) & \underset{\Delta G}{\overset{\Delta H}{\longrightarrow}} & NO_2(g) \\ 1{,}013\,\text{bar} & 1{,}013\,\text{bar} & & 0{,}507\,\text{bar} \\ 25\ °C & 25\ °C & & 25\ °C \end{array} \qquad [5.32]$$

Um ΔH und ΔG für solche Nicht-Standardbedingungen zu bestimmen, versucht man üblicherweise, die Umwandlung als Folge mehrerer Einzelschritte zu behandeln. Wenn man dabei einen Weg findet, bei dem sich ΔH und ΔG für jeden Einzelschritt leicht ermitteln lassen, so kann man daraus Gesamtwerte von ΔH und ΔG berechnen, da sie vom Reaktionsweg unabhängig sind. In unserem Fall suchen wir einen Mehrstufenprozeß, der insgesamt die Reaktion [5.32] ergibt, in dem aber als ein Teilschritt die Umwandlung unter Standardbedingungen enthalten ist; denn ΔH^0 und ΔG^0 kennen wir ja bereits. Ein solcher Zweistufenprozeß ist der folgende:

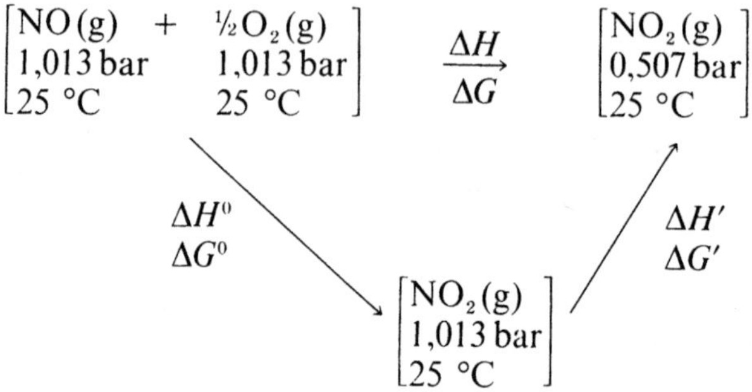

[5.33]

Dabei gilt natürlich

$$\Delta H = \Delta H^0 + \Delta H' \qquad [5.34]$$

und

$$\Delta G = \Delta G^0 + \Delta G'. \qquad [5.35]$$

ΔH^0 und ΔG^0 haben wir bereits anhand der Tabelle ermittelt, so daß wir lediglich noch $\Delta H'$ und $\Delta G'$ zu berechnen brauchen.

Fangen wir mit der einfacheren Größe, $\Delta H'$, an. Es gilt die Beziehung

$$H = E + P\,V,$$

so daß folgt

$$\Delta H' = \Delta E' + \Delta(P\,V)'.$$

Für ein ideales Gas hängt E aber nur von der Temperatur ab. Das bedeutet, daß der Energieinhalt eines idealen Gases bei fester Temperatur konstant ist; also $\Delta E' = 0$. Außerdem gilt für ein ideales Gas die Beziehung $P\,V = n\,R\,T$, so daß bei konstanter Temperatur auch das Produkt $P\,V$ konstant ist; also $\Delta(P\,V)' = 0$.

Damit gilt nun auch

$$\Delta H' = 0$$

und

$$\boxed{\Delta H = \Delta H^0} \qquad [5.36]$$

Interessanter ist die zweite Größe, $\Delta G'$. Da gilt $G = H - TS$, folgt:

$$\Delta G' = \Delta H' - \Delta(TS)' \qquad [5.37]$$

Setzt man [5.36] in [5.37] ein und berücksichtigt, daß T konstant ist, dann wird aus [5.37]:

$$\Delta G' = 0 - \Delta(TS)' = -T\Delta S' \qquad [5.38]$$

Die Größe $\Delta S'$ ist aber gerade die Entropieänderung während einer Expansion bei konstanter Temperatur. Damit haben wir uns bereits in Abschnitt 5.1 (d) befaßt. Dort wurde gezeigt, daß die Entropieänderung gleich $-nR \ln(P_2/P_1)$ ist. Deshalb gilt jetzt:

$$\begin{aligned} \Delta G' &= -T\Delta S' = -T(-nR\ln(P_2/P_1)) \\ &= nRT\ln(P_2/P_1) \end{aligned} \qquad [5.39]$$

Mit

$$\Delta G = \Delta G^0 + \Delta G'$$

folgt daraus

$$\Delta G = \Delta G^0 + nRT\ln(P_2/P_1). \qquad [5.40]$$

In Gleichung [5.40] ist P_1 gleich dem Standarddruck $P_0 = 1{,}013$ bar, also

$$\boxed{\Delta G = \Delta G^0 + nRT\ln(P_2/P_0)}\,, \qquad [5.41]$$

und n ist die Molzahl von NO_2, demjenigen Gas, das sich bis zum Druck P_2 ausdehnt.

c) Reaktion unter Gleichgewichtsbedingungen

Natürlich können wir ΔG für *beliebige* Drücke aller Reaktionspartner ganz genauso wie in [5.41] berechnen. Als Beispiel wollen wir wieder Reaktion [5.31] betrachten, die nun jedoch allgemein bei den Drücken p_{NO}, p_{O_2} und p_{NO_2} ablaufen soll. Unser Mehrstufenprozeß sieht dann folgendermaßen aus:

$$\begin{array}{ccccc}
\begin{bmatrix} NO(g) \\ p_{NO} \\ 25\ °C \end{bmatrix} & + & \begin{bmatrix} \tfrac{1}{2}O_2(g) \\ p_{O_2} \\ 25\ °C \end{bmatrix} & \xrightarrow[\Delta G]{\Delta H} & \begin{bmatrix} NO_2(g) \\ p_{NO_2} \\ 25\ °C \end{bmatrix} \\
\Delta H_1 \downarrow \Delta G_1 & & \Delta H_2 \downarrow \Delta G_2 & & \Delta H_3 \uparrow \Delta G_3 \\
\begin{bmatrix} NO(g) \\ 1{,}013\ bar \\ 25\ °C \end{bmatrix} & + & \begin{bmatrix} \tfrac{1}{2}O_2(g) \\ 1{,}013\ bar \\ 25\ °C \end{bmatrix} & \xrightarrow[\Delta G^0]{\Delta H^0} & \begin{bmatrix} NO_2(g) \\ 1{,}013\ bar \\ 25\ °C \end{bmatrix}
\end{array} \qquad [5.42]$$

Damit gilt:

$$\Delta H = \Delta H_1 + \Delta H_2 + \Delta H^0 + \Delta H_3 \qquad [5.43]$$

und

$$\Delta G = \Delta G_1 + \Delta G_2 + \Delta G^0 + \Delta G_3 \qquad [5.44]$$

Wie in [5.36] gilt bei konstanter Temperatur $\Delta H_1 = \Delta H_2 = \Delta H_3 = 0$, so daß folgt:

$$\boxed{\Delta H = \Delta H^0} \qquad [5.45]$$

Die Größen ΔG_1, ΔG_2 und ΔG_3 lassen sich alle gemäß [5.39] leicht berechnen:

$$\Delta G_1 = n_{NO} R\,T \ln\,(P_0/p_{NO})\ *$$

$$\Delta G_2 = n_{O_2} R\,T \ln\,(P_0/p_{O_2})$$

$$\Delta G_3 = n_{NO_2} R\,T \ln\,(p_{NO_2}/P_0)$$

Daraus ergibt sich:

$$\Delta G = \Delta G^0 + n_{NO} R\,T \left(-\ln \frac{p_{NO}}{P_0}\right) + n_{O_2} R\,T \left(-\ln \frac{p_{O_2}}{P_0}\right) + n_{NO_2} R\,T \ln \frac{p_{NO_2}}{P_0},$$

oder unter Berücksichtigung der Gleichung n ln (x) = ln (x^n)

$$\Delta G = \Delta G^0 - R\,T \ln \left(\frac{p_{NO}}{P_0}\right)^{n_{NO}} - R\,T \ln \left(\frac{p_{O_2}}{P_0}\right)^{n_{O_2}} + R\,T \ln \left(\frac{p_{NO_2}}{P_0}\right)^{n_{NO_2}}.$$

Das ist aber identisch mit:

$$\Delta G = \Delta G^0 - R\,T \ln \frac{(p_{NO_2}/P_0)^{n_{NO_2}}}{(p_{NO}/P_0)^{n_{NO}}\,(p_{O_2}/P_0)^{n_{O_2}}}$$

Setzt man nun $n_{NO_2} = 1$, $n_{NO} = 1$ und $n_{O_2} = ½$ aus der Reaktionsgleichung [5.32] ein, so erhält man:

$$\boxed{\Delta G = \Delta G^0 + R\,T \ln \frac{(p_{NO_2}/P_0)}{(p_{NO}/P_0)\,(p_{O_2}/P_0)^{½}}} \qquad [5.46]$$

---

* P_0 ist gleich dem Standarddruck von 1,013 bar.

Gleichung [5.46] gestattet es, ΔG für jede beliebige Kombination von NO_2-, NO- und O_2-Drücken zu berechnen. Wendet man diese Gleichung bei verschiedenen Zusammensetzungen an, so kann man beispielsweise ein Diagramm für die *Gibbs*-Funktion aufstellen, ähnlich wie Abb. 5.4. Insbesondere gilt die Gleichung natürlich auch im Minimum der *Gibbs*-Funktions-Kurve, also im Gleichgewicht. Wenn man unter diesen Gleichgewichtsbedingungen die Zusammensetzung des Systems geringfügig zugunsten der Reaktanden oder zugunsten der Produkte verschiebt, so ändert sich dabei die *Gibbs*-Funktion praktisch nicht. Im Gleichgewicht gilt $\Delta G=0$. Gerade in der Anwendung auf diesen Spezielfall liegt die größte praktische Bedeutung von Gleichung [5.46]. Wenn die Gasdrücke ihre Gleichgewichtswerte annehmen, gilt:

$$\Delta G=0=\Delta G^0+RT\ln\frac{(p_{NO_2}/P_0)_{Gl}}{(p_{NO}/P_0)_{Gl}(p_{O_2}/P_0)_{Gl}^{1/2}}$$

und damit

$$\Delta G^0=-RT\ln\frac{(p_{NO_2}/P_0)_{Gl}}{(p_{NO}/P_0)_{Gl}(p_{O_2}/P_0)_{Gl}^{1/2}}. \qquad [5.47]$$

Gleichung [5.47] kann nun folgendermaßen umgeschrieben werden:

$$\ln\frac{(p_{NO_2}/P_0)_{Gl}}{(p_{NO}/P_0)_{Gl}(p_{O_2}/P_0)_{Gl}^{1/2}}=-\frac{\Delta G^0}{RT} \qquad [5.48]$$

oder

$$\frac{(p_{NO_2}/P_0)_{Gl}}{(p_{NO}/P_0)_{Gl}(p_{O_2}/P_0)_{Gl}^{1/2}}=\exp\left(-\frac{\Delta G^0}{RT}\right). \qquad [5.49]$$

Auf der linken Seite von [5.49] steht eine Kombination der Konzentrationen (Drücke) von Reaktanden und Produkten – der wohlbekannte Gleichgewichtsausdruck aus dem Massenwirkungsgesetz! * Auf der rechten Seite finden wir einen Exponentialausdruck;

---

* In älteren Lehrbüchern tritt in diesem Ausdruck der Standarddruck oft nicht auf, da er gleich 1 gesetzt wird. Dabei muß jedoch implizit vorausgesetzt werden, daß alle Drücke in Einheiten des Standarddruckes eingesetzt werden. In der hier verwendeten Form sind die Gleichungen dagegen unabhängig vom Einheitensystem.
Thermodynamische Gleichgewichtskonstanten sind stets dimensionslos, da nur Quotienten von Partialdrücken und Standarddruck auftreten. (Anm. d. Übers.)

sein Exponent ist durch ΔG^0 und T bestimmt. Da ΔG^0 aber gerade eine für die Reaktion charakteristische Größe darstellt, ist $\Delta G^0/(RT)$ bei vorgegebener Temperatur eine Konstante. Die gesamte rechte Seite von [5.49] muß daher ebenfalls eine Konstante darstellen, und diese Konstante wiederum muß gerade die Gleichgewichtskonstante sein! Daher kann [5.49] auch folgendermaßen ausgedrückt werden:

$$\frac{(p_{NO_2}/P_0)_{Gl}}{(p_{NO}/P_0)_{Gl}(p_{O_2}/P_0)^{1/2}_{Gl}} = K = \exp\left(-\frac{\Delta G^0}{RT}\right) \qquad [5.50]$$

und [5.48] wird zu:

$$\boxed{\Delta G^0 = -RT \ln K = -2{,}303\,RT \lg K} \qquad [5.51]$$

Gleichung [5.50] ist nichts anderes als das wohlbekannte Massenwirkungsgesetz, das wir (bis auf den konstanten Standarddruck) in genau derselben Form im ersten Kapitel mit Hilfe der Reaktionsgeschwindigkeiten abgeleitet hatten. Jetzt haben wir auch seinen thermodynamischen Ursprung entdeckt. Gleichung [5.51] sagt uns, wie man K aus den Standardwerten der *Gibbs*-Funktion berechnet. Offensichtlich sind beides, [5.50] und [5.51] außerordentlich wichtige und nützliche Beziehungen.

d) Anwendung von ΔG als Reaktionswegweiser

Als Übungsbeispiel können wir die Beziehungen [5.46] und [5.50] auf die H_2-I_2-Reaktion anwenden, die wir bereits in Abschnitt 5.1 behandelt haben. Zunächst benötigen wir den Wert von ΔG^0, den wir wieder einmal aus den Standardwerten der *Gibbs*-Funktion für die Bildung von Reaktanden und Produkten berechnen können, die in Tabellenwerken aufgeführt sind.

$$H_2(g) + I_2(g) \rightleftarrows 2\,HI(g) \qquad [5.52]$$

$$\begin{aligned}\Delta G^0 &= 2\,\Delta G_f^0(HI) - \Delta G_f^0(H_2) - \Delta G_f^0(I_2)\\ &= 2\cdot(1{,}58\,\text{kJ mol}^{-1}) - 0 - (19{,}36\,\text{kJ mol}^{-1})\,^{*}\\ &= -16{,}20\,\text{kJ mol}^{-1}\end{aligned} \qquad [5.53]$$

* Man beachte, daß gemäß der Tabelle der Standardwert der *Gibbs*-Funktion für die Bildung von gasförmigem Jod nicht Null ist, da Jod in *fester Form* bei 298,16 K den Standardzustand definiert. Der angegebene Wert $\Delta G_f^0(I_2)$ bezieht sich auf die Bildung des bei 298,16 K und dem Druck von 1,013 bar hypothetischen, gasförmigen Zustandes des Jods aus der festen Phase, dem Standardzustand.

Jetzt können wir [5.51] anwenden, um die Gleichgewichtskonstante der Reaktion [5.52] bei 298,16 K zu berechnen:

$$
\begin{aligned}
K &= \exp(-\Delta G^0/(R\,T)) = \exp\left(-\left(\frac{-16200\ \mathrm{J\,mol^{-1}}}{8{,}314\ \mathrm{J\,mol^{-1}\,K^{-1}}\ 298\ \mathrm{K}}\right)\right)\\
&= \exp(6{,}54)\\
&= 10^{6{,}54/2{,}303} = 10^{2{,}84}\\
&= 6{,}9\cdot 10^2
\end{aligned}
\qquad [5.54]
$$

Mit Hilfe dieses Wertes für die Gleichgewichtskonstante können wir nun die Zusammensetzung berechnen, die sich im Gleichgewicht einstellt, wenn H_2-Gas und I_2-Gas jeweils mit dem Druck von 1 mbar bei Zimmertemperatur (möglicherweise bei Gegenwart eines Katalysators) zur Reaktion gebracht werden. Die Gleichgewichtsdrücke lassen sich folgendermaßen durch unsere Größe x ausdrücken:

$$
\begin{aligned}
(p_{H_2})_{Gl} &= (1-x)\cdot 1\ \mathrm{mbar}\\
(p_{I_2})_{Gl} &= (1-x)\cdot 1\ \mathrm{mbar}\\
(p_{HI})_{Gl} &= 2x\cdot 1\ \mathrm{mbar}
\end{aligned}
$$

Eingesetzt in den Ausdruck für die Gleichgewichtskonstante ergibt sich dann

$$
\begin{aligned}
K &= \frac{(p_{HI}/P_0)^2_{Gl}}{(p_{H_2}/P_0)_{Gl}\,(p_{I_2}/P_0)_{Gl}}\\
&= \frac{(2x)^2}{(1-x)^2}
\end{aligned}
\qquad [5.55]
$$

Mit dem Zahlenwert von K [5.54] erhält man als Lösung der Gleichung [5.55] $x = 0{,}93$. Bei Zimmertemperatur werden also bis zur Einstellung des Gleichgewichts 93% des Wasserstoffs reagieren. Zum Vergleich zeigt Abb. 5.4, daß bei höherer Temperatur, 700 K, die Gleichgewichtsmischung einer 81%-igen Umwandlung entspricht. Diese Veränderung mit der Temperatur erfolgt genau in derjenigen Richtung, die durch das *Le Chatelier*sche Prinzip vorhergesagt wird. Das *Le Chatelier*sche Prinzip besagt nämlich, daß das Gleichgewicht einer Reaktion, bei der Wärme frei wird, bei Temperaturerhöhung in endothermer Richtung, also zur Seite der Reaktanden hin, verschoben wird. Wie weit und weshalb – darauf gibt die Thermodynamik eine Antwort.

Wir können nun die Beziehung [5.46] auch auf Nichtgleichgewichtsbedingungen anwenden; z. B. auf Zustände links oder rechts vom Gleichgewicht. Beginnen wir mit $x=0{,}50$. Hier ist $p_{H_2}=p_{I_2}=0{,}5$ mbar und $p_{HI}=1$ mbar. In diesem Fall erhalten wir:

$$\begin{aligned}\Delta G_{x=0,50} &= \Delta G^0 + RT \ln \frac{(1{,}00)^2}{(0{,}5)(0{,}5)}\\ &= -16\,200\ \mathrm{J\,mol^{-1}}\\ &\quad +2{,}303 \cdot (8{,}314\ \mathrm{J\,mol^{-1}\,K^{-1}}) \cdot (298{,}16\ \mathrm{K}) \cdot \lg(4)\\ &= -16\,200\ \mathrm{J\,mol^{-1}} + 3440\ \mathrm{J\,mol^{-1}}\\ &= -12\,760\ \mathrm{J\,mol^{-1}}\end{aligned}$$

Offensichtlich ist ΔG bei $x=0{,}5$ immer noch negativ, so daß das Gleichgewicht noch weiter in Richtung der fortschreitenden Reaktion liegt. Betrachten wir nun $x=0{,}95$ mit $p_{H_2}=p_{I_2}=0{,}05$ mbar und $p_{HI}=1{,}9$ mbar, so ergibt die Rechnung dieses Mal:

$$\begin{aligned}\Delta G_{x=0,95} &= \Delta G^0 + RT \ln \frac{(1{,}90)^2}{(0{,}05)(0{,}05)}\\ &= -16\,200\ \mathrm{J\,mol^{-1}}\\ &\quad +2{,}303 \cdot (8{,}314\ \mathrm{J\,mol^{-1}\,K^{-1}}) \cdot (298{,}16\ \mathrm{K}) \cdot \lg(1444)\\ &= -16\,200\ \mathrm{J\,mol^{-1}} + 18\,040\ \mathrm{J\,mol^{-1}}\\ &= 1840\ \mathrm{J\,mol^{-1}}\end{aligned}$$

Jetzt ist ΔG positiv. Unser Wegweiser sagt uns, daß das Gleichgewicht bereits hinter uns liegt. Bei $x=0{,}95$ führt die Abwärtsrichtung zurück zu den Reaktanden.

Die Standardänderung ΔG^0 der *Gibbs*-Funktion sagt also nur etwas über die Richtung der Reaktion aus, wenn man von der sehr speziellen (und im allgemeinen nicht besonders interessanten) Mischung ausgeht, bei der alle Reaktanden und Produkte denselben Druck von 1,013 bar besitzen. Das ΔG hingegen, welches man nach Gleichung [5.46] berechnet, zeigt uns von *jeder beliebigen Anfangsmischung aus* die Richtung zum Gleichgewicht an. Ist ΔG positiv, so kann die Reaktion in Richtung Produkte fortschreiten. Ist ΔG negativ, so ist der Gleichgewichtszustand bereits überschritten und die Reaktion kann nur noch in umgekehrter Richtung ablaufen, wobei die nach der Schreibweise der Reaktion zu erwartenden Produkte verbraucht und die Reaktanden neu gebildet werden.

5.4. Temperaturabhängigkeit von ΔH^0, ΔS^0 und ΔG^0

Natürlich hat die Temperaturabhängigkeit thermodynamischer Eigenschaften eine große Bedeutung. Am wichtigsten ist dabei die immer wieder zu beobachtende Tatsache, daß sich die Gleichgewichtsbedingungen rasch mit der Temperatur verändern. Und das hat zur Folge, daß man chemische Reaktionen über die Temperatur äußerst wirksam steuern kann. Im folgenden werden wir die Temperaturabhängigkeit genauer untersuchen.

a) Enthalpie und Entropie – (fast) temperaturunabhängig

Experimentell hat man gefunden, daß sich bei den meisten Reaktionen weder ΔH^0 noch ΔS^0 drastisch mit der Temperatur ändert. Tab. 5.3 zeigt das anhand von drei typischen Gasreaktionen und zwei charakteristischen Reaktionen, an denen Festkörper beteiligt sind. In den drei ersten Spalten sind die Enthalpieänderungen bei der Standardtemperatur 298 K und bei der doppelt so hohen Temperatur von 596 K, sowie die prozentuale Änderung von ΔH^0 aufgeführt. Die letzten drei Spalten enthalten die entsprechenden Werte für die Entropieänderung.

Bei den aufgeführten typischen Beispielen ändert sich der Wert von ΔH^0 um nicht mehr als einige Prozent, wenn die absolute Temperatur auf den doppelten Wert ansteigt. *In sehr guter und brauchbarer Näherung können wir ΔH^0 als temperaturunabhängig ansehen.*

Der Wert von ΔS^0 ändert sich schon etwas stärker – um bis zu 10% im Falle der Äthylen-Wasserstoff-Reaktion ($C_2H_4 + H_2$). Trotzdem ist es eine charakteristische Eigenschaft der Entropieänderung ΔS^0, daß sich ihr Wert bei einer Temperaturänderung von einhundert Grad normalerweise nur um einige Prozent ändert; und diese Änderung ist für die meisten Überlegungen nur von untergeordneter Bedeutung und daher vernachlässigbar. Man kann recht einfach verstehen, weshalb diese beiden thermodynamischen Größen relativ unempfindlich gegenüber Temperaturänderungen sind. Enthalpie- und Entropieänderung sind Maße für Energieinhalt und Unordnungszustand der Reaktionsprodukte *relativ* zu den Reaktanden. Bei einer Temperaturerhöhung steigt die Enthalpie der Produkte zwar an, aber das gleiche gilt auch für die Enthalpie der Reaktanden. Nur wenn beide Größen unterschiedlich stark anwachsen, tritt eine Veränderung von ΔH^0 auf. Dasselbe gilt auch für die Unordnung. Wenn auch die innere Unordnung der Reaktanden bei Temperaturerhöhung (aufgrund der ungeregelten Verteilung der zusätzlichen kinetischen Energie) zunimmt, so trifft das in ähnlicher Weise auch für die Produkte zu. Da die Zunahme der Unordnung aber in beiden Fällen oft von vergleichbarer Größe ist, bleibt ΔS^0 ebenso wie ΔH^0 im Endeffekt als Differenz beider Werte beinahe unverändert.

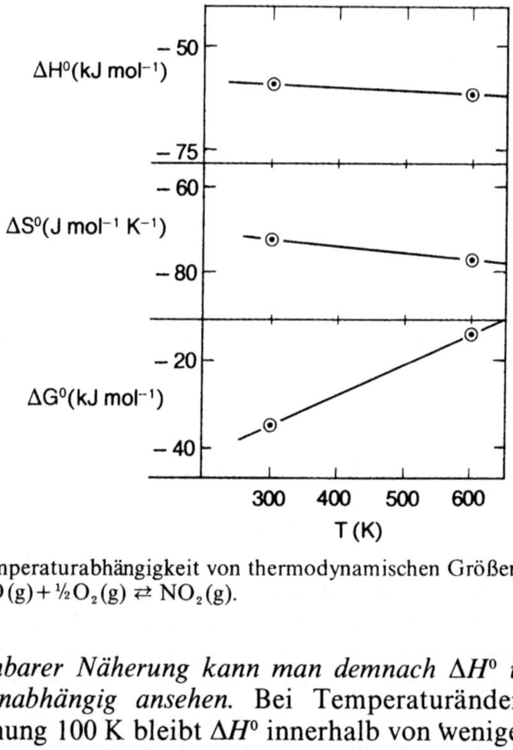

Abb. 5.7. Temperaturabhängigkeit von thermodynamischen Größen der Reaktion $NO(g) + \frac{1}{2}O_2(g) \rightleftarrows NO_2(g)$.

In brauchbarer Näherung kann man demnach ΔH^0 und ΔS^0 als temperaturunabhängig ansehen. Bei Temperaturänderungen der Größenordnung 100 K bleibt ΔH^0 innerhalb von weniger als einem Prozent konstant, und ΔS^0 ändert sich üblicherweise um nicht mehr als zwei oder drei Prozent.

b) Änderung der Gibbs-Funktion mit der Temperatur – Hier liegen die Verhältnisse anders

Tab. 5.4 zeigt die Werte von ΔG^0 für dieselben Reaktionen wie in Tab. 5.3. Hier beträgt nun bei Verdoppelung der Temperatur die *kleinste* Änderung 10%, bei der Stickoxidreaktion ändert sich ΔG^0 hingegen um einen Faktor 2,9. Bei einigen Reaktionen kann eine

Tab. 5.3. Temperaturabhängigkeit von ΔH^0 und ΔS^0

	ΔH^0 (298 K) (kJ mol^{-1})	ΔH^0 (596 K) (kJ mol^{-1})	Prozentuale Änderung	ΔS^0 (298 K) (J mol^{-1} K^{-1})	ΔS^0 (596 K) (J mol^{-1} K^{-1})	Prozentuale Änderung
Reaktionen, an denen nur Gase beteiligt sind						
$NO(g) + \frac{1}{2} O_2(g) \rightleftarrows NO_2(g)$	− 57,2	− 58,6	2,5	− 73,3	− 77,4	5,6
$CO(g) + \frac{1}{2} O_2(g) \rightleftarrows CO_2(g)$	− 283,0	− 284,9	0,7	− 86,4	− 91,2	5,6
$C_2H_4(g) + H_2(g) \rightleftarrows C_2H_6(g)$	− 137,2	− 142,3	3,7	− 120,3	− 132,2	9,9
Reaktionen, an denen Festkörper beteiligt sind						
$CaCO_3(f) \rightleftarrows CaO(f) + CO_2(g)$	180	176	2,2	161	157	− 2,5
$C(f) + \frac{1}{2} O_2(g) \rightleftarrows CO(g)$	− 110,5	− 108,8	1,5	89,3	93,7	4,9

Tab. 5.4. Temperaturabhängigkeit von ΔG^0.

	ΔG^0 (298 K) ($kJ\,mol^{-1}$)	ΔG^0 (596 K) ($kJ\,mol^{-1}$)	Prozentuale Änderung
Reaktionen, an denen nur Gase beteiligt sind			
$NO\,(g) + 1/2\,O_2\,(g) \rightleftarrows NO_2\,(g)$	− 35,4	− 12,4	65
$CO\,(g) + 1/2\,O_2\,(g) \rightleftarrows CO_2\,(g)$	− 257,2	− 230,5	10,4
$C_2H_4\,(g) + H_2\,(g) \rightleftarrows C_2H_6\,(g)$	− 101,3	− 63,5	37
Reaktionen, an denen Festkörper beteiligt sind			
$CaCO_3\,(f) \rightleftarrows CaO\,(f) + CO_2\,(g)$	132	83	− 37
$C\,(Graphit) + 1/2\,O\,(g) \rightleftarrows CO\,(g)$	− 137,2	− 164,6	− 19,8

Temperaturerhöhung sogar zur Änderung des Vorzeichens von ΔG^0 von plus nach minus führen. Die *Gibbs*-Funktion ist also keinesfalls eine temperaturunabhängige Größe.

Man kann sich wieder leicht klar machen, weshalb sich ΔG^0 im Gegensatz zu ΔH^0 und ΔS^0 relativ rasch mit der Temperatur verändert. Greifen wir auf die Definition von ΔG^0 für eine Reaktion bei konstanter Temperatur T_1 zurück, so gilt:

$$\Delta G_1^0 = \Delta H^0 - T_1 \Delta S^0 \qquad [5.56]$$

Bei einer anderen Temperatur T_2 ergibt sich ΔG als:

$$\Delta G_2^0 = \Delta H^0 - T_2 \Delta S^0 \qquad [5.57]$$

Diese beiden Ausdrücke [5.56] und [5.57] zeigen, daß der gesamte, durch die Unordnung bestimmte Anteil von ΔG^0 wegen des T-Faktors in $T\Delta S^0$ proportional zur Temperatur ist. Tatsächlich ergibt auch eine Auftragung von ΔG^0 gegen die Temperatur in guter Näherung eine Gerade. Abb. 5.8 zeigt als ein typisches Beispiel die Daten für die Reaktion

$$M^+(FHF)^-(f) \rightleftarrows M^+F^-(f) + HF\,(g) \qquad [5.58]$$

Offensichtlich läßt sich durch die experimentellen Punkte recht gut eine Gerade legen.

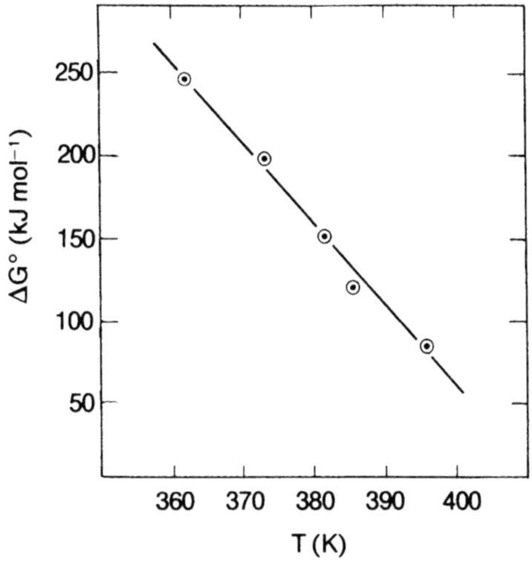

Abb. 5.8. Temperaturabhängigkeit von ΔG^0 für die Dissoziationsreaktion $M^+(FHF)^-(f) \rightleftarrows M^+F^-(f) + HF(g)$
(Die Abkürzung M^+ steht für das Tetramethylammoniumion $(CH_3)_4N^+$.)

c) ΔG^0 als Funktion von T: Eine einfache Methode zur Bestimmung von ΔH^0

Der Standardwert der *Gibbs*-Funktion ist auf einfache Weise mit der Gleichgewichtskonstanten verknüpft (wie in Abschnitt 5.3 gezeigt wurde):

$$\Delta G^0 = -R\,T \ln K = -2{,}303\;R\,T \lg K \qquad [5.51]$$

Demzufolge kann man auch in den Gleichungen [5.56] und [5.57] die Gleichgewichtskonstanten K_1 und K_2 (bei den Temperaturen T_1 und T_2) verwenden:

$$-R\,T_1 \ln K_1 = \Delta H^0 - T_1\,\Delta S^0 \qquad [5.59]$$

und

$$-R\,T_2 \ln K_2 = \Delta H^0 - T_2\,\Delta S^0 \qquad [5.60]$$

Eine etwas einfachere Form dieser Gleichungen erhält man nach Division durch $-R\,T$:

$$\ln K_1 = -\frac{\Delta H^0}{R\,T_1} + \frac{\Delta S^0}{R} \qquad [5.61]$$

und

$$\ln K_2 = -\frac{\Delta H^0}{R\,T_2} + \frac{\Delta S^0}{R} \qquad [5.62]$$

Beide Gleichungen kann man nun zusammenfassen, so daß sich eine Beziehung zwischen der Änderung von K mit der Temperatur und ΔH^0 ergibt. Subtrahiert man [5.62] von [5.61], so hebt sich der ΔS^0-Term gerade heraus:

$$\ln K_1 - \ln K_2 = -\frac{\Delta H^0}{R\,T_1} + \frac{\Delta H^0}{R\,T_2}$$

oder besser

$$\boxed{\ln \frac{K_1}{K_2} = -\frac{\Delta H^0}{R}\left(\frac{1}{T_1} - \frac{1}{T_2}\right)} \qquad [5.63]$$

Die Beziehung [5.63] ist für den Chemiker von größter Bedeutung, weil sie die Grundlage für die in den meisten Fällen wohl einfachste Methode zur Bestimmung von ΔH^0 darstellt. Die beiden Gleichgewichtskonstanten lassen sich praktisch durch eine quantitative Analyse der einzelnen Bestandteile im Gleichgewicht direkt messen. Obwohl das kein Kinderspiel ist und oft recht ausgeklügelte Experimente verlangt, ist diese Methode weitaus zuverlässiger als die direkte kalorimetrische Messung von ΔH^0. Natürlich läßt sich ΔG^0 sofort nach Gleichung [5.51] berechnen, wenn man K gemessen hat, und wenn ΔH^0 einmal bekannt ist, kann auch ΔS^0 nach [5.59] ermittelt werden. *Die Messung der Temperaturabhängigkeit der Gleichgewichtskonstanten reicht also aus, um die Werte aller thermodynamischen Funktionen ΔG^0, ΔH^0 und ΔS^0 in dem betrachteten Temperaturbereich zu bestimmen.*

5.5. Zusammenfassung

Wir haben in diesem Kapitel gezeigt, wie das Massenwirkungsgesetz mit Hilfe thermodynamischer Überlegungen abgeleitet werden kann. Die mit einer Reaktion verbundene Änderung der *Gibbs*-Funktion strebt einem Minimum zu, und in diesem Minimum herrscht Gleichgewicht. Die Gleichgewichtskonstante, welche die Zusammensetzung im Gleichgewicht beschreibt, hängt von ΔG^0 ab, der Änderung der *Gibbs*-Funktion unter Standardbedingungen.

Die Temperaturabhängigkeit der Gleichgewichtskonstanten liefert schließlich eine bequeme Methode zur Bestimmung von ΔH^0 und ΔS^0.

Jetzt erkennen wir die große Bedeutung thermodynamischer Überlegungen für die Chemie. Die Triebkraft für eine spontane Umwandlung ist nicht anderes als das Bestreben, in den Zustand maximaler Unordnung überzugehen. Bei einem üblichen Experiment im offenen Reagenzglas, das bei konstantem Druck und konstanter Temperatur ausgeführt wird, ist diese Tendenz zu größtmöglicher Unordnung in der gesamten Welt äquivalent zu dem Bestreben des Systems, in den Zustand überzugehen, in dem die *Gibbs*-Funktion ihren Minimalwert annimmt. Der Wert von ΔG gibt daher an, in welcher Richtung der Gleichgewichtszustand liegt und wie weit er entfernt ist. Schließlich ist die mit einer derartigen Umwandlung verbundene Wärmetönung durch ΔH bestimmt. Im nächsten Kapitel werden wir anhand einer bunten Vielfalt wichtiger Beispiele sehen, wie man diese leistungsfähigen Grundprinzipien anwendet.

6. Praktische Anwendung der chemischen Thermodynamik

Wir haben nun die Grundbegriffe und Grundvorstellungen der Thermodynamik kennengelernt. In diesem abschließenden Kapitel wollen wir diese Vorstellungen anhand einiger besonders wichtiger Systeme anwenden. Zunächst werden wir noch einmal die Vorgänge in einer elektrochemischen Zelle betrachten. Anschließend werden wir auf die besondere Bedeutung von Entropieeffekten in wäßrigen Lösungen eingehen und danach kurz absolute Entropien und den Dritten Hauptsatz der Thermodynamik behandeln. Zum Schluß werden wir uns zumindest qualitativ mit biologischen Prozessen beschäftigen und dabei den noch relativ jungen Zweig der Bioenergetik streifen.

6.1. Elektrochemische Zellen

Im vierten Kapitel haben wir uns überlegt, wie man eine spontane chemische Umwandlung ausnutzen kann, um in einer elektrochemischen Zelle Arbeit zu leisten. Der Betrag an nutzbarer Arbeit ist dann am größten, wenn die Zelle reversibel betrieben wird, d. h. wenn der Strom so gering wie möglich gehalten wird. Mittlerweile haben wir den Begriff der *Gibbs*-Funktion kennengelernt, und es ist daher angebracht, noch einmal zur Behandlung der elektrochemischen Zelle zurückzukehren und die maximale Arbeit genauer zu untersuchen.

a) Gibbs-Funktion und maximale Arbeit

Elektrochemische Zellen betreibt man meist in offenen Gefäßen, also bei konstantem Druck und bei konstanter Temperatur. Unter diesen allgemein üblichen Bedingungen besteht ein einfacher Zusammenhang zwischen der Änderung der *Gibbs*-Funktion, die durch die Zellreaktion hervorgerufen wird, und der elektrischen

Arbeit, die man dabei gewinnen kann. Das ergibt sich ganz einfach aus den Definitionen von ΔG, ΔS und ΔE.

Bei konstanter Temperatur gilt:

$$\Delta G = \Delta H - T\Delta S \qquad [6.1]$$

und bei konstantem Druck

$$\Delta H = \Delta E + P\Delta V \qquad [6.2]$$

Setzt man [6.2] in [6.1] ein, so ergibt sich:

$$\Delta G = \Delta E + P\Delta V - T\Delta S \qquad [6.3]$$

Nun erinnern wir uns daran, wie ΔS und ΔE mit den Reaktionswärmen verknüpft sind:

$$\Delta E = q - w \qquad [6.4]$$

und

$$\Delta S = q_{rev}/T \qquad [6.5]$$

Verwendet man diese Ausdrücke [6.4] und [6.5] in Gleichung [6.3], so erhält man:

$$\Delta G = q - w + P\Delta V - q_{rev}$$

oder

$$\Delta G = (q - q_{rev}) - w + P\Delta V \qquad [6.6]$$

In einer elektrochemischen Zelle treten nun im allgemeinen zwei Arten von Arbeit auf. Da gibt es zunächst die Expansionsarbeit $P\Delta V$, die bei der Verdrängung von Luft gegen einen konstanten Druck geleistet werden muß. Außerdem gibt es noch die von der Zelle geleistete elektrische Arbeit, die wir w_e nennen wollen. Setzt man beide Größen explizit in [6.6] ein, so ergibt sich:

$$\Delta G = (q - q_{rev}) - (P\Delta V + w_e) + P\Delta V$$

oder

$$\Delta G = (q - q_{rev}) - w_e \qquad [6.7]$$

In Abschnitt 4.2 wurde gezeigt, daß der Betrag an elektrischer Arbeit von der Art und Weise abhängt, wie die Entladung der elektrochemischen Zelle ausgeführt wird, und daß man einen Maximalwert $w_{e,max}$ erreichen kann. Diese maximale Arbeit läßt sich jedoch nur dann gewinnen, wenn die Zelle unendlich langsam entladen wird. Unter diesen reversiblen Bedingungen ist q gleich q_{rev}:

$$\Delta G = (q_{rev} - q_{rev}) - w_{e,max}$$

oder

$$\boxed{\Delta G = -w_{e,max}} \qquad [6.8]$$

Dieses Ergebnis ist der Grund dafür, daß ΔG auch als *freie* Enthalpie bezeichnet wird. Bei konstantem Druck und bei konstanter Temperatur bestimmt ΔG die maximale Arbeit, wenn man die Expansionsarbeit ausnimmt. Wird die Reaktion in einem offenen Gefäß ausgeführt, dann ist die Volumenarbeit nicht nutzbar; sie wird lediglich dazu verwendet, die Luft zu verdrängen. Der Rest der möglichen Arbeit wird gerade durch ΔG gegeben und ist als Nutzarbeit „verfügbar" oder „frei".

b) Maximale Arbeit und Zellspannung

Im vierten Kapitel wurde die Beziehung zwischen der geleisteten Arbeit und der Zellspannung abgeleitet. Wiederholen wir noch einmal: Die elektrische Stromstärke I wird durch die Zellspannung $\mathcal{E}$ und den Gesamtwiderstand R (innerer plus äußerer Widerstand) begrenzt.

$$I = \mathcal{E}/R \qquad [6.9]$$

Die Stromstärke ist jedoch andererseits ein Maß für die Ladung, die pro Zeiteinheit transportiert wird. Wenn N Elektronen während der Zeit t an einem vorgegebenen Punkt vorbeifließen, dann ist also die Stromstärke nichts anderes als

$$I = Ne/t$$

oder

$$t = Ne/I = NeR/\mathcal{E}. \qquad [6.10]$$

Nun ist die durch den Strom I erzeugte elektrische Leistung durch I^2R gegeben. Da aber Energie gleich dem Produkt aus Leistung und Zeit ist, ergibt sich die verfügbare Energie, welche in Arbeit umgewandelt werden kann, als:

$$\begin{aligned}\text{Energie zur Arbeitsleistung} &= (I^2 R)\,t \\ &= (\mathcal{E}/R)^2 R t \\ &= \frac{\mathcal{E}^2}{R^2} R \frac{NeR}{\mathcal{E}} \\ &= Ne\mathcal{E}\end{aligned}$$

also

$$w_{e,max} = N e \mathcal{E} \qquad [6.11]$$

Dieses ist genau derjenige Ausdruck, den wir auch im vierten Kapitel für die elektrische Arbeit gefunden hatten. Für die meisten Anwendungen ist es jedoch bequemer, die Molzahl der Elektronen, $n = N/N_0$, einzuführen und die *Loschmidt*-Zahl N_0 mit der Elektronenladung zu einem Umrechnungsfaktor $\mathcal{F}$ zusammenzufassen.

$$w_{e,max} = N e \mathcal{E}$$
$$= (n N_0) e \mathcal{E} = n (N_0 e) \mathcal{E}$$

oder

$$\boxed{w_{e,max} = n \mathcal{F} \mathcal{E}} \qquad [6.12]$$

n ist dabei die Molzahl der Elektronen, die bei der Reaktion ausgetauscht werden; $\mathcal{E}$ ist die von der Zelle bei verschwindendem Strom erzeugte Spannung; $\mathcal{F}$ wird als *Faraday*-Konstante bezeichnet und ist gleich 96 487 C mol^{-1}.

c) Gibbs-Funktion und Zellspannung

Fassen wir die Gleichungen [6.8] und [6.12] zusammen, so gelangen wir zu einem für praktische Anwendungen äußerst wichtigen Resultat. Aus

$$\Delta G = -w_{e,max} \qquad [6.8]$$

und

$$w_{e,max} = n \mathcal{F} \mathcal{E} \qquad [6.12]$$

folgt

$$\boxed{\Delta G = -n \mathcal{F} \mathcal{E}} \;. \qquad [6.13]$$

Offenbar sind wir so auf eine neue Methode zur Messung von Änderungen der *Gibbs*-Funktion gestoßen! Allein dadurch, daß man eine elektrochemische Zelle aufbaut und deren Zellspannung unter reversiblen Bedingungen mißt, kann man ΔG bestimmen. „Unter reversiblen Bedingungen“ heißt dabei nichts anderes als „in stromlosem Zustand“, und das läßt sich experimentell recht einfach realisieren.

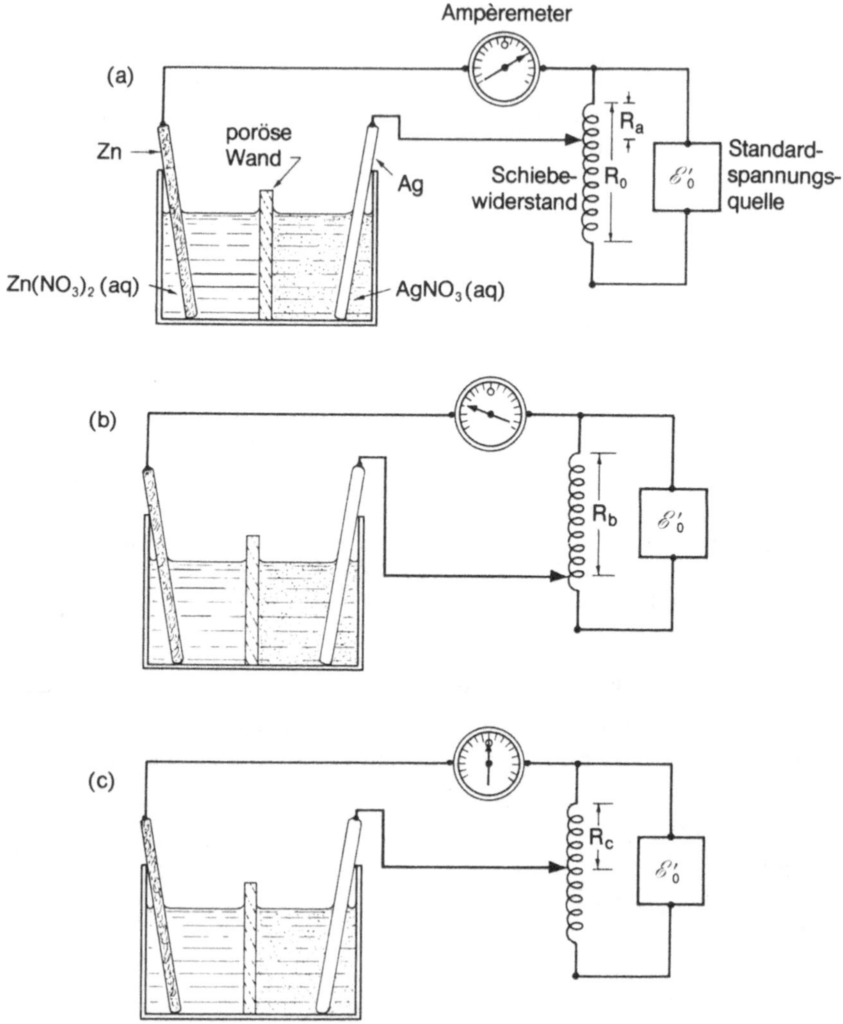

Abb. 6.1. Messung der Spannung $\mathscr{E}$ einer elektrochemischen Zelle.

Abb. 6.1 zeigt eine Zn-Ag-Zelle, der ein Bruchteil der Spannung $\mathscr{E}'_0$ einer Referenzzelle entgegengeschaltet ist. Dieser Bruchteil wird durch das Widerstandsverhältnis R/R_0 bestimmt, das wiederum von der Lage des Schleifkontaktes des Schiebewiderstandes abhängt. Für kleine Werte von R (Abb. 6.1 (a)) übertrifft die Zn-

Ag-Spannung die Gegenspannung $(R_a/R_0)\mathscr{E}'_0$, und es fließt ein Strom, der die Zelle entlädt. Für große Werte von R (Abb. 6.1 (b)) ist die Zn-Ag-Spannung kleiner als die Gegenspannung $(R_b/R_0)\mathscr{E}'_0$, der Elektronenstrom fließt in umgekehrter Richtung und lädt dabei die Zelle wieder auf. Befindet sich der Schleifkontakt in derjenigen Position, bei der überhaupt kein Strom fließt (Abb. 6.1 (c)), dann ist die gemessene Spannung $(R_c/R_0)\mathscr{E}'_0$ genau gleich der Zn-Ag-Spannung. Durch das Gegeneinanderschalten zweier gleichgroßer Spannungen wird der Stromfluß in der Zelle unterbunden, so daß deren Spannung unter reversiblen Bedingungen gemessen wird. Gerade weil sich Reaktionen in elektrochemischen Zellen außerordentlich einfach unter reversiblen Bedingungen untersuchen lassen, haben derartige Experimente für den Chemiker eine besondere Bedeutung. *Die Messung von Zellspannungen stellt eine der besten Methoden zur Bestimmung von Änderungen der Gibbs-Funktion für Reaktionen in wäßrigen Lösungen dar.* Natürlich ist diese Meßmethode dann nicht mehr anwendbar, wenn praktisch keine elektrische Leitfähigkeit vorhanden ist, wie etwa bei Reaktionen in anderen Lösungsmitteln oder gar bei reinen Gasreaktionen.

d) Standardzellspannungen (Potentialdifferenzen) und die Gleichgewichtskonstante

Wenn wir ΔG durch Messung der Spannung einer Zelle bestimmen können, dann kann man insbesondere auch eine Zelle untersuchen, in der alle Komponenten mit Standardkonzentrationen vorliegen. Das bedeutet, daß sämtliche beteiligten Gase den Druck von 1,013 bar besitzen, daß die Konzentration jeder löslichen Substanz 1 mol l^{-1} beträgt * und daß Festkörper mit geringer Löslichkeit im Überschuß vorhanden sind. Unter diesen Standardbedingungen ist dann die Zellspannung ein Maß für ΔG^0, den Standardwert der

* Streng genommen müßte man eigentlich die „Konzentration 1 mol l^{-1}" durch die „Aktivität eins" ersetzen. Die „Aktivität" unterscheidet sich von der Konzentration durch einen multiplikativen Faktor, der die Verringerung der Beweglichkeit aufgrund intermolekularer Wechselwirkungen berücksichtigt. Diese Abnahme der Beweglichkeit äußert sich beispielsweise darin, daß die Gleichgewichtskonstante (wie man sie aus dem Massenwirkungsgesetz unter Verwendung gemessener Konzentrationen berechnen kann) in Wirklichkeit nicht ganz konstant ist. Für wäßrige Lösungen mit Konzentrationen im Bereich um 10^{-3} mol l^{-1} sind diese Effekte im allgemeinen vernachlässigbar; sie können jedoch durchaus die Größenordnung von 10–20% erreichen, wenn man es mit 0,1 mol l^{-1}-Lösungen zu tun hat.

Gibbs-Funktion. Man bezeichnet diese Zellspannung demzufolge auch mit $\mathscr{E}^0$ und nennt sie Standardspannung oder üblicherweise auch „Standard-EMK" (EMK = „Elektromotorische Kraft"). Ein weiterer gebräuchlicher Ausdruck für die Spannung (oder EMK) ist „Potentialdifferenz". Die Bedeutung des Substantives „Potentialdifferenz" ist dabei eng verknüpft mit derjenigen des Adjektives im Ausdruck „potentielle Energie".

Unter Standardbedingungen gilt also:

$$\Delta G^0 = -n \cdot \mathscr{F} \mathscr{E}^0, \qquad [6.14]$$

und da der Standardwert der *Gibbs*-Funktion die Gleichgewichtskonstante bestimmt (Gleichung [5.51]):

$$\Delta G^0 = -R\,T \ln K = -n \cdot \mathscr{F} \mathscr{E}^0,$$

gilt auch

$$\boxed{\mathscr{E}^0 = \frac{R\,T}{n \cdot \mathscr{F}} \ln K} \,. \qquad [6.15]$$

Der Ausdruck $R\,T/\mathscr{F}$, zusätzlich multipliziert mit dem Umrechnungsfaktor 2,303 vom natürlichen Logarithmus zum dekadischen Logarithmus hat bei der Standardtemperatur 298,16 K den Zahlenwert 0,059 V. Diesen Wert sollte man sich merken. Damit nimmt Gleichung [6.15] folgende Form an:

$$\boxed{\mathscr{E}^0 = \frac{0{,}059\,\text{V}}{n} \lg K} \quad \text{bei } T = 298{,}16\ \text{K} \qquad [6.16]$$

Wir wollen nun Gleichung [6.16] auf ein spezielles Beispiel anwenden, um ihre Bedeutung für den Chemiker zu verdeutlichen. Betrachten wir dazu wieder die bereits im vierten Kapitel untersuchte elektrochemische Zn-Ag-Zelle. Die chemischen Vorgänge innerhalb der Zelle werden beschrieben durch:

$$\text{Zn(f)} + 2\,\text{Ag}^+\text{(aq)} \rightleftarrows \text{Zn}^{2+}\text{(aq)} + 2\,\text{Ag(f)} \qquad [6.17]$$

Mit der Gleichgewichtskonstanten

$$K = [\text{Zn}^{2+}]/[\text{Ag}^+]^2 \,* \qquad [6.18]$$

---

* Die eckigen Klammern ([ ]) stehen hier für das Verhältnis von Konzentration der entsprechenden Komponente zur Standardkonzentration (1 mol l^{-1}).
(Anm. d. Übers.)

Es ist nicht schwierig, eine Zelle ähnlich wie die in Abb. 4.12 mit einmolaren Lösungen (Standardkonzentrationen) zusammenzustellen und ihre Zellspannung stromlos, wie in Abb. 6.1 (c) gezeigt, zu messen. Das experimentelle Ergebnis lautet $\mathscr{E}^0 = 1{,}56\ \mathrm{V}$ bei 298 K. Damit kann nun die Gleichgewichtskonstante berechnet werden:

$$K = 10^{n\mathscr{E}^0/0{,}059\,\mathrm{V}} = 10^{2\cdot 1{,}56\,\mathrm{V}/0{,}059\,\mathrm{V}}$$
$$= 10^{53} \qquad [6.19]$$

und

$$\Delta G^0 = -n\mathscr{F}\mathscr{E}^0$$
$$= -2\cdot(96487\ \mathrm{C\,mol^{-1}})\cdot 1{,}56\ \mathrm{V}$$
$$= -301\ \mathrm{kJ\,mol^{-1}} \qquad [6.20]$$

Dieses Beispiel ist besonders lehrreich; denn es zeigt, daß es mit Hilfe einer elektrochemischen Zelle möglich ist, auch solche Werte von ΔG^0 und K zu bestimmen, die mit einer konventionellen Analyse nur schwer meßbar sind. Prinzipiell könnten wir ja auch die Bestandteile in einem Becherglas mischen, sie reagieren lassen, bis sich das Gleichgewicht einstellt, dann eine klassische chemische Analyse ausführen und damit K bestimmen. K besitzt jedoch den astronomischen Wert von 10^{53} – und das bedeutet, wenn die Zn^{2+}-Konzentration noch bequem meßbar (etwa im Bereich 0,1 mol l^{-1}) ist, dann muß die Gleichgewichtskonzentration von Ag^+ notwendigerweise unmeßbar klein sein. Mit Hilfe einer elektrochemischen Zelle hingegen läßt sich K bei leicht handhabbaren Konzentrationen bestimmen, so daß man damit diese Schwierigkeit elegant umgehen kann.

e) Konzentrationsabhängigkeit von $\mathscr{E}$

Wenn wir auf Ergebnisse aus dem fünften Kapitel, wie z. B. Gleichung [5.46], zurückgreifen, dann können wir ΔG für Reaktion [6.17] bei beliebigen Konzentrationsverhältnissen berechnen.

$$\Delta G = \Delta G^0 + RT\ln([Zn^{2+}]/[Ag^+]^2) \qquad [6.21]$$

Oder für eine verallgemeinerte Reaktion

$$xA + yB + \ldots \rightleftarrows wC + zD + \ldots \qquad [6.22]$$

gilt ebenso

$$\Delta G = \Delta G^0 + RT\ln\left(\frac{[C]^w[D]^z\ldots}{[A]^x[B]^y\ldots}\right)\ . \qquad [6.23]$$

Der Quotient der Konzentrationen auf der rechten Seite hat dieselbe Form wie der Ausdruck im Massenwirkungsgesetz. In [6.23] kann man jedoch beliebige Konzentrationen einsetzen. Zur Vereinfachung der Schreibweise kürzen wir den Konzentrationsausdruck mit Q ab:

$$\Delta G = \Delta G^0 + R\,T \ln Q \qquad [6.24]$$

Nach Einsetzen von [6.13] und [6.14] in [6.24] erhalten wir folgende Gleichung:

$$-n\,\mathcal{F}\,\mathcal{E} = -n\,\mathcal{F}\,\mathcal{E}^0 + R\,T \ln Q$$

oder

$$\boxed{\mathcal{E} = \mathcal{E}^0 - \frac{R\,T}{n\,\mathcal{F}} \ln Q} \qquad [6.25]$$

Setzt man $T = 298{,}16\,\mathrm{K}$ ein und berücksichtigt noch den Umrechnungsfaktor 2,303, so ergibt sich:

$$\boxed{\mathcal{E} = \mathcal{E}^0 - \frac{0{,}059\,\mathrm{V}}{n} \lg Q} \quad \text{bei } T = 298{,}16\,\mathrm{K} \qquad [6.26]$$

Diese berühmte Gleichung, die die Konzentrationsabhängigkeit der Zellspannung beschreibt, ist unter dem Namen „*Nernst*sche Gleichung" bekannt. Auch hier ist es wieder recht aufschlußreich, ein Anwendungsbeispiel zu betrachten. Welche Spannung würde man beispielsweise bei Zimmertemperatur (in stromlosem Zustand) messen, wenn die Zelle Zn^{2+}-Ionen mit der Konzentration $0{,}1\,\mathrm{mol\,l^{-1}}$ und Ag^+-Ionen mit der Konzentration $0{,}01\,\mathrm{mol\,l^{-1}}$ enthält? Nach Gleichung [6.26] gilt dafür:

$$\begin{aligned}
\mathcal{E} &= \mathcal{E}^0 - \frac{0{,}059\,\mathrm{V}}{n} \lg([Zn^{2+}]/[Ag^+]^2) \\
&= 1{,}56\,\mathrm{V} - \frac{0{,}059\,\mathrm{V}}{2} \lg(0{,}1/(0{,}01)^2) \\
&= 1{,}56\,\mathrm{V} - 0{,}0295\,\mathrm{V} \cdot \lg 10^3 \\
&= 1{,}56\,\mathrm{V} - 0{,}0295\,\mathrm{V} \cdot 3 = 1{,}56\,\mathrm{V} - 0{,}0885\,\mathrm{V} \\
&= 1{,}47\,\mathrm{V}
\end{aligned}$$

Normalerweise verwendet man jedoch die *Nernst*sche Gleichung, um umgekehrt $\mathscr{E}^0$ aus einem experimentell bestimmten Wert für $\mathscr{E}$ zu berechnen. In elektrochemischen Zellen müssen stets sehr sorgfältig angesetzte Lösungen mit genau bekannten Konzentrationen verwendet werden. Aus Gründen der Bequemlichkeit werden die Konzentrationsverhältnisse oft von den Standardbedingungen abweichen. Der Wert von $\mathscr{E}$ läßt sich dann experimentell, ähnlich wie in Abb. 6.1 veranschaulicht, bestimmen. Q kann man direkt anhand der Konzentrationswerte ausrechnen, $\mathscr{E}$ liegt als Meßwert vor, so daß $\mathscr{E}^0$ die einzige noch unbekannte Größe in der *Nernst*schen Gleichung [6.25] ist. Damit ist $\mathscr{E}^0$ eindeutig bestimmt, nach Gleichung [6.15] gleichzeitig auch die Gleichgewichtskonstante und nach Gleichung [6.14] ΔG^0. Natürlich kann man auch die Temperaturabhängigkeit von $\mathscr{E}^0$ und damit von ΔG^0 experimentell ermitteln, woraus man direkt die Werte für ΔH^0 und ΔS^0 erhält, wie in Abschnitt 5.4 gezeigt wurde. Offensichtlich kommt den elektrochemischen Zellen innerhalb der Chemie eine erhebliche Bedeutung zu als Mittel zur Untersuchung von Gleichgewichtszuständen und zur Bestimmung thermodynamischer Größen.

6.2. Thermodynamik von Lösungen

Theoretische Überlegungen sind häufig auf Teilchen in der Gasphase beschränkt, weil nämlich die Gasphase den einfachsten aller möglichen Zustände bildet. Die einzelnen Gasmoleküle sind weit genug voneinander entfernt, so daß sie keine nennenswerten Kräfte mehr aufeinander ausüben. Die experimentelle Chemie ist dagegen in keiner Weise auf Gasreaktionen beschränkt. Vielmehr finden die meisten chemischen Prozesse unserer Umgebung in Lösungen statt, und davon wieder der weitaus größte Teil innerhalb des im Überfluß vorhandenen Lösungsmittels, des Wassers. Aus diesem Grund nimmt die Untersuchung von Gleichgewichtszuständen in wäßrigen Elektrolytlösungen einen großen Raum in jeder Chemie-Anfängervorlesung ein. In diesem Abschnitt wollen wir die Thermodynamik einiger einfacher wäßriger Elektrolytlösungen besprechen und dabei insbesondere auf die äußerst wichtige Rolle, die das Lösungsmittel, das Wasser, dabei spielt, eingehen. In Tab. 6.1 sind einige thermodynamische Eigenschaften von Ionen in wäßriger Lösung aufgeführt. Zum Vergleich sind in dieser Tabelle auch die entsprechenden Werte für die Gasphase enthalten.

Tab. 6.1. Thermodynamische Eigenschaften einiger ausgewählter Ionen in der Gasphase und in wäßriger Lösung sowie ihrer Verbindungen (298 K).

		ΔH_f° (kJ mol^{-1})	ΔG_f° (kJ mol^{-1})	S° (J mol^{-1} K^{-1})
H^+	(aq)	0	0	0
	(g)	1536		
Na^+	(aq)	− 240	− 262	59
	(g)	611		
Ca^{2+}	(aq)	− 543	− 553	− 55*
Ag^+	(aq)	105	77	73
Cl^-	(aq)	− 167	− 131	57
	(g)	− 246		
OH^-	(aq)	− 230		− 10,8
	(g)	− 141		
F^-	(aq)	− 333	− 279	− 14
HF	(g)	− 273	− 275	174
HCl	(g)	− 92	− 95	187
NaOH	(f)	− 428	− 382	64
CaF_2	(f)	− 1215	− 1162	69
AgCl	(f)	− 127	− 109	96
NaCl	(f)	− 411	− 384	72

* Negative Entropiewerte können wegen der Wahl des Bezugspunktes $S^\circ(H^+ (aq)) = 0$ auftreten.

Die Werte für die Ionen in Lösung werden stets relativ zu H^+ (aq) als Bezugszustand angegeben. *Demzufolge werden die thermodynamischen Daten von H^+ (aq) als Null festgelegt.* Es sei in diesem Zusammenhang nochmals daran erinnert, daß wir es stets mit Differenzen zu tun haben, so daß der Wahl des Bezugspunktes keine besondere Bedeutung zukommt (man denke an den Baumeister in Denver).

a) Energieeffekte in Elektrolytlösungen

Chlorwasserstoff und Natriumhydroxid sind zwei der am häufigsten verwendeten chemischen Reagenzien. Im Wasser dissoziieren beide sofort und bilden eine Elektrolytlösung, in der so gut wie keine undissoziierten Moleküle mehr enthalten sind. Die Prozesse

$$HCl(aq) \rightarrow H^+(aq) + Cl^-(aq) \qquad [6.27]$$

und

$$NaOH(aq) \rightarrow Na^+(aq) + OH^-(aq) \qquad [6.28]$$

laufen also praktisch vollständig ab.

Jeder, der jemals Natriumhydroxid in Wasser gelöst oder HCl-Gas in Wasser eingeleitet hat, weiß, daß sich die Lösung dabei merklich erwärmt. Schon diese einfache kalorimetrische Beobachtung läßt den Schluß zu, daß beide Prozesse exotherm sind. Aber muß man denn nicht Energie zuführen, um die Moleküle in Ionen zu zerlegen? Wir wollen uns die energetischen Verhältnisse bei beiden Reaktionen zunächst *in der Gasphase* überlegen. Dazu können wir die Daten von Tab. 6.1 heranziehen.

$$\begin{aligned} &HCl(g) \rightarrow H^+(g) + Cl^-(g) \\ &\Delta H^0 = 1382\,kJ\,mol^{-1} \end{aligned} \qquad [6.29]$$

$$\begin{aligned} &NaOH(f) \rightarrow Na^+(g) + OH^-(g) \\ &\Delta H^0 = 898\,kJ\,mol^{-1} \end{aligned} \qquad [6.30]$$

Ausgangspunkt für diese beiden Dissoziationsreaktionen sind dabei die Zustände, in denen HCl bzw. NaOH bei Zimmertemperatur normalerweise vorliegen. Bei beiden Reaktionen muß eine ungeheuer große Wärmemenge zugeführt werden – sie sind stark endotherm. Thermodynamische Daten für die entsprechenden Reaktionsentropien liegen zwar nicht vor; aber selbst wenn wir erwarten, daß die Entropie ansteigt, kann doch dieser Effekt sicherlich nicht so groß sein, daß ΔG^0 negativ wird. Wir können also sicher sein, daß keine dieser Gasreaktionen von selbst abläuft.

Ganz anders liegen die Verhältnisse *in wäßriger Lösung*. Wir haben bereits beobachtet, daß sich diese Substanzen unter *Wärmeentwicklung* lösen. Mit Hilfe von Tab. 6.1 können wir herausfinden, wieviel Wärme dabei frei wird.

$$\begin{aligned} &HCl(g) \rightarrow H^+(aq) + Cl^-(aq) \\ &\Delta H^0 = \Delta H_f^0(H^+) + \Delta H_f^0(Cl^-) - \Delta H_f^0(HCl) \\ &\quad = 0 + (-167\,kJ\,mol^{-1}) - (-92\,kJ\,mol^{-1}) \\ &\quad = -75\,kJ\,mol^{-1} \end{aligned} \qquad [6.31]$$

und

$$\begin{aligned} &NaOH(f) \rightarrow Na^+(aq) + OH^-(aq) \\ &\Delta H^0 = \Delta H_f^0(Na^+) + \Delta H_f^0(OH^-) - \Delta H_f^0(NaOH) \\ &\quad = (-240\,kJ\,mol^{-1}) + (-230\,kJ\,mol^{-1}) \\ &\qquad - (-428\,kJ\,mol^{-1}) \\ &\quad = -42\,kJ\,mol^{-1} \end{aligned} \qquad [6.32]$$

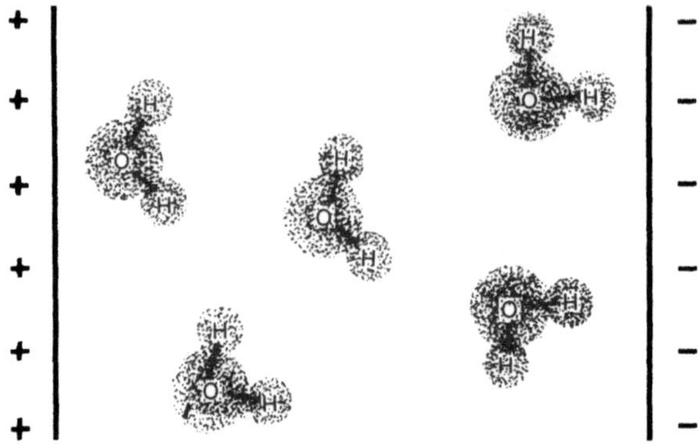

Abb. 6.2. Im Raum zwischen zwei elektrisch entgegengesetzt geladenen Platten richten sich Wassermoleküle von selbst so aus, daß die Sauerstoffenden zur positiven Platte zeigen.

Wie ist es möglich, daß gleichartige Prozesse von derartig unterschiedlichen Energieänderungen begleitet sind, je nachdem ob sie in der Gasphase oder in Lösung ablaufen? Offenbar muß das Lösungsmittel eine entscheidende Rolle spielen. Und tatsächlich stellen die Reaktionen [6.31] und [6.32] weitaus kompliziertere Prozesse dar, als man aufgrund der Reaktionsgleichung vermuten würde. Jedes Ion ist von einer gewissen Anzahl von Wassermolekülen umgeben und bildet in der Lösung ein Komplexion. Das ist eine Folge davon, daß die Wassermoleküle ein elektrisches Dipolmoment besitzen: Die Wasserstoffatome besitzen eine positive effektive Ladung, die Sauerstoffatome dagegen eine negative effektive Ladung (siehe Abb. 6.2). Die Dissoziation von HCl und NaOH in Ionen ist nur deshalb möglich, weil die Ionen in der Lösung von den polaren Wassermolekülen stabilisiert werden. Eine schematische Darstellung der Umgebung eines Natrium- und eines Chlorions zeigt Abb. 6.3. Im Falle des $H^+(aq)$ wird das stabile Teilchen $H_9O_4^+$ gebildet, ein H_3O^+-Ion, welches, wie in Abb. 6.4 angedeutet, durch drei weitere Wassermoleküle stabilisiert ist. Die Ionisation von HCl ist also nicht einfach die Abtrennung eines positiv geladenen Protons von einem negativ geladenen Chlorion wie in der Gasphase. Vielmehr wird das Proton aus der Umgebung des Chlorions entfernt, und beide Ionen bekommen eine energetisch vergleichsweise günstigere Nachbarschaft, die aus polaren Lösungsmittel-Molekülen gebildet wird. Dabei entstehen dann die Teilchen, die wir mit $H^+(aq) \equiv H_9O_4^+$ und $Cl^-(aq)$ bezeichnen.

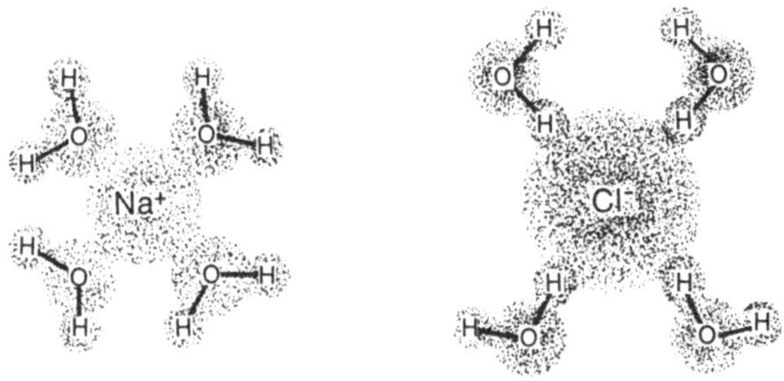

Abb. 6.3. Na^+(aq) und Cl^-(aq) werden durch die Anlagerung polarer H_2O-Moleküle stabilisiert.

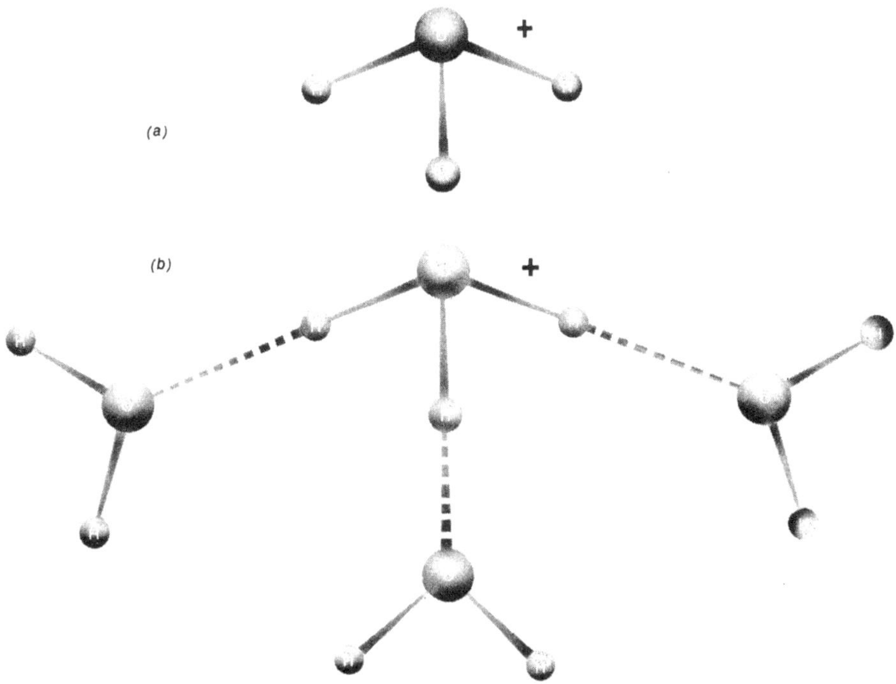

Abb. 6.4. Eine mögliche Struktur von $H_9O_4^+$ (b), die von der Existenz eines H_3O^+-Ions (a) ausgeht.

Wir sehen also, daß starke Säuren und Basen in Lösung durch Komplexbildung mit dem Lösungsmittel Wasser stabilisiert werden. Durch diesen Effekt wird der Energieinhalt außerordentlich stark erniedrigt – so stark, daß damit selbst der enorm große Energiebetrag, der für den entsprechenden Prozeß in der Gasphase aufgewendet werden muß, überkompensiert wird.

b) Thermodynamik der Löslichkeit

Die unter dem Oberbegriff „Salze" zusammengefaßten chemischen Substanzen stellen fest gebundene Ionenkristalle dar. Die meisten Salze, die sich im Wasser lösen, dissoziieren dabei vollständig in Ionen. Man findet jedoch starke Unterschiede in der Löslichkeit verschiedener Salze. Wodurch wird die Löslichkeit beeinflußt? Anhand der vorausgegangenen Diskussion können wir erwarten, daß das Lösungsmittel auch hier eine wesentliche Rolle spielt. Betrachten wir z. B. die zwei Salze Natriumchlorid und Kalziumfluorid. Ein beträchtlicher Energiebetrag müßte aufgewendet werden, wollte man die Moleküle in der Gasphase in Ionen aufspalten. Dennoch lösen sich beide Salze in Wasser und nehmen dabei nur eine geringe Wärmemenge auf.

$$\mathrm{NaCl(f)} \rightarrow \mathrm{Na^+(aq)} + \mathrm{Cl^-(aq)} \qquad [6.33]$$
$$\Delta H^0 = 4\,\mathrm{kJ\,mol^{-1}}$$

und

$$\mathrm{CaF_2(f)} \rightarrow \mathrm{Ca^{2+}(aq)} + 2\,\mathrm{F^-(aq)} \qquad [6.34]$$
$$\Delta H^0 = 6\,\mathrm{kJ\,mol^{-1}}$$

Die experimentell ermittelten Werte für die Löslichkeit dieser beiden Salze sind sehr voneinander verschieden: Natriumchlorid löst sich bis zu Konzentrationen größer als 5 mol l^{-1}, wohingegen die Gleichgewichtslöslichkeit von Kalziumfluorid unter 0,001 mol l^{-1} liegt. Für diesen Unterschied muß die mit dem jeweiligen Prozeß verbundene Entropieänderung verantwortlich sein, denn die Enthalpieänderung ist ja in beiden Fällen nahezu gleichgroß. Anschaulich könnte man erwarten, daß ΔS^0 bei der Dissoziation von CaF_2 größer ist, da dabei drei Ionen gebildet werden, beim NaCl dagegen nur zwei. Demnach müßte dann auch die Löslichkeit von CaF_2 größer sein als die von NaCl. In Wirklichkeit ist es jedoch genau umgekehrt. Natriumchlorid löst sich recht gut, Kalziumfluorid dagegen fast überhaupt nicht.

Tab. 6.2. Thermodynamische Daten für die Löslichkeit von Salzen in Wasser (298 K).

	ΔH° (kJ mol^{-1})	ΔS° (J mol^{-1} K^{-1})	ΔG° (kJ mol^{-1})
$NaCl(f) \rightarrow Na^+(aq) + Cl^-(aq)$	4	44	−9
$CaF_2(f) \rightarrow Ca^{2+}(aq) + 2\,F^-(aq)$	6	−152	51

Sehen wir uns die thermodynamischen Daten in Tab. 6.2 an, so erkennen wir, daß die Entropie von CaF_2 durchaus nicht unseren Erwartungen entspricht. Die Entropieänderung bei der Dissoziation von CaF_2 ist nicht nur kleiner als diejenige von NaCl; sie ist sogar negativ! Die ionisierte, wäßrige Lösung stellt demnach einen geordneteren Zustand als der Festkörper dar. Das ist ein ganz eindeutiger Hinweis darauf, daß dem Lösungsmittel bei Lösungsvorgängen eine besonders große Bedeutung zukommt. Die kleineren Fluorionen und die doppelt geladenen Ca^{2+}-Ionen werden jeweils von mehreren Wassermolekülen umgeben, die eine relativ feste Hülle bilden. Dabei ergeben sich Anordnungen, die stärker geordnet sind als die Kristallstruktur! Offenbar sind diese Effekte beim NaCl weniger stark ausgeprägt, weil die Chlorionen größer und die Natriumionen nur einfach geladen sind.

Ähnliche Ergebnisse erhält man auch für die Löslichkeit von Gasen. Chlorwasserstoff-Gas ist ungefähr tausend Mal stärker in Wasser löslich als gasförmiger Fluorwasserstoff. Die thermodynamischen Daten dieser Prozesse sind in Tab. 6.3 zusammengefaßt.

Offensichtlich ist HF nicht nur weit weniger im Wasser löslich als HCl, sondern es wird auch praktisch überhaupt nicht in Ionen

Tab. 6.3. Thermodynamische Daten für die Löslichkeit von Gasen in Wasser (298 K).

	ΔH° (kJ mol^{-1})	ΔS° (J mol^{-1} K^{-1})	ΔG° (kJ mol^{-1})	K
$HF(g) \rightarrow HF(aq)$	−47	−85	−22	$7{,}2 \cdot 10^3$
$HF(aq) \rightarrow H^+(aq) + F^-(aq)$	−13	−103	18	$0{,}7 \cdot 10^{-3}$
$HF(g) \rightarrow H^+(aq) + F^-(aq)$	−60	−188	−4	5
$HCl(g) \rightarrow H^+(aq) + Cl^-(aq)$	−75	−130	−36	$2{,}0 \cdot 10^6$

gespalten! Den Grund dafür liefert wieder die Thermodynamik. Wenn HF bereits im Wasser gelöst ist, dann würde die Entropie der Lösung nochmals um 103 J mol^{-1} K^{-1} zunehmen, falls die HF-Moleküle zusätzlich in Ionen dissoziierten. Wieder würde das kleine F^--Ion Lösungsmittelmoleküle anziehen und fest an sich binden und so eine hochgeordnete Lösung bilden. Entropieeffekte sind also dafür verantwortlich, daß sich HF und HCl in wäßriger Lösung völlig unterschiedlich verhalten. Fluorwasserstoff-Säure ist eine schwache Säure mit nur bescheidener Wasserlöslichkeit, Chlorwasserstoff-Säure dagegen ist eine sehr starke Säure und löst sich bis zu Konzentrationen von über 10 mol l^{-1}.

c) Reaktionen in Lösungen

Lösungsmitteleffekte haben ebenso einen entscheidenden Einfluß auf die Produkte chemischer Reaktionen, die in Lösungen ablaufen. Die Wahl eines geeigneten Lösungsmittels ist von außerordentlicher Bedeutung bei der Ausführung einer Reaktion. Oft werden wir sicherlich Wasser, den am häufigsten vorkommenden chemischen Stoff, verwenden, insbesondere dann, wenn wir es mit Reaktionen zu tun haben, an denen Ionen beteiligt sind.

In Tab. 6.4 sind je zwei Reaktionen als Paare einander gegenübergestellt. Reaktion (i) ist eine endotherme Reaktion, bei der aus zwei Reaktandenteilchen ein Produktteilchen gebildet wird. Die Unordnung des Systems sollte deshalb eigentlich abnehmen (aus zwei wird eins). In Wirklichkeit tritt jedoch die erwartete Abnahme der Entropie nicht ein. Ganz im Gegenteil *nimmt* die Entropie

Tab. 6.4. Thermodynamische Daten von Ionenreaktionen (298 K).

		$\Delta H°$ (kJ mol^{-1})	$\Delta S°$ (J mol^{-1} K^{-1})	$\Delta G°$ (kJ mol^{-1})	K
i)	$HF(aq) + F^-(aq) \rightleftarrows HF_2^-(aq)$	3	18	– 3	3
ii)	$HOCl(aq) + OCl^-(aq) \rightleftarrows H^+(aq) + Cl^-(aq) + ClO_2^-(aq)$	– 5	– 26	40	$9{,}1 \cdot 10^{-8}$
iii)	$NH_3(aq) + HF(aq) \rightleftarrows NH_4^+(aq) + F^-(aq)$	– 62	– 100	– 35	$1{,}4 \cdot 10^{6}$
iv)	$OH^-(aq) + H_3O^+(aq) \rightleftarrows 2\,H_2O$	– 56	81	– 80	$1{,}0 \cdot 10^{14}$

so stark *zu*, daß sogar der endotherme Energieeffekt überkompensiert wird und sich eine negative Änderung der *Gibbs*-Funktion ergibt. Wieder einmal liegt der Grund für diesen Effekt darin, daß sich um das kleine Fluorion herum eine stark geordnete Hydrathülle bildet. Bei der Bildung des größeren HF_2^--Ions geht diese Ordnung verloren (das System geht in einen regelloseren Zustand über). Dieser Effekt wirkt sich stärker aus als die Tatsache, daß aus zwei Teilchen eins gebildet wird, so daß insgesamt die Unordnung zunimmt.

Reaktion (ii) zeigt genau das entgegengesetzte Verhalten. Hier entstehen aus zwei Reaktandenteilchen drei Produktteilchen – die Unordnung sollte zunehmen. Stattdessen ist ΔS^0 negativ! Auch dieser Effekt ist darauf zurückzuführen, daß bei dieser Reaktion drei Ionen gebildet werden, die alle eine geordnete Hydrathülle um sich herum aufbauen. Und das hat eine Entropieabnahme zur Folge, obwohl aus zwei Teilchen drei werden. In diesem Fall wirkt sich die negative Reaktionsentropie sogar noch stärker aus als das exotherme ΔH^0, so daß ΔG^0 positiv und die Gleichgewichtskonstante sehr klein wird.

Diese Effekte werden durch die Reaktionen (iii) und (iv) eindrucksvoll bestätigt. Bei diesen beiden Prozessen sind gleichviele Produkt- und Reaktandenteilchen beteiligt, und beide Reaktionen sind exotherm mit beinahe derselben Enthalpieänderung. Reaktion (iii) besitzt jedoch ein negatives ΔS^0, da aus neutralen Molekülen Ionen gebildet werden, wohingegen ΔS^0 für Reaktion (iv) positiv ist, da sich dabei Ionen zu neutralen Wassermolekülen zusammenlagern. Dieser Unterschied ist ausschließlich auf den Einfluß der räumlichen Unordnung zurückzuführen und hat zur Folge, daß sich die Gleichgewichtskonstanten beider Reaktionen um einen Faktor 10^8 unterscheiden!

Wir sehen damit, daß sich chemische Vorgänge in wäßrigen Lösungen nicht allein aufgrund von Enthalpieüberlegungen vorhersagen lassen. Will man herausfinden, welche Reaktionen tatsächlich ablaufen, so hat man die oft sehr wichtige, manchmal sogar dominierende Rolle der Hydratationsentropie der Ionen zu berücksichtigen.

6.3. Einige Bemerkungen über die Entropie

Der Entropieinhalt eines Mols von Molekülen trägt wesentlich zur Reaktionsfähigkeit dieser Moleküle bei. Wodurch wird aber die

Entropie der einzelnen Moleküle bestimmt? Nach den Überlegungen im dritten Kapitel ist sie eng verknüpft mit der räumlichen und energetischen Verteilung der Moleküle bei der betreffenden Temperatur und ist um so größer, je ungeordneter diese Verteilung ist. Die räumliche Verteilung hängt vom Aggregatzustand ab: Gas, Flüssigkeit, Lösung oder Festkörper. Die energetische Verteilung hängt von der Zahl der Bewegungsfreiheitsgrade, Translation, Rotation und Schwingung, und vom Abstand der zugehörigen Energiezustände ab. Man kann sehr viel über den Entropieinhalt eines Stoffes erfahren, wenn man sich nur einmal überlegt, wie diese Freiheitsgrade im einzelnen beim Abkühlen des Stoffes betroffen werden, zunächst im gasförmigen, nach der Kondensation im flüssigen und letztlich im festen Zustand.

a) Temperatur und Unordnung

Die mittlere Translationsenergie eines Moleküls im gasförmigen Zustand beträgt $\frac{3}{2}\,kT$. Wenn man also die Temperatur erniedrigt, wird der Energiebetrag, der auf die Translationszustände entfällt, immer kleiner. Denkt man sich die gesamte Energie in einzelne Pakete aufgeteilt, so ergibt sich, daß es immer weniger Energiepakete sind, die auf die Moleküle verteilt werden. Die Bewegungsunordnung und damit die Entropie der Moleküle nimmt ab. Rotations- und Schwingungsfreiheitsgrade werden qualitativ in gleicher Weise von einer Temperaturerniedrigung betroffen. Immer weniger Zustände sind merklich besetzt, die Unordnung wird geringer. *Die Entropie jedes Gases nimmt beim Abkühlen ab.*

Bei irgendeiner Temperatur wird sich das Gas verflüssigen. Dann ist die Translationsbewegung der Moleküle sehr stark eingeschränkt und die Möglichkeiten für eine regellose räumliche Verteilung sind drastisch eingeengt. Die Moleküle können sich zwar immer noch umherbewegen, indem sie in irgendeiner Weise schwingen oder gegeneinander stoßen, aber eine räumlich ungeordnete Verteilung, vergleichbar mit derjenigen in der Gasphase, gibt es nicht mehr. Die Unordnung fällt jäh ab, wenn das Gas in den flüssigen Zustand übergeht. *Die Entropie jedes Stoffes nimmt bei der Verflüssigung sprunghaft ab.*

Kühlt man nun die Flüssigkeit unterhalb der Kondensationstemperatur weiter ab, dann wird auch die Molekülbewegung weiter vermindert. Immer weniger Energiezustände können besetzt werden – die ungeordnete Bewegung wird weiter eingeschränkt, wenn die Temperatur fällt. *Die Entropie jeder Flüssigkeit nimmt beim Abkühlen ab.*

Wenn der Gefrierpunkt erreicht ist, lassen sich die Moleküle auf den regulären Plätzen des Kristallgitters nieder und opfern damit auch noch die Orientierungsunordnung einer Flüssigkeit und einen weiteren Teil ihrer Bewegungsfreiheit. Natürlich besitzt der Kristall seine eigenen Schwingungsmoden, aber diese spiegeln lediglich die Starrheit und Regelmäßigkeit des festen Zustandes wider. *Die Entropie jedes Stoffes nimmt bei der Kristallisation sprunghaft ab.*

Was passiert, wenn wir nun auch noch den Festkörper abkühlen? Bei weiterer Temperaturerniedrigung werden die Schwingungsbewegungen der Moleküle um ihre Gleichgewichtslagen immer schwächer. Eine räumliche Unordnung gibt es jetzt praktisch nicht mehr, und auch die ungeordnete Bewegung verschwindet. Wenn man sich dem absoluten Nullpunkt nähert, steht immer weniger Energie zur Anregung irgendwelcher molekularer Bewegung zur Verfügung. Anschaulich wird man daher erwarten, daß jede ungeordnete Bewegung am absoluten Nullpunkt aufhört. Damit ist jedes Molekül an seiner Gleichgewichtsposition im Kristallgitter fixiert, und es sind keine Schwingungen angeregt. Dadurch wird gerade ein vollständig geordnetes System charakterisiert! Die Entropie als Maß für die Unordnung hat also den Wert Null erreicht! Erinnern wir uns an die Beziehung zwischen Entropie und Wahrscheinlichkeit, $S = R \ln W$, so ergibt sich, daß es am absoluten Nullpunkt nur noch eine einzige Anordnungsmöglichkeit der Moleküle gibt, nämlich den idealen Kristall; dann gilt $W = 1$ und $S = R \ln 1 = 0$. *Am absoluten Temperaturnullpunkt wird die Entropie aller Stoffe Null.* Diese Verallgemeinerung kann einerseits als experimentell begründete Tatsache, genausogut aber auch als anschaulich plausible These angesehen werden. Die experimentellen Beweise dafür sind so vollständig und überzeugend, daß diese Aussage als Dritter Hauptsatz der Thermodynamik bezeichnet wird.

Der Dritte Hauptsatz der Thermodynamik:

Beim absoluten Temperaturnullpunkt ist die Entropie eines jeden Stoffes Null. [6.29]

b) Der Dritte Hauptsatz und absolute Entropiewerte

Unter Verwendung dieses universellen Bezugspunktes lassen sich Entropien auf einer absoluten Skala angeben. Jede Molekülart be-

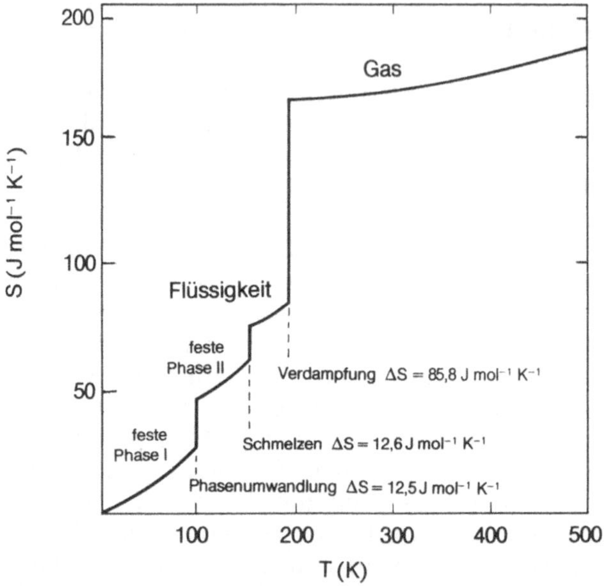

Abb. 6.5. Experimentell ermittelter Verlauf der Entropie von SO_3 als Funktion der Temperatur.

sitzt einen natürlichen Bezugszustand, so daß keine willkürliche Wahl mehr erforderlich ist. In Tabellenwerken werden daher also „absolute Entropiewerte" angegeben. Die Entropie läßt sich einfach messen, wenn man den Festkörper von der niedrigsten erreichbaren Temperatur aus aufheizt und dabei die Änderung von q_{rev}/T beobachtet, bis die gewünschte Temperatur und der entsprechende Zustand erreicht sind. Abb. 6.5 zeigt einen typischen, experimentell ermittelten Verlauf der Entropie zwischen 4 K und Zimmertemperatur. Mit dem Schmelzen und Verdampfen ist jeweils ein sprunghafter Anstieg verbunden. Diese Entropieänderungen sind für den

Tab. 6.5. Abhängigkeit der Entropie vom Aggregatzustand (J mol^{-1} K^{-1}).

Substanz	S°_{298} (f)	S°_{298} (fl)	S°_{298} (g)
SO_3	52	96	257
S	32		168
I_2	116		261
Br_2		152	245
BrF_3		178	293
CH_3OH		127	240

Wechsel des Aggregatzustandes charakteristisch und wurden bereits in Abschnitt (a) erwähnt. Entsprechende Zahlenwerte sind in Tab. 6.5 für eine Reihe von Substanzen zusammengestellt.

c) Zusammenhang zwischen Entropie und Molekülgröße

Ein einatomiges Gas besitzt keine Schwingungs- und Rotationsfreiheitsgrade. Allein die Translationsbewegung trägt zur ungeordneten Energieverteilung bei. Aus der kinetischen Gastheorie wissen wir, daß die Zahl der Möglichkeiten, einen gegebenen Translationsenergiebetrag auf die Bewegungsfreiheitsgrade eines Teilchens aufzuteilen, von dessen Masse abhängt. In unserem Bild einzelner Energiepakete bedeutet das anschaulich, daß diese Energiepakete mit steigender Teilchenmasse immer kleiner werden. Als Folge davon ergibt sich ein Zustand größerer Unordnung, wenn ein gegebener Translationsenergiebetrag auf ein Mol schwererer Teilchen verteilt wird, als wenn dieselbe Energie einem Mol leichter Teilchen zugeführt würde. Da die Entropie vom Logarithmus der Wahrscheinlichkeit abhängt (siehe Abschnitt 4.3), sollte sich bei der Auftragung der Entropie gegen den Logarithmus des Atomgewichtes bei einatomigen Gasen eine Gerade ergeben. Diese Erwartung wird durch die Daten von Tab. 6.6 bestätigt, die in Abb. 6.6 graphisch dargestellt sind.

Tab. 6.6. Entropien einatomiger Gase (298 K).

Substanz	Atomgewicht	Entropie ($J\,mol^{-1}\,K^{-1}$)
He	4,0	126,0
Ne	20,2	146,2
Ar	40,0	154,7
Kr	83,8	164,0
Xe	131,3	169,6

Die gleiche Massenabhängigkeit ergibt sich auch, wenn wir Moleküle gleicher Struktur, aber unterschiedlicher Größe miteinander vergleichen. Abb. 6.7 zeigt den Zusammenhang zwischen lg (M) und S^0_{298} bei einfachen Hydriden mit zwei bis fünf Atomen. In jedem Fall steigt die Entropie linear mit dem Logarithmus der Molmasse an.

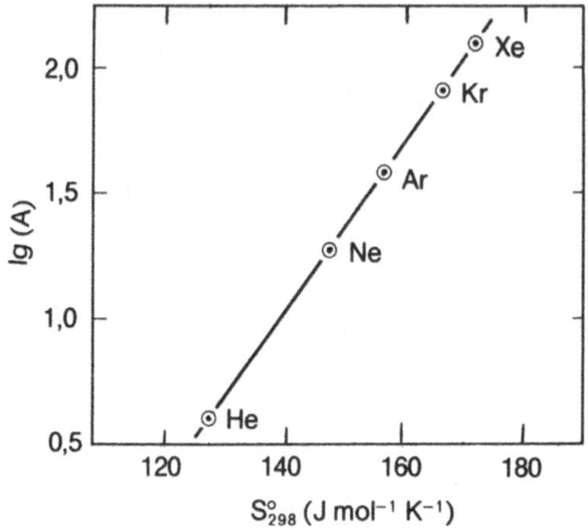

Abb. 6.6. Entropie einatomiger Gase (298 K).

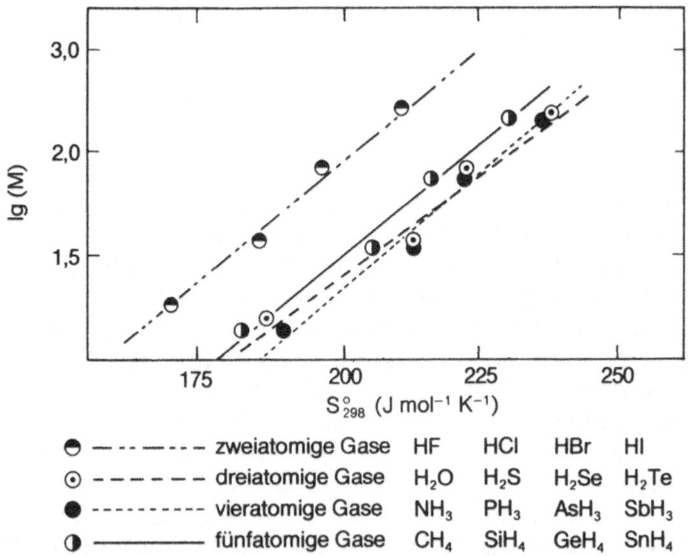

Abb. 6.7. Zusammenhang zwischen S^0_{298} und lg (M) bei einfachen Hydriden.

d) Zusammenhang zwischen Entropie und Molekülaufbau

Der Grad an Unordnung, der bei der Energieverteilung auf die inneren Freiheitsgrade einer Substanz erreicht wird, hängt davon ab, in welcher Weise Schwingungen, Rotationen und auch Transla-

Tab. 6.7. Entropie von Gasen in Abhängigkeit vom Aufbau der Moleküle bei fester Molmasse.

Molekül	Zahl der Atome	Molmasse ($g\ mol^{-1}$)	S°_{298} ($J\ mol^{-1}\ K^{-1}$)	Variationsbereich der Molmasse ($g\ mol^{-1}$)
Ne	1	20,18	146,2	
HF	2	20,01	173,7	
D_2O	3	20,02	199,7	19 – 20 (≈ 20)
ND_3	4	20,03	205,6	
CHD_3	5	19,05	209,1	
Ar	1	39,95	154,7	
F_2	2	38,00	203	
CO_2	3	44,01	213,7	34 – 44 (≈ 40)
H_2O_2	4	34,01	233	
CH_2N_2	5	42,04	242,8	
Kr	1	83,8	164,0	
Cl_2	2	70,91	223	
CS_2	3	76,14	237,7	70 – 85 (≈ 80)
SO_3	4	80,06	256,6	
CH_2Cl_2	5	84,93	270,1	
Xe	1	131,3	169,6	
BrCl	2	115,36	240,0	
NOBr	3	109,92	273,5	98 – 131 (≈ 120)
$COCl_2$	4	98,92	283,7	
$CHCl_3$	5	119,38	295,6	

tionsbewegungen Energie aufnehmen können. Tab. 6.7 und Abb. 6.8 zeigen, wie sich die absolute Entropie mit zunehmend komplizierter werdendem Aufbau der Moleküle bei etwa konstanter Molmasse ändert. Generell ergibt sich dabei ein Anstieg der Entropie, wenn die Zahl der Atome zunimmt. Je mehr Atome ein Molekül besitzt, desto mehr Schwingungsmöglichkeiten sind vorhanden.

6.4. Thermodynamik von biologischen Systemen: Bioenergetik

In jedem Frühling werden wir wieder Zeuge einer Naturerscheinung, die scheinbar allen thermodynamischen Gesetzen wider-

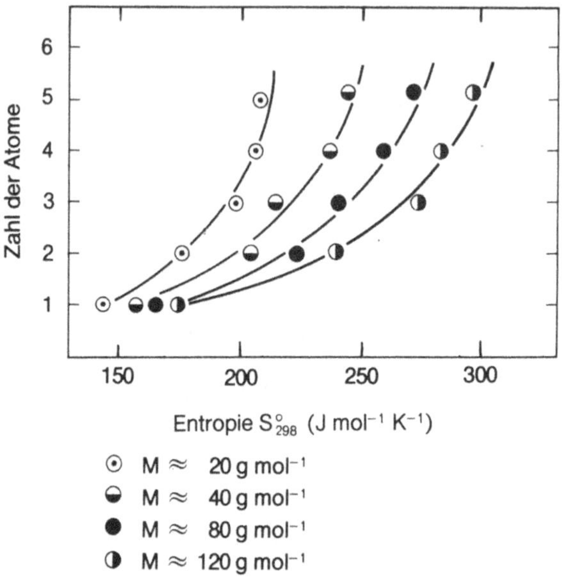

Abb. 6.8. Abhängigkeit der Entropie von der Zahl der Atome pro Molekül bei fester Molmasse.

spricht. Wenn die braune, rohe Erde vom Regen befeuchtet und von der Sonne erwärmt wird, sprießt aus ihr eine ungeheure Zahl identischer Keime hervor. Im Sommer entstehen dann aus den verschiedenartigen chemischen Mischungen im Boden voll entwickelte Grashalme. Jeder Halm gleicht dem anderen und stellt eine hervorragend organisierte und äußerst leistungsfähige chemische Fabrik dar. Dieser gesamte Vorgang findet von selbst statt – in Richtung *zunehmender Unordnung!* Dabei sieht schon der Ausgangszustand – die feuchte Erde mit ihrer komplizierten chemischen Zusammensetzung – ungeordnet genug aus; das Endprodukt, der Grashalm, scheint dagegen weit von einem ungeordneten System entfernt zu sein! Was nützt uns in diesem Fall die ganze Thermodynamik?

Der Zweite Hauptsatz der Thermodynamik macht natürlich eine Aussage über die Entropie der gesamten Welt. Sicherlich erzeugen Prozesse, die für das Wachstum und die Vermehrung in biologischen Systemen verantwortlich sind, lokal einen stark geordneten Zustand; d. h. z. B. im Inneren des Grashalms, der Zelle, des DNS-Moleküls. Welche Auswirkungen haben diese Prozesse aber auf die

Umgebung? Hier müssen wir nach der „Triebkraft“ für die Erzeugung lokaler Ordnung suchen. *Hier* muß sich auch die ausgleichende Zunahme an Unordnung finden lassen, die dafür sorgt, daß die Lebensvorgänge freiwillig ablaufen. *Hier* sollten wir erkennen können, welche Auswirkungen die thermodynamischen Prinzipien haben, wie es möglich ist, daß die Unordnung *lokal abnimmt,* allerdings auf Kosten einer noch größeren Zunahme der Unordnung an irgendeiner anderen Stelle!

Die Quelle allen Lebens hier auf der Erde ist die Sonne. Dieser riesige Feuerball zehrt sich selbst auf, zerstört sich selbst. Schon ein winziger Bruchteil der dabei erzeugten Unordnung reicht aus, um auf unserem blühenden Planeten eine Oase der Ordnung – das Leben – entstehen zu lassen; denn die Sonne strahlt Licht als eine Form der Energie ab, das wir auffangen und als Energiequelle benutzen.

a) Energie von der Sonne

Der Mensch ernährt sich von pflanzlichen und tierischen Stoffen. Die Tiere wiederum, die uns Nahrungsmittel liefern, sind hauptsächlich auf Futter aus dem Pflanzenreich angewiesen. Die Pflanzen sind daher für die Tierwelt die Quelle aller Nahrung und Energie. Letzten Endes entstammt die gesamte, für die Lebensvorgänge erforderliche Energie aber dem riesigen Glutofen, den die Sonne darstellt. Die dort herrschenden extrem hohen Temperaturen werden dadurch erzeugt, daß bei der gegenseitigen Annäherung von Kernbausteinen Energie frei wird. Der dabei zugrunde liegende Prozeß ist die „Fusion“ von vier Wasserstoffatomen zu einem Heliumatom, wobei ungeheure Mengen an Energie in Form von Wärme freigesetzt werden.

$$4\,H \rightarrow He + 2\ \text{Elektronen}$$

$$\Delta H = -\ 2{,}4 \cdot 10^9\ \text{kJ pro Mol He}$$

Dieses ist eine exotherme Reaktion, die es wirklich in sich hat! Wo immer ein derartiges Feuer entfacht ist, werden Temperaturen von Millionen von Grad erreicht (wie in der Nähe des Zentrums der Sonne). Selbst in den kühleren äußeren Regionen der Sonne wirbeln die Gase bei Temperaturen von größenordnungsmäßig 6000 K umher. Dieses ist der Teil der Sonne, den wir direkt beobachten können; der Sturm in ihrem Inneren bleibt uns verborgen –

glücklicherweise; denn sonst hätte die Erde eine braune, verbrannte Oberfläche, auf der kein Leben existieren könnte.

Was wir sehen können, ist also die äußere Gashülle der Sonne mit einer Temperatur von etwa 6000 K. Sie ist heiß genug, daß dort Moleküle in Atome gespalten und den Atomen ihre Elektronen entrissen werden. Diese heiße und elektrisch geladene Hülle sendet gleißendes Licht mit ungeheuer großer Intensität aus. Das Licht ergießt sich in das Weltall, und die Planeten empfangen davon in weiter Entfernung nur einen winzigen Anteil. Der Rest verliert sich im All und gelangt bis hin zu Sternen, von denen aus unsere Sonne nur noch als ein weiterer kleiner und unbedeutender Punkt am Himmel erscheint, ein Punkt, der so schwach ist, daß er kaum von Interesse sein kann. Hier auf der Erde aber werden die Atmosphäre, der Erdboden und die Meere erwärmt und bilden damit eine recht gut thermostatierte Umgebung. Ihre Temperatur ist im Mittel gerade so hoch, daß Moleküle einerseits existieren, andererseits aber auch chemische Umwandlungen erfahren können, die mit Geschwindigkeiten ablaufen, die recht gut dem Tag-Nacht-Zyklus angepaßt sind. Unter diesen günstigen Umständen kann das Chlorophyll in den grünen Pflanzen auch das Sonnenlicht direkt absorbieren und diese Energie zur Synthese eines Zuckers, der Glukose, aus Wasser und Kohlendioxid der Luft verwenden. Dieser Prozeß ist in Abb. 6.9 illustriert. Er stellt den Anfang der biologischen Vorgänge dar, die für die Entwicklung aller Lebewesen vom Plankton über den Wurm bis hin zum Menschen verantwortlich sind.

Anhand der Werte von ΔH^0 und ΔG^0 ergibt sich sofort, daß die Synthese von Glukose ein Prozeß ist, bei dem man sich mühsam bergauf kämpfen muß. Energie muß zugeführt werden. Man schätzt, daß jährlich mehr als $35 \cdot 10^9$ Tonnen Kohlendioxid in Land- und Wasserpflanzen auf dem Wege der Photosynthese in Glukose verwandelt werden. Dazu sind schätzungsweise 10^{18} kJ pro Jahr an Sonnenenergie erforderlich. Selbst dieser enorme Energiebetrag stellt nur einen verschwindend kleinen Anteil an der gesamten Energiemenge von mehr als 10^{21} kJ pro Jahr dar, die von der Erdoberfläche aufgenommen wird. Der gesamte innerhalb eines Jahres von allen von Menschenhand gebauten Maschinen verbrauchte Energiebetrag wird dagegen nur auf 10^{16} kJ geschätzt. Obwohl sie also nur ein Tausendstel der Strahlungsenergie von der Sonne ausnutzen, wandeln die chemischen Fabriken in den Pflanzen rund einhundertmal mehr Energie in eine nutz-

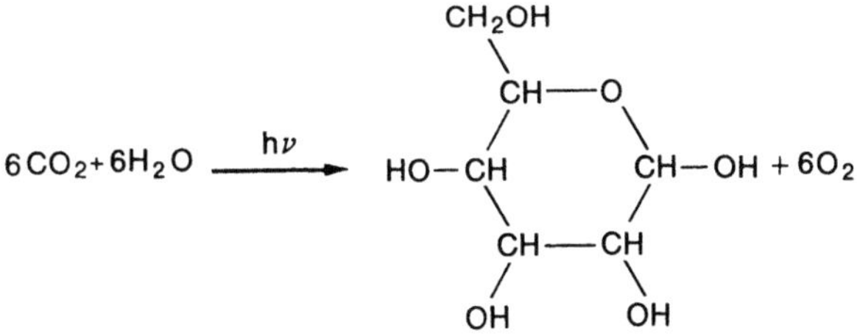

$\Delta H° = + 2816$ kJ mol^{-1} Glukose, $C_6H_{12}O_6$

$\Delta G° = + 2870$ kJ mol^{-1}

Abb. 6.9. Die Photosynthese – Grundlage sämtlicher Lebensvorgänge

bringende Form um als der Mensch mit all seinen Maschinen. Aus dieser Abschätzung wird klar, weshalb der Zweig der Bioenergetik eine so große Bedeutung erlangt hat.

b) Biologische Energieumwandlung

Energie, die bei der Wasserstoff-Fusion an der Oberfläche der Sonne erzeugt wird, kann von grünen Pflanzen absorbiert und als chemische potentielle Energie im Glukosemolekül gespeichert werden. Wie können die Lebewesen diese Energie aber zum Aufbau neuer Zellen oder zur Kontraktion von Muskeln verwenden? Den Kern des Systems der biologischen Energieumwandlung bilden zwei bemerkenswerte Verbindungen, Adenosindiphosphat (ADP) und Adenosintriphosphat (ATP). Beides sind ziemlich kompliziert aufgebaute organische Ringmoleküle. Wir wollen uns hier jedoch nicht mit Einzelheiten ihrer Struktur befassen. Der Schlüssel zu nahezu allen Energieübertragungsprozessen in biologischen Systemen ist die folgende Reaktion, die Hydrolyse von Adenosintriphosphat im Wasser, bei der Adenosindiphosphat und ein Hydrogenphosphat-Ion gebildet werden.

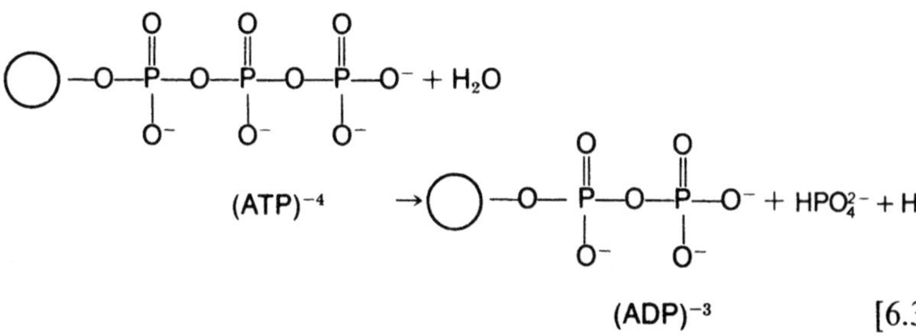

[6.30]

Das Adenosin-Gerüst ist schematisch durch einen Kreis dargestellt. Die mit dieser Umwandlung verbundene Änderung der *Gibbs*-Funktion beträgt:

$$\Delta G^0(\mathrm{ATP} \rightarrow \mathrm{ADP}) = -29 \text{ kJ mol}^{-1} \qquad [6.31]$$

Die Änderung der *Gibbs*-Funktion ist negativ, die Reaktion kann also von selbst ablaufen. Bei der hydrolytischen Spaltung einer Phosphor-Sauerstoff-Bindung können also maximal 29 kJ mol^{-1} an chemischer Nutzarbeit geleistet werden. Dieser Prozeß ist verantwortlich für nahezu alle Lebensvorgänge, bei denen Energie übertragen und der Ordnungszustand erhöht wird. Wir wollen nun genauer untersuchen, wie das vor sich geht.

c) ATP Energiebilanz

Abb. 6.10 zeigt schematisch den Kreislauf biologischer Energie.

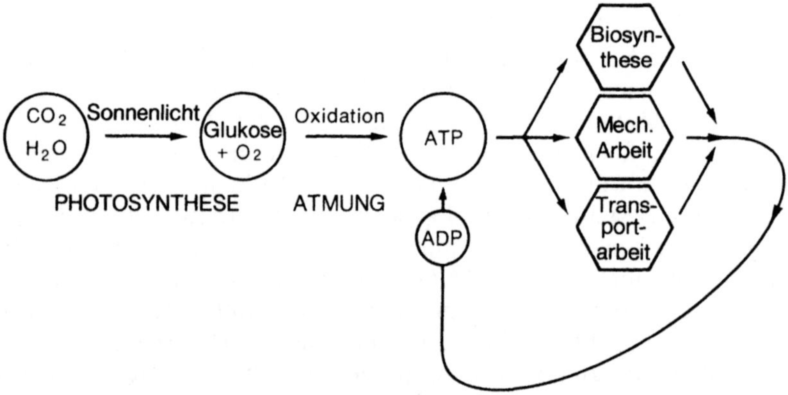

Abb. 6.10. Kreislauf biologischer Energie.
Die bei der Photosynthese aufgenommene Energie wird bei der Atmung auf ATP übertragen. Die in ATP gespeicherte Energie wird dazu verwendet, biologische Arbeit zu leisten – über das dabei gebildete ADP beginnt der Zyklus von neuem.

Die in der Glukose gespeicherte Energie wird während des Oxidationsprozesses frei, der gerade die Umkehrung des Syntheseprozesses der Photosynthese darstellt.

$$\text{Glukose} + 6\,O_2 \rightarrow 6\,CO_2 + 6\,H_2O \qquad [6.31\text{ a}]$$

$$\Delta H^0 = -2816 \text{ kJ mol}^{-1}$$

$$\Delta G^0 = -2870 \text{ kJ mol}^{-1}$$

Dieser Schritt wird als *Atmung* bezeichnet. Die bei der Atmung freigesetzte Energie wird zur Bildung von ATP aus ADP verwendet (Umkehrung von [6.30]). Der Energieinhalt von ATP wird dann in den Zellen in Nutzarbeit umgewandelt. Diese Arbeit wird normalerweise in drei Kategorien unterteilt: Biosynthese (Aufbau neuer Zellen), mechanische Arbeit (Muskelkontraktion) und Transport-Arbeit (Flüssigkeitsstrom zwischen Gebieten unterschiedlicher Konzentration). Da bei der Hydrolyse der P-O-Bindung in ATP der Wert der *Gibbs*-Funktion abnimmt, kann Nutzarbeit geleistet werden, insbesondere dazu, mehrere „miteinander gekoppelte Reaktionen" in Gang zu bringen, von denen einige nun beschrieben werden sollen.

d) Bildung von ATP

Die Oxidation von Zucker zu Kohlendioxid und Wasser läuft über mehr als siebzig einzelne Reaktionsschritte, von denen jeder durch ein eigenes Enzym katalysiert wird. Ein solcher Schritt könnte beispielsweise die Oxidation eines Aldehyds RCHO zu einer Carbonsäure sein *.

In wäßriger Lösung ist dieser Prozeß mit einer deutlichen Abnahme der *Gibbs*-Funktion verbunden.

$$\underset{\text{Aldehyd}}{\mathrm{RCHO}} + \tfrac{1}{2}\,\mathrm{O_2} \rightarrow \underset{\text{Säure}}{\mathrm{RCOO^-(aq)}} + \mathrm{H^+(aq)}$$

$$\Delta G = -29\ \mathrm{kJ\,mol^{-1}} \qquad [6.32]$$

Andererseits führt der Weg zur Bildung von ATP aus ADP und einem Phosphat in der *Gibbs*-Funktions-Landschaft bergauf, wobei der Höhenunterschied etwa wieder diesem Betrag von 29 kJ mol^{-1} entspricht. Der Wert von ΔG für die Kombination dieser beiden Prozesse müßte also nahe bei Null liegen, so daß die Bildung von ATP im Endeffekt ohne Zunahme der *Gibbs*-Funktion erfolgen kann. In einer Folge von Einzelschritten läßt sich diese Umwandlung tatsächlich realisieren. Ein solcher Gesamtprozeß wird als gekoppelte Reaktion bezeichnet.

---

* Wir wollen völlig offen lassen, welche spezielle organische Verbindung wir damit meinen. Das Symbol R steht stellvertretend für irgendeinen beliebigen organischen Rest. Wenn wir uns beispielsweise speziell für die Oxidation von Acetaldehyd zu Essigsäure, $CH_3CHO \rightarrow CH_3COOH$, interessierten, dann hätte R die Bedeutung der Methylgruppe CH_3.

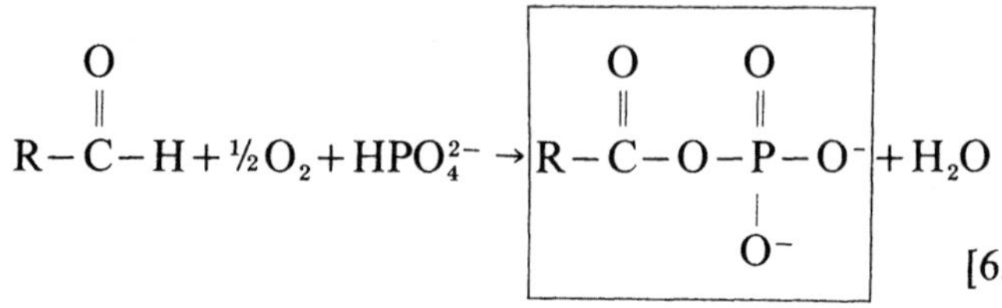

[6.33 a]

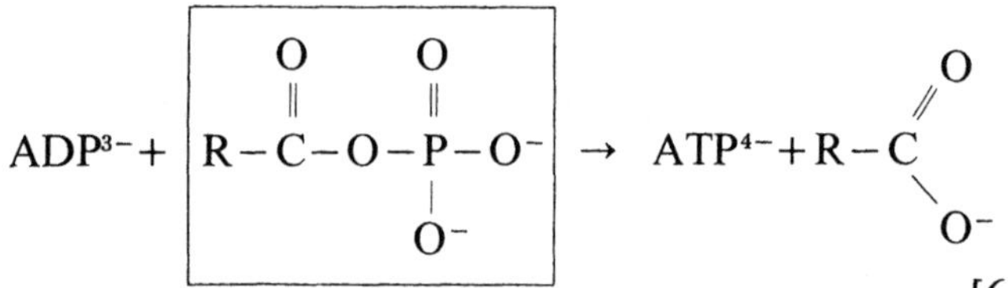

[6.33 b]

Jeder dieser beiden Reaktionsschritte muß durch ein geeignetes Enzym katalysiert werden. Obwohl mit der Oxidation des Aldehyds [6.33 a] eine starke Abnahme der *Gibbs*-Funktion verbunden ist, bleibt wegen der gleichzeitigen Bildung des Phosphatesters (Kasten) der Wert der *Gibbs*-Funktion für das Gesamtsystem beinahe unverändert, so daß weiterhin Arbeit geleistet werden kann. Nun nimmt die *Gibbs*-Funktion bei der Hydrolyse eines Phosphatesters noch stärker zu als bei der Bildung von ATP. Daher wird der verfügbare Arbeitsbetrag nicht zur Hydrolyse des Esters sondern tatsächlich zur Bildung von ATP verwendet; die zweite Reaktion [6.33 b], die enzymgesteuerte Übertragung einer Phosphatgruppe vom Ester zum ADP läuft ab. Auf diese Weise ist die mit der Oxidation verbundene Zunahme der *Gibbs*-Funktion fast vollständig dem ATP zugute gekommen und kann damit zu weiteren spontan ablaufenden Reaktionen führen, bei denen der Wert der *Gibbs*-Funktion wieder absinkt. Das ist nur deshalb möglich, weil die beiden Reaktionen [6.33 a] und [6.33 b] ein gemeinsames Zwischenprodukt, den Phosphatester, besitzen.

e) Die Rolle von ATP bei der Synthese von Saccharose

Der Zucker Saccharose (allgemein unter dem Namen Rohrzucker bekannt) wird aus Glukose und Fructose (einem anderen Zucker, dessen Struktur derjenigen der Glukose sehr ähnlich ist) gebildet. Die Änderung der *Gibbs*-Funktion beträgt für diesen Prozeß 23 $kJ\ mol^{-1}$. Die *Gibbs*-Funktion läßt also nicht zu, daß die Reaktion von selbst, ohne äußere Hilfe abläuft. In biologischen Systemen findet sie aber innerhalb einer Folge von Reaktionen statt, bei der ein Glukose-Phosphat-Komplex durch Reaktion mit ATP gebildet wird. Wir können den Wirkungsgrad dieses Prozesses ausrechnen und überlegen uns dazu einen geeigneten Reaktionsweg. Die Nettoreaktion lautet:

$$\text{Glukose} + \text{Fructose} + \text{ATP} \rightarrow \text{Saccharose} + \text{ADP} \qquad [6.34]$$

Wir wollen die folgenden beiden Teilreaktionen betrachten:

$$\text{Glukose} + \text{Fructose} \rightarrow \text{Saccharose}$$
$$\Delta G = 23\ \text{kJ mol}^{-1} \qquad [6.35]$$

$$\text{ATP} \rightarrow \text{ADP} + \text{Phosphat}$$
$$\Delta G = -29\ \text{kJ mol}^{-1} \qquad [6.36]$$

Wenn bei der ATP-ADP-Umwandlung 29 kJ mol^{-1} an Arbeit geleistet, zum Syntheseschritt aber nur 23 kJ mol^{-1} Arbeit benötigt werden, dann hat der Gesamtprozeß einen Wirkungsgrad von

$$\frac{23}{29} \cdot 100\% = 79\%.$$

Eine vollständige Reaktionsfolge, bei der der verfügbare Betrag der *Gibbs*-Funktion zur Arbeitsleistung ursprünglich aus der Aldehyd-Oxidation stammt, würde lauten:

$$\text{RCHO} + \tfrac{1}{2}O_2 + HPO_4^{2-} \rightarrow \boxed{\text{RCOOPO}_3^{2-}} + H_2O$$

$$\boxed{\text{RCOOPO}_3^{2-}} + \text{ADP}^{3-} \rightarrow \boxed{\text{ATP}^{4-}} + \text{RCOO}^-$$

$$\boxed{\text{ATP}^{4-}} + \text{Glukose} \rightarrow \text{ADP}^{3-} + \boxed{\text{Glukose-Phosphat}}$$

$$\text{Fructose} + \boxed{\text{Glukose-Phosphat}} \rightarrow$$
$$\text{Saccharose} + \boxed{HPO_4^{2-}}$$

$$\text{RCHO} + \tfrac{1}{2}O_2 + \boxed{HPO_4^{2-}} \rightarrow \ldots$$

Jedes Mal leistet ein Reaktionssystem am nächsten Arbeit. Das ist nur dadurch möglich, daß jeweils ein Reaktionspartner als Zwischenprodukt an zwei Reaktionssystemen gleichzeitig beteiligt ist. Zur Verdeutlichung sind in der obigen Reaktionskette die Zwischenprodukte eingerahmt.

f) Biologisch gespeicherte Information und Entropie

Ein Kind, das mit einer Schreibmaschine spielt, kann möglicherweise eine Seite mit lauter Buchstaben füllen. Für andere, außer vielleicht ihm selbst, ergibt diese Seite überhaupt keinen Sinn – sie ist nichts als eine zufällige Ansammlung von Buchstaben und Zwischenräumen. Man kann sich überlegen, wie viele Entscheidungen im Gegensatz dazu beim Verfassen einer Seite dieses Buches getroffen werden mußten *. Die durch das geschriebene Wort vermittelte Information ist eine Aneinanderreihung einer Vielzahl von Entscheidungen: Nach jedem einzelnen Buchstaben muß der Autor aufs Neue aus den 26 Buchstaben des Alphabets denjenigen auswählen, der zur Bildung gerade des Wortes notwendig ist, das im Zusammenhang mit anderen Worten schließlich seine Gedanken zum Ausdruck bringt.

Die energetische und räumliche Zufallsverteilung haben wir bereits früher besprochen. Jetzt wollen wir uns einer dritten Variante zuwenden, der *regellosen Verteilung von Information.* Die beiden oben beschriebenen Schreibmaschinenseiten können durchaus genau dieselbe Auswahl von Buchstaben enthalten – auf der Seite des Kindes ist die Information dabei äußerst regellos verteilt, während diese Unordnung auf der zweiten Seite verringert ist, da der Informationsgehalt durch die sinnvolle Aneinanderreihung einzelner Worte erhöht ist. Durch die Zusammenfassung einzelner Buchstaben des Alphabets zu Worten und einzelner Worte zu Sätzen wird die Unordnung der Informationsverteilung drastisch verringert. In der Sprache der Thermodynamik heißt das, daß mit dem Übergang vom Spiel des Kindes zum Verfassen einer Manuskriptseite eine starke Abnahme der Entropie verbunden ist. Damit dieser Übergang stattfinden kann, müssen andere Prozesse gleichzeitig dafür sorgen, daß die Entropie der Umgebung noch stärker zunimmt. Da solche Prozesse stets in Richtung abnehmender *Gibbs*-

---

* Wenn jemand denkt, daß die beiden hier beschriebenen Fälle doch gewisse Ähnlichkeiten aufweisen, so tut er den Autoren bitter unrecht . . .

Funktion ablaufen, muß auch dem Informationsgehalt der Schreibmaschinenseite ein Anteil dieser *Gibbs*-Funktion zugeordnet werden. Dieser Zusammenhang zwischen Information und *Gibbs*-Funktion – die Interpretation von Information als gespeicherter „Ordnung" – ist ein Teil des noch recht jungen Gebietes der „Informationstheorie", einer Verallgemeinerung sowohl der Thermodynamik als auch der Wahrscheinlichkeitstheorie. Eines der interessantesten Anwendungsgebiete der Informationstheorie bilden biologische Systeme. Wir wollen nicht in die Details der Untersuchungsmethoden eindringen, sondern nur sehr kurz eine der Möglichkeiten beschreiben, wie Information biologisch gespeichert werden kann.

Die biologischen Vorschriften zur Bildung neuer Zellen in Lebewesen sind in chemischen Substanzen gespeichert. Das wohl am besten bekannte Beispiel dafür ist die DNS (Desoxyribonukleinsäure), ein Makromolekül, das anscheinend für die Übertragung von Erbanlagen verantwortlich ist. Das von der DNS zur Speicherung biologischer Informationen verwendete „Alphabet" ist kurz und besteht lediglich aus vier „Buchstaben". In Wirklichkeit sind diese Buchstaben Komplexmoleküle, die in spezifischer Weise an das sehr langkettige DNS-Molekül gebunden sind. Anhand der Anordnung dieser vier Moleküle in der in Genen enthaltenen DNS wissen die Biosynthese-Fabriken, ob sie blonde oder braune Haare erzeugen sollen, Finger oder Zehen, vier Beine oder nur zwei, usw.

Die Menge an biologischer Information, die in einer einzigen einfachen Zelle gespeichert werden kann, ist enorm groß. Beschreibt man sie quantitativ mit Hilfe der Informationstheorie, so stellt sich heraus, daß selbst eine winzig kleine Zelle mehr Information enthält als ein Band eines Lexikons. Aus der Sicht der Wahrscheinlichkeitstheorie bedeutet das, daß die Chancen für einen Prozeß, der zur Speicherung dieser Information führt, außerordentlich gering sind. Nur dadurch daß die mit diesen Prozessen verbundene Entropieabnahme durch die Bildung kleiner Moleküle (CO_2, H_2O usw.) als Nebenprodukte von Verbrennungsreaktionen wieder ausgeglichen wird, kann Leben erhalten werden.

Fassen wir zusammen: Wir haben gesehen, daß alle biologischen Prozesse letztlich von der Sonnenenergie abhängen. Sie ist dafür verantwortlich, daß Komplexmoleküle gebildet werden können. In diesen Komplexmolekülen ist sowohl Energie als auch Ordnung gespeichert. Die Energie wird dazu verwendet, biologische Systeme zu aktivieren, der stark geordnete Zustand stellt dabei sicher, daß diese Aktivierung auch in Richtung abnehmender *Gibbs*-Funktion, also freiwillig, erfolgt. Der Schlüssel zur Fortpflanzung, die chemische Informationsspeicherung, wird schließlich durch Molekülverdoppelung realisiert. Dieser Prozeß ist wahrscheinlich derjenige Schritt innerhalb der Chemie der Lebensvorgänge, der am meisten Entropie kostet – er ist gleichzeitig der wichtigste.

Anhang

a) Integration

Im Rahmen wissenschaftlicher Untersuchungen ist es oft erforderlich, die Fläche unter einer Kurve zu bestimmen. Wir sind bereits in Abschnitt 2.2 (f) bei der Diskussion der Volumenarbeit auf dieses Problem gestoßen. Dabei haben wir gesehen, daß die von einem sich ausdehnenden Gas geleistete Arbeit dann besonders einfach berechnet werden kann, wenn der Druck konstant bleibt:

$$w(P \text{ konstant}) = P\,\Delta V$$

Trägt man P gegen V graphisch auf, so ist die Arbeit numerisch gleich der Fläche unter der Kurve zwischen Anfangsvolumen V_1 und Endvolumen V_2, wie in Abb. 2.5 (a) dargestellt. Wir wollen nun untersuchen, was passiert, wenn wie in Abb. 2.5 (b) oder Abb. A.1 der Gasdruck nicht konstant bleibt, sondern sich während der Expansion in irgendeiner Weise stetig ändert. Ist auch dann noch die Fläche unter der Kurve numerisch gleich der geleisteten Arbeit? Anhand folgender Überlegung läßt sich zeigen, daß dieser Zusammenhang tatsächlich allgemein gültig ist.

Zunächst zeichnen wir im $P\,(V)$-Diagramm einen Weg, der den Anfangszustand $(P_0 V_0)$ mit dem Endzustand $(P_e V_e)$ über zwei zueinander senkrecht stehende Strecken verbindet. Dafür läßt sich die geleistete Arbeit berechnen. Auf diesem Weg, der in Abb. A.2 dargestellt ist, wird zunächst der Druck bei konstantem Volumen verringert. Dabei ist $w=0$, da $\Delta V=0$ gilt. Daran schließt sich eine Expansion bei konstantem Druck an, wobei die Arbeit

$$w = P_e(V_e - V_0) = P_e\,\Delta V$$

geleistet wird. Natürlich ist das noch nicht die richtige Antwort auf unsere Frage. Diese Rechnung bezieht sich ja auf eine Zustandsänderung, die sich stark von derjenigen unterscheidet, die wir eigentlich betrachten wollten. Der wirkliche Weg läßt sich durch den in

Abb. A.3 dargestellten Prozeß annähern. Hier haben wir die Volumenänderung in zwei gleiche Anteile $\Delta V'$ aufgeteilt und in Höhe der Enddrücke beider Hälften zwei Geraden konstanten Druckes gezeichnet. Die bei dem längs dieser Geraden geführten Prozeß geleistete Arbeit ergibt sich als Summe der in jedem der beiden Teilschritte geleisteten Arbeitsbeträge:

$$w = P_1 \Delta V' + P_e \Delta V'$$

Noch stimmt die berechnete Zustandsänderung nicht mit der wirklichen überein, aber wir sind ihr offenbar ein gutes Stück näher gekommen.

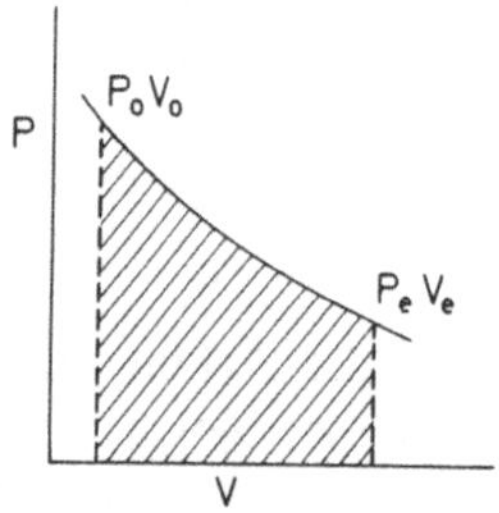

Abb. A.1.

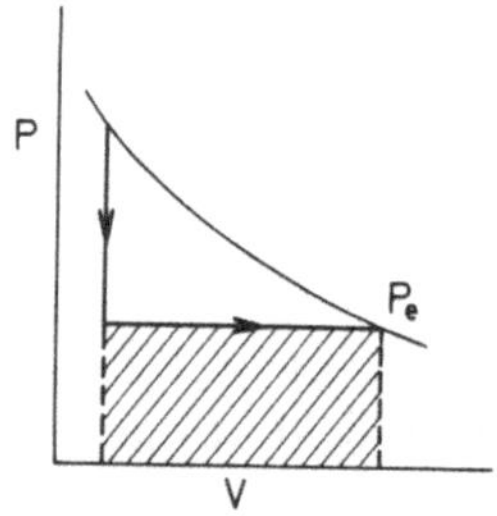

Abb. A.2.

Wenn wir nach dieser Methode weiter vorgehen und immer kleinere Volumenintervalle betrachten, werden wir uns mehr und mehr dem richtigen Ergebnis nähern, wobei wir aber immer noch die Arbeit für jeden einzelnen Expansionsschritt ausrechnen können. In Abb. A.4 ist die gesamte Volumenänderung in sechs gleiche Intervalle $\Delta V''$ aufgeteilt. Bei dem dadurch dargestellten Sechsstufenprozeß wird insgesamt der folgende Arbeitsbetrag geleistet:

$$w = P_1 \Delta V'' + P_2 \Delta V'' + \ldots$$
$$= \sum_{i=1}^{6} P_i \Delta V''$$

Der griechische Buchstabe Σ bedeutet, daß die Produkte $P_i \, \Delta V''$ für alle möglichen Werte von i aufsummiert werden sollen. In unserem speziellen Fall kann i die Werte 1, 2, 3 ... 6 annehmen, was durch die Zahlen unter- und oberhalb des Σ-Zeichens angedeutet wird.

Wie es weitergeht, ist klar. Wir verkleinern $\Delta V''$ immer weiter, bis es im Grenzwert infinitesimal klein wird. Dann kommen wir zu einem Weg, der von dem eigentlich zu untersuchenden Weg praktisch ununterscheidbar ist, bei dem es aber trotzdem möglich ist, die Arbeit für jeden einzelnen, winzigen Expansionsschritt zu berechnen. Das ist gerade das Problem, mit dem sich die Integralrechnung beschäftigt. Eine infinitesimale Volumenänderung wird mit $\mathrm{d}V$ abgekürzt, die Summe der Flächen aller schmalen Rechtekke, die der gleisteten Arbeit entspricht, wird durch den Ausdruck

$$w = \int_{V_0}^{V_e} P\,\mathrm{d}V$$

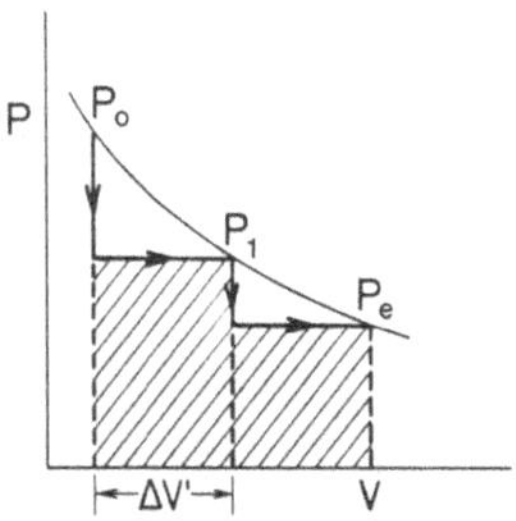

Abb. A.3.

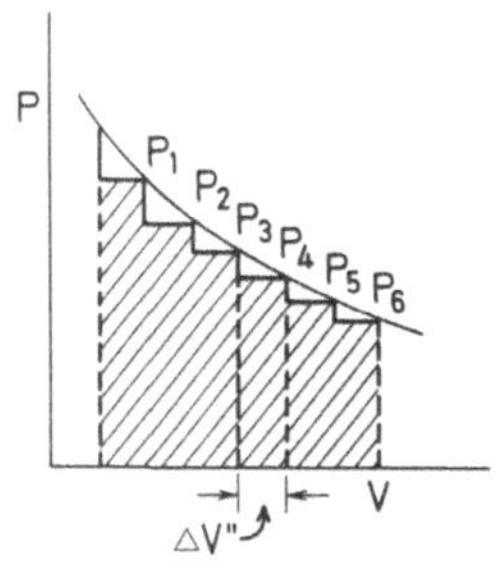

Abb. A.4.

symbolisiert und als „Integral von $P\,\mathrm{d}V$ zwischen den Grenzen V_0 und V_e" bezeichnet. Das Integralzeichen soll an den Buchstaben „S" erinnern und steht für eine Summation all der kleinen Flächen $P\,\mathrm{d}V$.

Für zwei Spezialfälle, die in der Thermodynamik besonders häufig vorkommen, läßt sich diese Gleichung sehr einfach lösen.

1) Druck konstant:

Wenn der Druck konstant ist, kann er auch vor das Integralzeichen gezogen werden:

$$w = P \int_{V_0}^{V_e} \mathrm{d}V,$$

und damit ergibt sich das einfache, uns bereits bekannte Ergebnis:

$$w = P(V_e - V_0) = P\,\Delta V$$

2) Druck nicht konstant, isotherme Ausdehnung eines idealen Gases bei Gleichgewichtsdruck:

Wenn wir ein ideales Gas benutzen (und jedes Gas verhält sich bei genügend kleinen Drücken ideal), dann können wir die Expansion so ausführen, daß der Druck zu jedem Zeitpunkt umgekehrt proportional zum Volumen ist:

$$P = nRT/V$$

Setzt man diesen Ausdruck in das Integral ein, so ergibt sich, wenn die Temperatur konstant bleibt:

$$w = nRT \int_{V_0}^{V_e} dV/V$$

Ohne Beweis, den man in jeder Einführung in die Integralrechnung finden kann, wollen wir hier nur das Ergebnis angeben:

$$w = nRT(\ln V_e - \ln V_0)$$

$$w = nRT \ln(V_e/V_0)$$

Als Abschluß wollen wir diese beiden Resultate verallgemeinern und auf eine beliebige Funktion y der Variablen x übertragen:

$$y = c \text{ (konstant)}; \qquad \int_{x_1}^{x_2} c\,dx = c\int_{x_1}^{x_2} dx = c(x_2 - x_1) = c\Delta x$$

$$y = 1/x; \qquad \int_{x_1}^{x_2} \frac{dx}{x} = \ln x_2 - \ln x_1 = \ln(x_2/x_1)$$

Im folgenden werden kurz einige Eigenschaften der Funktion ln beschrieben.

Die Zahl e

Wir haben gerade eben darauf hingewiesen, daß das Integral der häufig vorkommenden Funktion $1/x$ durch den natürlichen Logarithmus oder den Logarithmus von x zur Basis „e" gegeben ist. Was ist nun „e"? Diese Zahl ergibt sich aus einer weiteren Überlegung im Rahmen der Integralrechnung. Jede Zahl y läßt sich als Potenz einer beliebigen anderen Zahl a mit dem Exponenten x darstellen:

$$y = a^x$$

Es gibt einen eindeutig bestimmten Wert von a, für den die Funktion y gleich ihrem eigenen Integral ist und der daher eine besonders große Bedeutung besitzt. Dieser spezielle Wert von a wird mit e bezeichnet.

$$\int y\,\mathrm{d}x = \int \mathrm{e}^x\,\mathrm{d}x = \mathrm{e}^x = y,$$

wobei

$$\mathrm{e} = 2{,}7182\ldots$$

ist.

Wenn gilt

$$y = \mathrm{e}^x,$$

dann bezeichnet man x auch normalerweise als Logarithmus von y zur Basis e oder als natürlichen Logarithmus

$$x = \ln y,$$

oder in anderer Schreibweise, die auch manchmal noch verwendet wird:

$$x = \log_{\mathrm{e}} y$$

Dieser Logarithmus ist folgendermaßen auf einfache Weise mit dem vielleicht häufiger verwendeten Logarithmus zur Basis 10, dem dekadischen Logarithmus verknüpft:

$$\lg y = 0{,}4343 \ln y$$
$$\ln y = 2{,}303 \lg y$$

Wenn man die Funktion $y = \mathrm{e}^x$ gegen x aufträgt, erhält man die durchgezogene Kurve in Abb. A.5. Auf „Exponential“-Kurven wie

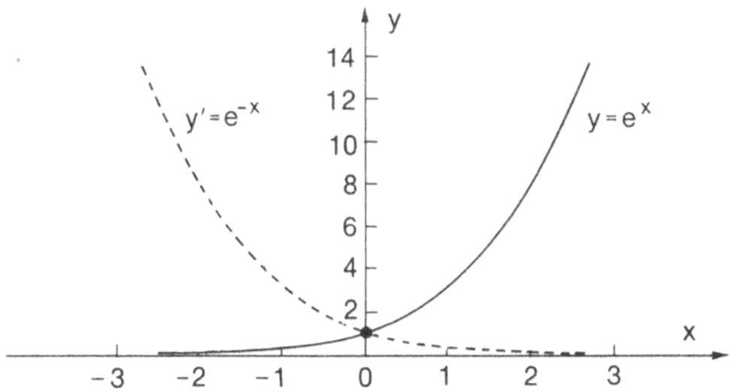

Abb. A.5.

diese stößt man in der Chemie und in der Physik insbesondere dann immer wieder, wenn man es mit Wachstumsvorgängen zu tun hat. Der Grund liegt darin, daß die Steigung, d. h. die Geschwindigkeit, mit der y zunimmt, stets proportional zum momentanen Wert von y selbst ist. Daher steigt die Kurve monoton an. Das Bevölkerungswachstum könnte z. B. einem exponentiellen Anstieg folgen, wenn nämlich die Zahl der Geburten im selben Verhältnis ansteigt wie die Bevölkerung selbst.

Natürlich besteht ein enger Zusammenhang zwischen den Funktionen e^{-x} und e^{x}. Aus $y = e^{x}$ folgt $1/y = e^{-x}$. Der Wert von e^{-x} ist also für jedes beliebige x gerade das Reziproke von e^{x}. Die gestrichelte Kurve in Abb. A.5 stellt die Funktion $y' = e^{-x}$ dar.

b) Thermodynamische Eigenschaften

Die in den folgenden Tabellen aufgeführten Werte sind entnommen aus:

I. Barin, O. Knacke Thermodynamic Properties of Inorganic Substances, Springer, Berlin 1973.

I. Barin, O. Knacke, O. Kubaschewski Thermodynamic Properties of Inorganic Substances, Supplement, Springer, Berlin 1977.

Selected Values of Chemical Thermodynamic Properties, National Bureau of Standards, Technical Note 270-3 (1968), Technical Note 270-4 (1969), Technical Note 270-6 (1971).

Stoff	Zustand	ΔH_f^0 (kJ mol^{-1})	ΔG_f^0 (kJ mol^{-1})	S^0 (J mol^{-1} K^{-1})	c_p^0 (J mol^{-1} K^{-1})
		bei 298,16 K (25 °C)			
Silber					
Ag	f	0	0	42,7	25,35
Ag_2O	f	− 31	− 11	122	66,79
AgF	f	− 203	− 185	84	51,92
AgCl	f	− 127	− 109	96	50,80
AgBr	f	− 100	− 97	107	52,39
AgI	f	− 62	− 66	115	54,41
Ag_2S	f (α, rhombisch)	− 32	− 40	144	76,51
Ag_2SO_4	f	− 716	− 618	200	131,45
$AgNO_3$	f	− 120	− 30	141	93,20
Ag_2CO_3	f	− 505	− 436	167	111,62
Aluminium					
Al	f	0	0	28,32	24,28
Al_2O_3	f (α, Korund)	− 1675	− 1582	50,94	78,96
AlF_3	f	− 1510	− 1431	66,5	75,11
$AlCl_3$	f	− 705,6	− 630,0	109,3	91,13
$AlBr_3$	f	− 511,1	− 448,3	180,2	100,51
AlI_3	f	− 309	− 305	190	98,89
$Al_2(SO_4)_3$	f	− 3435	− 3094	239	259,40
AlN	f	− 318	− 287	20,15	30,14
Argon					
Ar	g	0	0	154,734	20,786

Stoff	Zustand	ΔH_f^0 (kJ mol^{-1})	ΔG_f^0 (kJ mol^{-1})	S^0 (J mol^{-1} K^{-1})	c_p^0 (J mol^{-1} K^{-1})
			bei 298,16 K (25 °C)		
Arsen					
As	f (α, grau)	0	0	35,71	24,74
	g	301,75	260,49	174,10	20,79
As_4	g	156,2	100,9	328,4	77,21
As_2O_3	f (Claudetit)	– 653,4	– 577,0	122,7	112,22
	f (Arsenolit)	– 657	– 576	108,3	95,65
As_2O_5	f	– 921	– 779	105	116,52
AsH_3	g	66	69	223	38,58
As_2S_3	f	– 167	– 166	164	116,51
Gold					
Au	f	0	0	47,50	25,31
Au_2O_3	f	– 3,4	77,7	130,3	114,01
$Au(OH)_3$	f	– 425	– 317	190	
$AuCl_3$	f	– 115	– 45	148	94,82
Bor					
B	f	0	0	5,87	11,07
B_2O_3	f	– 1270,4	– 1191,3	53,8	62,96
B_2H_6	g	28	79	233	56,20
BF_3	g	– 1136,6	– 1119,8	254,0	49,99
BCl_3	g	– 403,0	– 388,0	29,07	61,70
	fl	– 427	– 387	206	107
BBr_3	g	– 205,6	– 232,5	324,1	67,8
	fl	– 238,5	– 236,9	228,86	128,03
Barium					
Ba	f	0	0	62,42	28,10
BaO	f	– 554	– 525	70	45,26
BaO_2	f	– 634	– 582	93,1	70,70
$BaCl_2$	f (α)	– 859	– 811	123,6	75,30
$BaCl_2 \cdot H_2O$	f	– 1161	– 1056	167	
$BaCl_2 \cdot 2\,H_2O$	f	– 1460,1	– 1296,5	203	162,0
$BaSO_4$	f	– 1465	– 1354	132	101,74
$Ba(NO_3)_2$	f	– 992	– 797	214	151,39
$BaCO_3$	f (α, Witherit)	– 1216	– 1138	112	88,04

Stoff	Zustand	ΔH_f^0 (kJ mol^{-1})	ΔG_f^0 (kJ mol^{-1})	S^0 (J mol^{-1} K^{-1})	c_p^0 (J mol^{-1} K^{-1})
			bei 298,16 K (25 °C)		
Beryllium					
Be	f	0	0	9,5	16,43
BeO	f	– 599	– 570	14,1	25,53
$BeCl_2$	f	– 496	– 449	75,8	62,42
Wismut					
Bi	f	0	0	56,7	25,55
Bi_2O_3	f	– 571	– 490	151	113,49
$BiCl_3$	g	– 266	– 256	358,7	79,7
	f	– 379	– 313	172	108,75
$BiBr_3$	f	– 276	– 245	182	104,97
BiOCl	f	– 371	– 321	103	74,04
Bi_2S_3	f	– 156	– 153	200	122,06
Brom					
Br_2	fl	0	0	152,21	71,55
	g	30,91	3,14	245,35	36,04
Br	g	111,8	82,4	174,90	20,79
Kohlenstoff					
C	f (Graphit)	0	0	5,74	8,51
	f (Diamant)	1,90	2,90	2,38	6,10
	g	716,65	671,26	157,98	20,79
CO	g	– 110,5	– 137,2	197,55	29,11
CO_2	g	– 393,5	– 394,4	213,66	37,23
CH_4	g	– 74,8	– 109,1	186	35,34
C_2H_6	g	– 84,7	– 32,9	229,5	52,6
C_2H_4	g	52,5	68,4	219,22	50,48
C_2H_2	g	226,7	209,2	200,85	44,06
C_3H_8	g	– 104	– 23	270	74
C_6H_6	g	83	130	269	82
	fl	49,0	124,5	173,2	136,11
HCHO	g	– 115,90	– 109,88	218,7	35,07
HCOOH	g	– 378,6			
	fl	– 424,7	– 361,4	129,0	99,0
CH_3OH	g	– 200,7	– 162,0	239,7	43,9
	fl	– 238,7	– 166,3	126,7	81,59
CCl_4	g	– 96,0	– 53,6	309,7	82,47
	fl	– 136	– 65	216,4	134
$COCl_2$	g	– 220	– 206	283,74	57,45
CH_3Cl	g	– 80,8	– 57,4	234,5	40,8

Stoff	Zustand	ΔH_f^0 (kJ mol^{-1})	ΔG_f^0 (kJ mol^{-1})	S^0 (J mol^{-1} K^{-1})	c_p^0 (J mol^{-1} K^{-1})
			bei 298,16 K (25 °C)		
Kohlenstoff					
CH_2Cl_2	g	– 92,5	– 65,9	270,1	51,0
$CHCl_3$	g	– 103,1	– 70,4	295,6	65,7
	fl	– 134,5	– 73,7	202	114
CS_2	g	117,4	67,2	237,7	45,4
	fl	89,4	65,0	151,3	79,99
Kalzium					
Ca	f	0	0	41,4	25,31
CaO	f	– 634	– 603	40	43,16
$Ca(OH)_2$	f	– 986,2	– 898,7	83,4	87,52
$CaCl_2$	f	– 796	– 748	105	72,61
$CaSO_4$	f (Anhydrit)	– 1434,1	– 1321,4	105,2	99,65
$CaSO_4$	f (α)	– 1576,7	– 1436,8	131	117,98
$\cdot$ 0,5 H_2O	f (β)	– 1574,6	– 1435,9	134	124,2
$CaSO_4 \cdot 2\,H_2O$	f (Gips)	– 2022,6	– 1797,4	194	186,18
CaC_2	f	– 59	– 65	70	62,42
$CaCO_3$	f (Calcit)	– 1207	– 1129	93	81,9
	f (Aragonit)	– 1207	– 1127	88	81,87
Kadmium					
Cd	f	0	0	51	25,89
CdO	f	– 256	– 226	55	42,97
$CdCl_2$	f	– 391	– 344	115	76,55
$CdCl_2 \cdot H_2O$	f	– 688,4	– 587,1	168	
$CdCl_2$ $\cdot$ 2,5 H_2O	f	– 1131,9	– 944,1	227	
CdS	f	– 149	– 145	69	55,09
$CdSO_4$	f	– 933	– 823	123	10,40
Chlor					
Cl_2	g	0	0	223	33,78
Cl	g	121,29	105,32	165,07	22,03
Kobalt					
Co	f	0	0	30,0	24,79
CoO	f	– 239	– 215	52,9	52,71
Co_3O_4	f	– 905	– 786	103	123,42
$CoCl_2$	f	– 313	– 270	109,3	78,50

Stoff	Zustand	ΔH_f^0 (kJ mol⁻¹)	ΔG_f^0 (kJ mol⁻¹)	S^0 (J mol⁻¹ K⁻¹)	c_p^0 (J mol⁻¹ K⁻¹)
		bei 298,16 K (25 °C)			
Chrom					
Cr	f	0	0	23,6	23,33
Cr_2O_3	f	– 1130	– 1048	81	104,51
CrO_3	f	– 578	– 501	72	69,34
$CrCl_2$	f	– 395	– 356	115,3	71,24
$CrCl_3$	f	– 556	– 373	123	91,78
Caesium					
Cs	f	0	0	85,15	32,24
Cs_2O	f	– 318	– 274	128	77,34
CsH	g	121	102	214	30
CsF	f	– 554,7	– 525,4	88	51,97
CsCl	f	– 442,8	– 414,4	101,18	52,45
CsBr	f	– 395	– 380	113	51,76
CsI	f	– 337	– 332	126	51,55
Kupfer					
Cu	f	0	0	33,11	24,42
Cu_2O	f	– 170	– 148	92,9	65,30
CuO	f	– 155,9	– 128,1	42,6	42,21
CuCl	f	– 138	– 121	87	48,70
$CuCl_2$	f	– 206	– 162	108,09	72,68
Cu_2S	f	– 79	– 86	121	81,59
CuS	f	– 49	– 49	67	47,64
$CuSO_4$	f	– 770,0	– 660,9	109,2	98,77
$CuSO_4 \cdot H_2O$	f	– 1083	– 1028	145,1	130,98
$CuSO_4 \cdot 3\,H_2O$	f	– 1681	– 1397	222	205,00
$CuSO_4 \cdot 5\,H_2O$	f	– 2277	– 1877	301	281,19
$CuCO_3$	f	– 596	– 519	88	83,41
Fluor					
F_2	g	0	0	203	31,47
F	g	78,9	61,9	158,64	22,86
F_2O	g	– 18,4	– 1,1	247,4	43,09
Eisen					
Fe	f	0	0	27,3	24,96
$Fe_{0,95}O$	f (Wüstit)	– 266,3	– 245,1	57,59	48,13
Fe_2O_3	f (Hematit)	– 826	– 744	87	104,78
Fe_3O_4	f (Magnetit)	– 1118	– 1015	146	148,55
$FeCl_2$	f	– 342	– 303	120	76,33

Stoff	Zustand	ΔH_f^0 (kJ mol⁻¹)	ΔG_f^0 (kJ mol⁻¹)	S^0 (J mol⁻¹ K⁻¹)	c_p^0 (J mol⁻¹ K⁻¹)
			bei 298,16 K (25 °C)		
Eisen					
$FeCl_3$	f	– 399,4	– 334,0	142,34	96,65
FeS	f (α)	– 100	– 101	60,3	50,40
FeS_2	f (Pyrit)	– 172	– 160	52,9	62,09
$FeSO_4$	f	– 929	– 825	121,0	100,55
Fe_3C	f (Zementit)	23	19	101	107,12
$FeCO_3$	f (Siderit)	– 741	– 667	93	82,08
Germanium					
Ge	f	0	0	31,1	23,36
GeO_2	amorph	– 537			
	f (tetragonal)	– 580	– 521	40	50,11
	f (hexagonal)	– 558,35	– 504,43	55,3	51,93
$GeCl_4$	fl	– 540	– 472	248,2	151,67
Wasserstoff					
H_2	g	0	0	130,6	28,82
H_2O	g	– 241,81	– 228,58	188,72	33,57
	fl	– 285,9	– 237,2	70,0	75,3
H_2O_2	g	– 136,3	– 105,6	233	43
	fl	– 188	– 120	110	89,33
HF	g	– 272,5	– 274,6	173,67	29,15
HCl	g	– 92,31	– 95,29	186,79	29,12
HBr	g	– 36,38	– 53,43	198,59	29,12
HI	g	26,36	1,58	206,48	29,12
H_2S	g	– 21	– 33	205,7	33,96
H_2Se	g	29	16	219	34,66
H_2Te	g	100	85	229	35,59
Helium					
He	g	0	0	126,040	20,786
Quecksilber					
Hg	fl	0	0	76,0	27,86
	g	61,32	31,85	174,8	20,79
HgO	f (rot)	– 91	– 59	70	44,88
	f (gelb)	– 90,5	– 58,4	71	
Hg_2Cl_2	f	– 265	– 210	192	101,95
$HgCl_2$	f	– 230,12	– 184,05	144,49	73,91
HgS	f (rot)	– 53,3	– 45,8	82	48,40
	f (schwarz)	– 54	– 48	88	
Hg_2SO_4	f	– 743,1	– 625,9	201	133,05

Stoff	Zustand	ΔH_f^0 (kJ mol⁻¹)	ΔG_f^0 (kJ mol⁻¹)	S^0 (J mol⁻¹ K⁻¹)	c_p^0 (J mol⁻¹ K⁻¹)
			bei 298,16 K (25 °C)		
Jod					
I_2	f	0	0	116,14	54,44
	g	62,42	19,36	260,57	36,88
I	g	106,8	70,2	180,7	20,83
ICl	g	17,8	– 5,4	247,44	35,6
ICl_3	f	– 90	– 22	167	
Kalium					
K	f	0	0	64,7	29,28
K_2O	f	– 363	– 322	94	84,65
KH	g	123	103	197,92	30,74
KF	f	– 567	– 538	66,6	50,28
KCl	f	– 436,7	– 408,8	82,6	51,71
$KClO_3$	f	– 391	– 290	143	100
KBr	f	– 394	– 380	95,9	52,30
$KBrO_3$	f	– 332	– 244	149	105
KI	f	– 327,9	– 323,0	106,4	53,00
KIO_3	f	– 508	– 426	151	106
K_2SO_4	f	– 1434	– 1316	176	130,01
KNO_3	f	– 492	– 393	132,9	96,29
$KMnO_4$	f	– 813	– 714	172	119
KOH	f	– 425	– 379	79,3	65,61
Krypton					
Kr	g	0	0	163,973	20,786
Lithium					
Li	f	0	0	29,1	24,18
	g	160,7	128,0	138,7	20,78
Li_2O	f	– 599	– 562	37,89	53,48
LiH	g	140,6	117,8	170,80	29,59
LiOH	f	– 484,7	– 438,7	43	49,76
LiF	f	– 616,9	– 588,6	35,66	41,92
LiCl	f	– 408,27	– 384,04	59,30	48,39
Li_2SO_4	f	– 1434	– 1321	121	119,37
Li_2CO_3	f	– 1216	– 1132	90,2	95,40
Magnesium					
Mg	f	0	0	32,7	24,90
MgO	f	– 601	– 569	26,9	37,05
$Mg(OH)_2$	f	– 925	– 834	63	77,65

Stoff	Zustand	ΔH_f^0 (kJ mol^{-1})	ΔG_f^0 (kJ mol^{-1})	S^0 (J mol^{-1} K^{-1})	c_p^0 (J mol^{-1} K^{-1})
			bei 298,16 K (25 °C)		
Magnesium					
MgF_2	f	– 1123	– 1070	57,2	63,62
$MgCl_2$	f	– 641	– 592	90	71,15
$MgCl_2 \cdot H_2O$	f	– 966,6	– 861,8	137	115,3
$MgCl_2 \cdot 2\,H_2O$	f	– 1279,7	– 1118,1	180	159,2
$MgCl_2 \cdot 4\,H_2O$	f	– 1899,0	– 1623,5	264	241,4
$MgCl_2 \cdot 6\,H_2O$	f	– 2499,0	– 2115,0	366	315,1
$MgSO_4$	f	– 1285	– 1171	92	95,60
$Mg(NO_3)_2$	f	– 790	– 589	164,0	141,93
$MgCO_3$	f	– 1112	– 1028	65,9	75,54
Mangan					
Mn	f(α)	0	0	32,0	26,33
MnO	f	– 385	– 363	60	44,76
MnO_2	f	– 520	– 465	53	54,24
Mn_2O_3	f	– 957	– 879	110	98,72
Mn_3O_4	f	– 1387	– 1282	154	148,08
$Mn(OH)_2$	amorph	– 695	– 615	99	
MnF_2	f	– 803	– 761	92,3	66,78
$MnCl_2$	f	– 482	– 441	118,2	72,97
$MnBr_2$	f	– 385	– 371	138	75,30
MnI_2	f	– 243	– 243	151	75,34
$MnSO_4$	f	– 1065	– 957	112	100,42
$MnCO_3$	f	– 895	– 818	86	81,53
Molybdän					
Mo	f	0	0	28,61	23,96
MoO_2	f	– 588	– 533	50,0	56,58
MoO_3	f	– 745	– 668	78	75,03
MoS_2	f	– 275	– 266	62,6	64,46
Mo_2S_3	f	– 410	– 398	113	109,29
Stickstoff					
N_2	g	0	0	191,5	29,14
NO	g	90,3	86,6	210,7	29,60
NO_2	g	33,1	51,2	239,9	36,66
N_2O	g	82	104	219,8	38,84
N_2O_4	g	9,1	97,7	304,3	77,60
N_2O_5	g	11	118	346,4	95,46
NH_3	g	– 45,9	– 16,4	192,67	35,62
HNO_3	fl	– 174,1	– 80,8	155,6	109,9

Stoff	Zustand	ΔH_f^0 (kJ mol^{-1})	ΔG_f^0 (kJ mol^{-1})	S^0 (J mol^{-1} K^{-1})	c_p^0 (J mol^{-1} K^{-1})
			bei 298,16 K (25 °C)		
Stickstoff					
NH_4NO_3	f	– 365,6	– 184,0	151,1	139
NH_4Cl	f	– 314,6	– 203,2	95	86,65
$(NH_4)_2SO_4$	f	– 1180	– 901	220	187,26
Natrium					
Na	f	0	0	51,2	27,98
Na_2O	f	– 418,0	– 379,3	75,1	68,89
Na_2O_2	f	– 513,2	– 449,8	94,8	90,89
NaH	g	124	103	188	30,16
NaOH	f	– 428	– 382	64	59,66
NaF	f	– 574	– 543	51,3	47,15
NaCl	f	– 411,1	– 384,1	72,1	50,81
NaBr	f	– 361,4	– 349,4	86,8	51,89
NaI	f	– 288	– 285	98	52,47
Na_2SO_4	f	– 1387,2	– 1269,5	149,6	128,35
$Na_2SO_4 \cdot 10\ H_2O$	f	– 4324	– 3644	593	587
$NaNO_3$	f	– 467	– 366	116,3	93,04
Na_2CO_3	f	– 1130,8	– 1048,2	138,8	111,33
$Na_2CO_3 \cdot 10\ H_2O$	f	– 4082			536
$NaHCO_3$	f	– 947	– 850	102,1	87,79
Neon					
Ne	g	0	0	146,219	20,786
Nickel					
Ni	f	0	0	29,9	26,09
NiO	f	– 241	– 212	38	44,31
$NiCl_2$	f	– 305	– 259	97,7	71,56
$NiCl_2 \cdot 6\ H_2O$	f	– 2103,2	– 1713,5	344	
$NiSO_4$	f	– 871	– 764	114	138,31
$NiSO_4 \cdot 6\ H_2O$	f (blau)	– 2672			
$Ni(CO)_4$	g	– 603	– 584	402	145,56
Sauerstoff					
O_2	g	0	0	205,04	29,32
O_3	g	143	163	238,8	38,92

Stoff	Zustand	ΔH_f^0 (kJ mol^{-1})	ΔG_f^0 (kJ mol^{-1})	S^0 (J mol^{-1} K^{-1})	c_p^0 (J mol^{-1} K^{-1})
			bei 298,16 K (25 °C)		
Phosphor					
P	f(weiß)	0	0	41,1	23,84
	f(rot)	– 17,4	– 12,0	22,8	21,39
	g	316,4	280,1	163,1	20,72
P_4	g	58,92	24,48	279,9	66,93
P_4O_{10}	f	– 3009,9	– 2723,4	228,8	211,64
PH_3	g	5,6	13,5	210,2	37,09
H_3PO_4	f	– 1278,9	– 1119,0	110,5	106,69
PCl_3	g	– 287	– 268	312	71,89
PCl_5	g	– 360,1	– 290,2	364	111,62
$POCl_3$	g	– 542	– 497	325,4	84,26
PBr_3	g	– 145,9	– 169,4	348,13	75,96
Blei					
Pb	f	0	0	64,79	26,82
PbO	f(rot)	– 219,3	– 188,9	65	46,02
	f(gelb)	– 217,3	– 187,9	68,7	45,8
PbO_2	f	– 274	– 215	71,8	61,12
Pb_3O_4	f	– 718,7	– 601,7	212,0	154,76
PbF_2	f	– 677	– 631	113	74,15
$PbCl_2$	f	– 361	– 315	136	73,14
$PbBr_2$	f	– 276,4	– 260,0	161,8	80,53
PbI_2	f	– 175,1	– 173,4	175,18	81,17
PbS	f	– 98	– 97	91	49,48
$PbSO_4$	f	– 920	– 813	148,5	104,29
Platin					
Pt	f	0	0	41,6	25,85
$Pt(OH)_2$	f	– 352			
Rubidium					
Rb	f	0	0	76,8	31,06
RbF	f	– 553	– 522	74	50,47
RbCl	f	– 431	– 402	92	51,22
RbBr	f	– 389	– 376	108,8	51,71
RbI	f	– 328	– 323	118,0	51,81
Radon					
Rn	g	0	0	176,1	20,79

Stoff	Zustand	ΔH_f^0 (kJ mol⁻¹)	ΔG_f^0 (kJ mol⁻¹)	S^0 (J mol⁻¹ K⁻¹)	c_p^0 (J mol⁻¹ K⁻¹)
			bei 298,16 K (25 °C)		
Schwefel					
S	f (rhombisch)	0	0	31,9	22,8
	f (monoklin)	0,3			
	g	279,4	238,9	167,7	23,58
S_8	g	96,84	46,73	423,1	155,82
SO_2	g	− 296,8	− 300,1	248,1	39,92
SO_3	g	− 395,8	− 371,1	256,6	50,09
H_2SO_4	fl	− 813,99	− 690,07	156,90	138,94
SF_6	g	− 1220,8	− 1116,8	291,7	96,64
Antimon					
Sb	f	0	0	45,5	25,23
Sb_2O_3	f	− 715	− 636	133	111,76
Sb_2O_5	f	− 1008	− 865	125	136,11
$SbCl_3$	g	− 314	− 301	337,7	76,7
	f	− 382	− 324	187	106,84
Sb_2S_3	f (schwarz)	− 205	− 204	182	119,89
Selen					
Se	f (grau)	0	0	42	25,38
	g	235,4	195,3	176,6	20,88
Se_2	g	138,19	89,78	247	40,99
SeF_6	g	− 1117	− 1017	314	110,03
Silizium					
Si	f	0	0	18,82	19,99
SiO_2	f (Quarz)	− 911	− 856	41,5	44,60
SiH_4	g	31	53	204,1	42,83
SiF_4	g	− 1614,9	− 1572,4	282,14	73,02
$SiCl_4$	g	− 657,0	− 617,0	330,6	90,2
SiC	f (β, kubisch)	− 65	− 63	16,6	26,9
	f (α, hexagonal)	− 63	− 60	16,5	26,7
Zinn					
Sn	f (weiß)	0	0	51,20	26,99
	f (grau)	− 2,1	0,1	44,1	25,8
SnO	f	− 286	− 257	56	44,33
SnO_2	f	− 581	− 520	52	52,60
$SnCl_4$	fl	− 529	− 458	259	165,27
SnS	f	− 108	− 107	77	49,26
SnS_2	f	− 154	− 145	87	70,13

Stoff	Zustand	ΔH_f^0 (kJ mol⁻¹)	ΔG_f^0 (kJ mol⁻¹)	S^0 (J mol⁻¹ K⁻¹)	c_p^0 (J mol⁻¹ K⁻¹)
			bei 298,16 K (25 °C)		
Strontium					
Sr	f	0	0	52	26,36
SrO	f	– 592	– 562	54	45,03
$SrCl_2$	f	– 829	– 782	117	79,19
$SrCO_4$	f	– 1445	– 1332	118	107,79
$SrCO_3$	f	– 1219,8	– 1139,8	97	84,32
$Sr(OH)_2$	f	– 959			
SrF_2	f	– 1218	– 1168	90	77,86
SrI_2	f	– 561	– 559	164	81,63
Tellur					
Te	f	0	0	49,5	25,71
TeO_2	f	– 323	– 270	74	63,88
TeF_6	g	– 1369	– 1273	335,9	117,32
Titan					
Ti	f	0	0	30,65	25,23
TiO_2	f (Rutil)	– 945	– 889	50,3	55,04
$TiCl_4$	fl	– 804	– 737	252,40	145,22
TiN	f	– 337,9	– 309,2	30,3	37,07
TiC	f	– 184	– 180	24,2	33,79
Uran					
U	f	0	0	50,3	27,65
UO_2	f	– 1085	– 1032	78	63,71
UF_6	g	– 2138,6	– 2054,8	378,0	129,74
Vanadium					
V	f	0	0	28,9	24,89
V_2O_3	f	– 1226	– 1146	98	103,23
VO_2	f	– 718	– 663	51	62,59
V_2O_5	f	– 1558	– 1427	131	127,63
VCl_2	f	– 460	– 414	97	72,22
VCl_3	f	– 561	– 491	131	93,17
Wolfram					
W	f	0	0	32,66	24,31
WO_3	f	– 842,9	– 764,1	75,9	72,79
Xenon					
Xe	g	0	0	169,573	20,786

Stoff	Zustand	ΔH_f^0 (kJ mol⁻¹)	ΔG_f^0 (kJ mol⁻¹)	S^0 (J mol⁻¹ K⁻¹)	c_p^0 (J mol⁻¹ K⁻¹)
			bei 298,16 K (25 °C)		
Zink					
Zn	f	0	0	41,6	25,40
ZnO	f	− 348	− 318	44	40,25
$Zn(OH)_2$	f (β)	− 641,9	− 553,6	81	
$ZnCl_2$	f	− 416	− 370	108	67,53
$ZnBr_2$	f	− 328	− 311	137	65,69
ZnI_2	f	− 209	− 210	161	65,69
ZnS	f (Zinkblende)	− 205,2	− 200,5	57,7	45,36
	f (Wurtzit)	− 191,8	− 190,2	68,0	45,88
$ZnSO_4$	f	− 981,4	− 870,1	110,5	99,06
$ZnSO_4 \cdot H_2O$	f	− 1301,5	− 1131,2	145,52	153,56
$ZnSO_4 \cdot 6\,H_2O$	f	− 2779,0	− 2323,9	355,9	357,97
$ZnSO_4 \cdot 7\,H_2O$	f	− 3078,54	− 2563,75	389	379,15
$ZnCO_3$	f	− 813	− 731	82	80,08
Zirkon					
Zr	f	0	0	39	25,44
ZrO_2	f	− 1097	− 1040	50,36	56,05
$ZrCl_4$	f	− 979,8	− 889,3	181,4	119,77

Sachverzeichnis

Einige wichtige Naturkonstanten

(entnommen aus:
„National Bureau of Standards
Special Publication 398“, August 1974)

Loschmidt-Zahl	N_0	$= 6{,}0220 \cdot 10^{23}\ mol^{-1}$
Gaskonstante	R	$= 8{,}314\ J\ mol^{-1}\ K^{-1}$
Boltzmann-Konstante	k	$= R/N_0$
		$= 1{,}3806 \cdot 10^{-23}\ J\ K^{-1}$
Elektronenladung	e	$= 1{,}60219 \cdot 10^{-19}\ C$
Faraday-Konstante		$= N_0 \cdot e$
		$= 96485\ C\ mol^{-1}$
atomare Masseneinheit	amu	$= 1{,}66057 \cdot 10^{-27}\ kg$

Einige häufig verwendete Umrechnungsfaktoren

$\ln x = 2{,}3026 \cdot \lg x$

$\lg x = 0{,}43429 \cdot \ln x$

RT
$\ln x = 0{,}059\ V \cdot \lg x$ bei $T = 298{,}16\ K$

Früher verwendete Energie- und Druckeinheiten

$1\ cal = 4{,}184\ J$

$1\ atm = 760\ Torr = 1{,}01325\ bar$
$= 1{,}01325 \cdot 10^5\ Pa$
$= 1{,}01325 \cdot 10^5\ N\ m^{-2}$

GPSR Compliance

The European Union's (EU) General Product Safety Regulation (GPSR) is a set of rules that requires consumer products to be safe and our obligations to ensure this.

If you have any concerns about our products, you can contact us on ProductSafety@springernature.com

In case Publisher is established outside the EU, the EU authorized representative is:

Springer Nature Customer Service Center GmbH
Europaplatz 3
69115 Heidelberg, Germany

Batch number: 10577919

Printed by Printforce, the Netherlands